高等院校信息技术规划教材

C程序设计案例与提高教程

(第2版)

王金鹏　肖进杰　编著

清華大學出版社
北京

内 容 简 介

本书共分 3 部分。第 1 篇共 7 章，是基本 C 编程精要，概括基本 C 语言中最重要的一些知识点，总结大量的编程技巧和经验，并指出编程中易犯的错误；第 2 篇共 8 章，讲述扩展 C 语言的一些实用编程知识：内存管理机制、DOS 和 BIOS 调用、I/O 接口的输入输出、中断处理程序的编写、鼠标和键盘操作、C 作图、汉字处理以及数据结构基础等；第 3 篇共 7 章，是实例解析，汇集了大量典型实例，并对这些实例进行分析讲解，给出了源代码。

本书既可作为深入学习 C 语言的教材，也可作为基本 C 语言学习的辅助教材和参考书。

图书在版编目(CIP)数据

C 程序设计案例与提高教程/王金鹏，肖进杰编著. --2 版. --北京：清华大学出版社，2015
(2024.1 重印)

高等院校信息技术规划教材

ISBN 978-7-302-39173-9

Ⅰ. ①C… Ⅱ. ①王… ②肖… Ⅲ. ①C 语言－程序设计－高等学校－教材 Ⅳ. ①TP312

中国版本图书馆 CIP 数据核字(2015)第 017653 号

责任编辑：白立军　战晓雷
封面设计：常雪影
责任校对：焦丽丽
责任印制：曹婉颖

出版发行：清华大学出版社
　网　　址：https://www.tup.com.cn，https://www.wqxuetang.com
　地　　址：北京清华大学学研大厦 A 座　**邮　　编**：100084
　社 总 机：010-83470000　**邮　　购**：010-62786544
　投稿与读者服务：010-62776969，c-service@tup.tsinghua.edu.cn
　质量反馈：010-62772015，zhiliang@tup.tsinghua.edu.cn
　课件下载：https://www.tup.com.cn，010-83470236
印 装 者：三河市人民印务有限公司
经　　销：全国新华书店
开　　本：185mm×260mm　**印　　张**：27.5　**字　　数**：627 千字
版　　次：2011 年 4 月第 1 版　2015 年 4 月第 2 版　**印　　次**：2024 年 1 月第 6 次印刷
印　　数：3701～3800
定　　价：79.00 元

产品编号：060360-03

前言 Foreword

C语言是高等学校计算机及相关专业的必修专业课，是培养学生编程思想、动手能力的主要课程和工具，也是面向对象程序设计、数据结构等后续课程的先导课。对C语言的掌握情况将很大程度上决定着学生大学4年的学习情况。

鉴于C语言的重要地位，优秀的C语言教材层出不穷，广泛用于课堂教学。但限于篇幅，绝大多数教材都只列出了基本语法规则和基本知识点，对于实际编程中用到的一些编程技巧和经验涉猎不多，而对于基本C语言(即一般C语言教材介绍的内容)之外的扩展知识和实用技术则更少提及，这使得学生在学完C语言后，在面对实际问题时依然感觉无从下手。针对这种情况，我们编写了本书。

本书共分3篇。第1篇是对基本C语言中一些重要内容的总结和补充，概括基本C语言的精要和编程经验，指出编程中易出现的问题并介绍一些编程技巧；第2篇讲述扩展C语言的一些实用编程技术：内存管理机制、DOS和BIOS调用、I/O接口的输入输出、中断处理程序的编写、鼠标和键盘操作、C作图、汉字处理以及数据结构基础等；第3篇是实例解析，汇集大量典型实例，并对这些实例进行讲解，给出源代码。

编写本书的目的是培养编程思想，扩展知识面，提高编程能力，为后续课程的学习和今后的工作打下坚实的基础。

本书适用对象：一是已经学过C语言，想继续深入学习，以更好地掌握C语言的读者，可将本书作为深入学习的教材；二是正在学习C语言的读者，可将本书作为辅助教材或学习参考书。

关于本书有以下几点说明。

1. 内容

本书是面向有C语言基础的读者编写的，所以对第1篇基本C语言的内容不再系统地、面面俱到地讲述，而是根据多数人的掌握情况，针对学习中出现的问题，只归纳其中的重点和要点，介绍编程经验,指出常犯的错误。对于第2篇扩展C语言的一些实用编程知识,因多数人比较陌生,故做了较详细的叙述。第3篇是实例解析,对其中简单的例子,本书在正文中讲解算法和思路;而对于较大的程序,限于篇幅,仅在代码中用注释的方式解释。代码在本书配套资源中,可从清华大学出版社网站(www.tup.com.cn)下载。

2. 编译器

目前课堂教学常用的编译器有 Turbo C 2.0(简称 TC)和 Visual C++ 6.0(简称 VC)、CodeBlocks 等,这些编译器各有优缺点。本书选择的是 TC,因为它小巧、简单,对于学习 C 语言的知识来讲已经足够。书中的例子在 TC 下全部调试通过,大部分都可以在 VC 下运行(程序中的 clrscr()和 getch()需要去掉),但少量程序的运行结果可能会与在 TC 下不同。还有一些程序(如作图程序等)因使用了 VC 所没有的库函数,故只能在 TC 中运行。有一点需要注意:部分程序在 TC 下可能不需要包含相应的头文件,而在 VC 中则需要包含。

3. 例题和源代码

书中的所有例题和实例都在本书配套资源中提供了源代码,例题编号与源代码文件的编号一一对应。比如,例 2.1 的代码对应配套资源中的源文件 s2_1.c,若该例题有 3 种解法,则对应的源文件分别是 s2_1_1.c、s2_1_2.c、s2_1_3.c。

4. 代码的书写格式

(1)对于缩进格式中的大括号位置,书中的代码采用了国外教材通用的写法:

```
for(i=1; i<=10; i++) {     //左大括号的位置在本行最后
    ⋮
}  //右大括号与 for 对齐
```

而多数读者更习惯下面这种写法:

```
for(i=1; i<= 10; i++)
{
    ⋮
}
```

为了照顾部分读者的习惯,便于调试程序,我们在配套资源的源代码中采用了后一种写法。

(2) 对于注释,本书多采用"//注释内容"的方式,主要是为了方便书写;而在配套资源的源代码中使用"/ * 注释内容 * /"的方式,以便能在 TC 中运行。

(3) 对于输出结果中的提示性语言,如:printf("输出结果是%d\n",result),书中多使用中文,是为了便于阅读,但 TC 本身不支持中文,因此运行时输出的不是汉字,而是乱码。这些提示性文字对理解程序影响并不大,读者若不希望出现这种乱码,可以先调用中文 DOS 再运行 TC,或者将其中的汉字改为英文,如改为:printf("The result is %d\

n",result)。

本书第 18、19、21 章的全部以及第 17 章的实例 12～19、第 22 章的实例 3 由肖进杰编写，其余部分由王金鹏编写。全书由王金鹏统稿。

在本书编写过程中，得到了原达教授的热情指导与大力支持，杜萍、程大鹏两位老师给了我们很大的帮助并参与了部分内容的编写，石艳荣老师提供了很多有价值的素材，在此一并向以上几位老师致谢。此外，本书的编写参考了大量的文献资料，谨向这些文献资料的作者表示感谢。

由于时间仓促和编者水平所限，书中难免疏漏和欠妥之处，恳请各位专家、读者不吝指正。

编 者

2015 年 3 月

目录 Contents

第一篇 基本C语言编程精要

第三篇 实例解析

第一篇

基本 C 语言编程精要

第1章 chapter 1

C 语言标准及常用编译器介绍

本章内容提要：

- C 标准介绍；
- Turbo C 2.0 编程环境及常用操作；
- Visual C++ 6.0 编程环境及常用操作。

C 语言自出现至今，出现了好几个标准，不同的标准对 C 语言的编程会稍有影响。另外，C 语言的编译器有很多种，使用方法各不相同。本章简要介绍 C 语言的几个标准以及两个常用编译器 Turbo C 2.0 和 Visual C++ 6.0 的使用方法。

1.1 C 语言标准介绍

1.1.1 经典 C 语言

从 1972 年贝尔实验室的 Dennis Ritchie 在 B 语言的基础上修改并发展成了 C 语言，一直到 20 世纪 70 年代后期，C 语言都只是“传统的 C 语言”，没有一个统一的标准，直到 1978 年 Kernighan 和 Ritchie 合著的 *C Programming Language* 一书出版，人们才算有了一个事实上的标准，称为标准 C 或经典 C。

1.1.2 C89

C 语言在不同硬件平台上的发展，导致了很多看似相同实则不兼容的情况。为了解决这些问题，美国国家标准委员会(ANSI)在 1983 年制定了一个新的 C 语言标准，并在 1989 年得到批准。很长时间以来这个标准被称作 ANSI C，现在叫做 C89，这也是目前大多 C 语言编译器都遵循的标准。

1.1.3 C99

C99 标准是 1999 年从 C89 标准修订而来的，主要做了如下改进：

(1) 支持用//符号进行单行注释。

(2) 变量定义可以在程序块的任何位置(不必在所有非定义语句的前面,甚至可以出现在 for 语句的初始化从句中,如 for(int i =1; i<10 ; i++))。

(3) 支持只能拥有 0 或 1 值的布尔类型。

(4) 函数必须显式地声明返回类型(不允许采用默认为 int 的方式)。

(5) 支持可变长数组(程序运行时才确定数组的大小)。

(6) 在内存某区域对指针进行互斥的访问限制。

(7) 支持内联函数。

(8) 对返回类型不是 void 的函数必须用 return 返回一个值(表达式),返回类型是 void 的函数 return 后面不能出现任何值(表达式)。

(9) 支持复数及运算。

(10) 用 snprintf 函数打印内存中的字符串时,可防止缓冲区溢出;等等。

但是,C99 目前尚未被广泛采用,完全支持 C99 的编译器不多。

1.2 Turbo C 2.0 编程环境及常用操作简介

Turbo C(简称 TC)分两个版本: TC 2.0 和 TC 3.0。TC 2.0 是 C 语言编译器,不支持 C++;而 TC 3.0 是 C++ 编译器,兼容 C 语言。两者之间的另一个区别是: TC 3.0 支持鼠标(可能需要装驱动)而 TC 2.0 不支持。

虽然 TC 存在着不能复制、剪切、粘贴以及不支持鼠标(TC 2.0)的缺点,但是由于它体积小(不到 3MB)、携带方便、不需要安装(直接复制即可使用)、易于调试等优点,目前仍是大多数 C 语言初学者的首选。

TC 2.0 和 TC 3.0 的操作方式几乎相同,这里介绍的是 TC 2.0。

1.2.1 TC 的安装和配置

1. 安装

如果有安装盘,根据提示安装到任意盘上均可。

2. 复制

目前多数 TC 的使用者都是采用复制的方式从其他计算机复制 TC,对于这种方法,一般都需要在复制后重新设置一下 TC 的 Directories 选项。

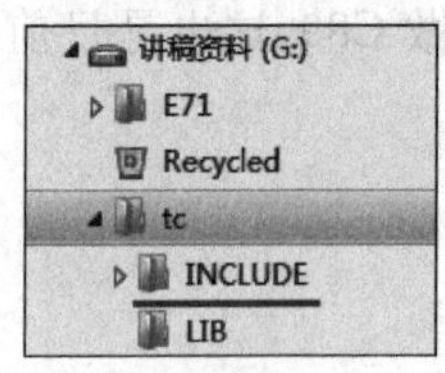

图 1-1 TC 复制的位置

下面介绍设置方法。

假设用户将 TC 复制到 G:\TC(本章后面的例子都是在这个假设前提下),硬盘上的目录结构如图 1-1 所示。

步骤 1: 打开 TC(打开方法见 1.2.2 节),在下拉菜单 Options 中选择 Directories,再选择其下的 Include Directories,然后将文件包含的默认目录修改为 G:\TC\include,以便与

图 1-1 所示的目录结构中的 include 位置一致。

注意：如果文件的包含(include)目录设置不正确，编译时会出现打不开被包含文件的错误提示。

步骤 2：用同样方法将 Options 下的 Library Directories 设置为 G:\TC\lib。

步骤 3：将设置存盘，方法是选择下拉菜单 Options 中的 Save options 选项。

1.2.2 TC 的调用

1. 双击 TC.exe 打开

初学者多喜欢在“资源管理器”或“我的电脑”中双击 G:\TC 目录中的可执行文件 TC.exe(某些 Windows 版本有可能设置成了文件名不显示.exe，只显示 TC)来打开 TC，这种方法在不涉及当前目录这个问题时是可行的，但如果程序中需要用到 G:\TC 中的文件而又未指定路径，这样打开 TC 可能会找不到所需文件，所以最好还是用下面介绍的方法来打开。

2. 用命令提示符打开

若想将 G:\TC 作为当前(默认)目录，应该在 Windows 下按如下步骤来做：

(1) 依次单击“开始”|“程序”|“附件”|“命令提示符”，调出 DOS 窗口(可以看到目前工作的路径并不是 G:\TC)。

(2) 输入 G:并回车(将默认盘改为 G 盘，即 TC 所在的盘)。

(3) 输入命令 CD \TC 并回车(进入到 TC 目录中)。

(4) 输入 TC 并回车(调用 TC.exe)。

图 1-2 是 TC 调出后的主界面。

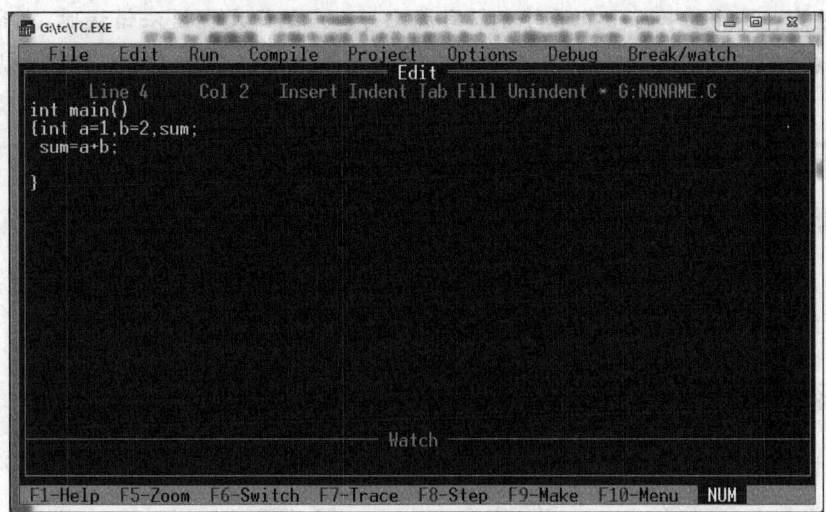

图 1-2 TC 主界面

1.2.3 在TC中编辑、运行程序并查看结果

1. 编辑源程序

进入TC后,可以直接用Alt+F键拉下File菜单,选择New建立新的源文件或者使用Load调入已有源程序进行编辑。编辑完成后,通常要存盘,然后再进行编译、连接、运行、调试等操作。

说明:File菜单中的Save和Write to都可用来存盘,Write to的作用是用另外一个名字存盘,相当于另存为(Save as)。

提示:如果之前曾运行过一个程序,后面又编辑了一个程序,且后面程序的源文件名与前面的相同,则可能会出现这样的情况:后面程序的运行结果还是前面那个程序的结果。若要避免这种情况出现,通常都要用Write to重新命名源文件,然后再运行。

2. 编译、连接和运行

单独的编译、连接都可以在下拉菜单Compile中选择相应的菜单项,分别是Compile和Link。另外一个菜单项Make的作用是将编译和连接合二为一。

运行可以从下拉菜单Run中选择Run选项,或使用组合键Ctrl+F9,后者要比前者迅捷得多。

实际上Run(Ctrl+F9)这个命令是把编译、连接和运行都合并到一起了,是"合三为一"。一般在学习了一段C语言后,都是采用Ctrl+F9键来直接运行,而不是编译、连接再运行三步。

编译时若发现语法错误,TC窗口最下面一栏会显示错误信息,包括错误所在的行数以及错误的类型,此时直接按回车键便可修改源程序中的错误。

注意:C语言中的一个语句可以写成几行。当编译发现语法错误时,光条将停在第一个错误语句的最后一行,因此检查错误不仅要检查光条所在行,还要检查光条上面的一行或几行,直到上一个分号为止。

提示:F6键可用来切换源程序栏和错误信息栏。

3. 看运行结果

下拉菜单Run中有一个User screen子菜单是用来查看结果的,其快捷键是Alt+F5。查看结果之后,按任意键可以返回源程序编辑界面。

1.2.4 在DOS命令行中运行程序

程序也可以在DOS命令行中运行(带参数的main函数通常是这样运行的),其操作步骤如下:

(1) 先在TC中对程序进行编译和连接,生成可执行文件(扩展名是exe)。假设源程序是abc.c,则编译、连接后生成的可执行文件是abc.exe。

(2) 退出 TC,返回命令提示符。在提示符是 G:\TC>时,直接输入 abc 并回车即可;若提示符不是 G:\TC>,则需要输入 G:\TC\abc 并回车。

1.2.5 在 TC 中调试程序

程序中的语法错误在编译时就可以发现,而逻辑错误通常需要调试才能找到。TC 中调试程序的一般方法是:单步运行程序,在单步运行过程中观察某些变量(或表达式)的变化,以此推断程序是否正确。其操作步骤如下:

(1) 单步运行:按 F7 或 F8 键(这两个键分别对应菜单 Run 下面的 Trace into 和 Step over)使程序单步执行,两者的区别请参看后面的说明。

每按一次 F7 或 F8 键,程序就执行一行(一般是一条语句)。

单步运行时,TC 窗口中会出现一个高亮光条,每当执行完一行代码,光条会自动移动到下一行。光条所在行是尚未执行的代码行。

说明:F7 和 F8 键的区别是,当遇到函数调用时,F7 键将跟踪进入被调函数并且单步执行被调函数(可以看到被调函数的执行过程),而 F8 键则是一步把被调函数执行完(看不到被调函数的执行过程)。对于没有函数调用的程序,两者作用相同。

(2) 加入观察量:在单步运行过程中,可以随时拉下 Break/watch 菜单,选择其中的 Add watch 选项(快捷键 Ctrl+F7),在弹出来的对话框中输入要观察的量,比如:要查看变量 x 的值,则输入 x 并回车;要查看数组元素 a[3]的值,则输入 a[3];要查看整个数组的值,则输入数组名 a。每次只可以添加一个观察量,允许多次添加。图 1-3 是单步运行的示例,其中添加了 3 个观察量(显示在屏幕下部的 Watch 栏中)。

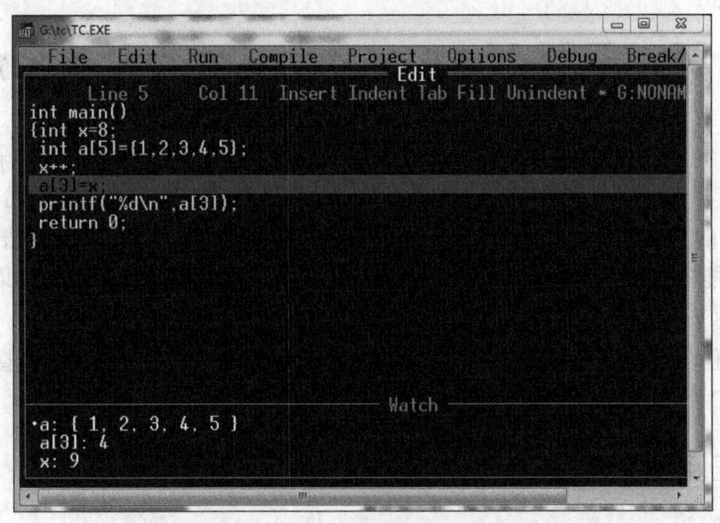

图 1-3 单步运行调试程序

图中 x++一行已经执行,所以 x 值为 9,a[3]=x 一行尚未执行,所以 a[3]的值仍然是 4,此时若再按 F7 或 F8 键一次,该行才被执行,a[3]将变为 9。

单步运行适用于代码较少的程序,若程序代码很多,不需要或不可能一行行运行时,则应该用设置断点的方式来调试。设置断点的方法是：将光标移动到需要停下观察的一行，然后按 Ctrl＋F8 键(对应 Break/watch 菜单中的 Toggle breakpoint)，可在不同的行设置多个断点。设置断点后，直接按 Ctrl＋F9 键运行，程序执行到每个断点时会自动停下来，程序员可以通过查看观察量来判断程序设计是否正确。

提示： 取消断点的方法是，将光标置于断点所在行，然后按 Ctrl＋F8 键。

1.2.6 多文件程序的创建和运行

一个C程序可以存为若干个源文件。假设某程序包含3个源文件且已经在TC中编辑完毕，分别是 hello.c、myfile.c、file.c，若要运行该程序，应按如下步骤操作：

(1) 建立一个新文件(默认文件名是 noname.c)，将上述3个源文件名写入，每个源文件名占一行：

```
hello
myfile
file
```

说明： 源文件的扩展名可写可不写。

(2) 存盘。注意存盘时应存为工程文件，如 myprj.prj，扩展名不可省略。

(3) 拉下菜单 Project，选择其中的 Project name，输入刚建立的工程名 myprj 并回车。

(4) 运行程序。

注意： 运行完多文件程序后，在编写另一个程序之前，一定要先清除工程，方法是：拉下 Project，选择 Clear project，否则下次运行别的程序时将得不到正确结果。

1.3 Visual C++ 6.0 编程环境及常用操作简介

Visual C++ 6.0(以下简称 VC)是目前最流行的 C/C++ 编译器之一，采用可视化图形界面，而且，相对于 TC 2.0 来说，它有支持鼠标，可剪切、复制、粘贴等优点，因此颇受C语言程序员的喜爱。基于这个理由，这里也简单介绍一下 VC 的操作方法。

VC 的功能非常强大，对于C语言的初学者来说，许多功能用不到。C语言初学者看中的也许只是 VC 方便的编辑功能。

VC 的编程步骤与 TC 类似，也是需要先编辑源程序，然后再编译、连接并运行。不同的是，在 VC 中要编译一个源程序必须先建立一个工程。

1.3.1 工程及源文件的建立

使用 VC 编程，可以先创建工程，再建立源程序，也可以先建立源程序再创建工程。常用的方法是前者，所以这里只介绍前者。

1. 工程的建立

(1) 从 VC 的菜单中选择“文件”|“新建”，弹出一个窗口，默认的选项卡是“工程”(若

已有工程,则默认选项卡是“文件”),如图 1-4 所示。

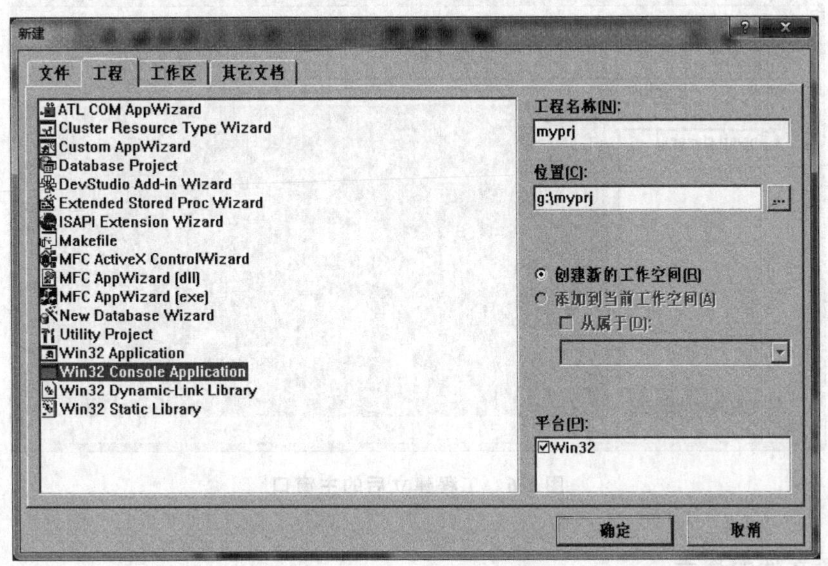

图 1-4　工程的建立

选择倒数第 3 项的 Win32 Console Application,然后在右边的“工程名称”框中输入一个工程名称,“位置”框中指定工程文件的存储位置,其他选项默认,单击“确定”按钮。

(2) 在接下来的窗口(图 1-5)中默认建立“一个空工程”,直接单击“完成”按钮。接着会出现一个提示,单击“确定”按钮。

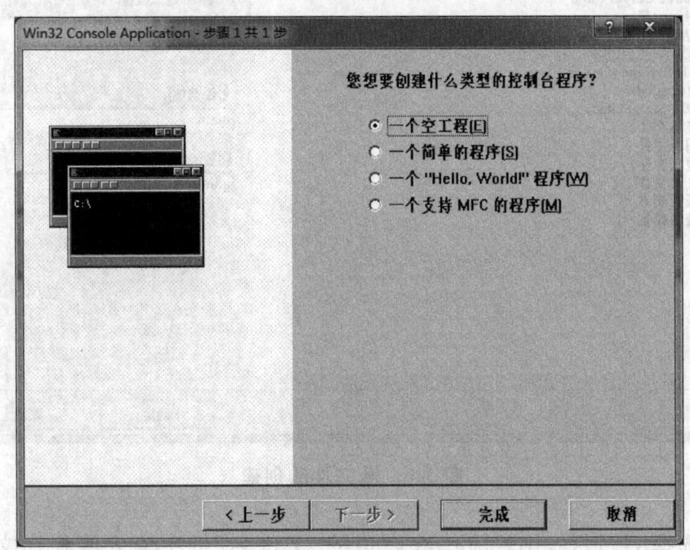

图 1-5　空工程的建立

此时 VC 主窗口如图 1-6 所示。

至此,工程已经创建,下面需要做的是在工程中创建源文件。

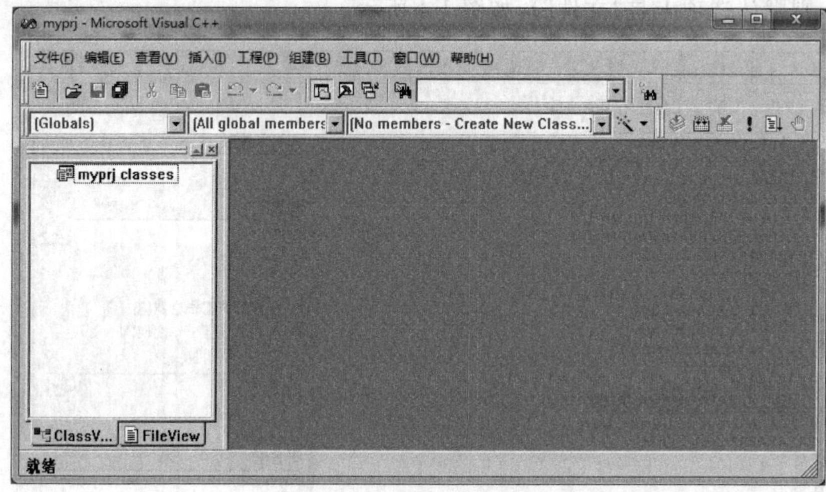

图 1-6 工程建立后的主窗口

2. 源文件的建立

在菜单"文件"中选择"新建",由于已经创建了工程,所以默认的选项卡变成了"文件",如图 1-7 所示。

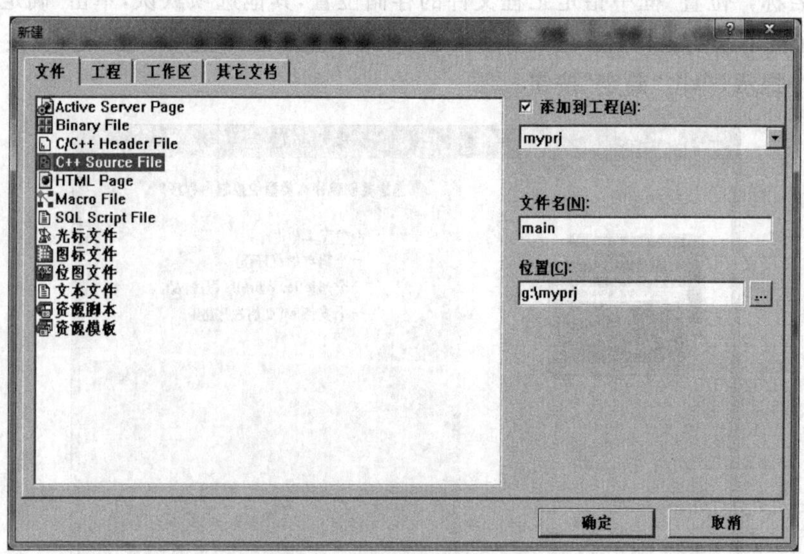

图 1-7 源文件的创建

文件类型选择 C++ Source File,在右边的"文件名"框中输入源程序文件名(本例中输入的是 main),在"位置"框中指定存放的路径,同时必须选中"添加到工程"复选框,然后单击"确定"按钮。VC 主窗口变成图 1-8 所示。

此时便可以在源程序窗口中输入代码了,代码的扩展名默认是 cpp。

如果工程中还需要建立其他源文件,重复上面的步骤即可。

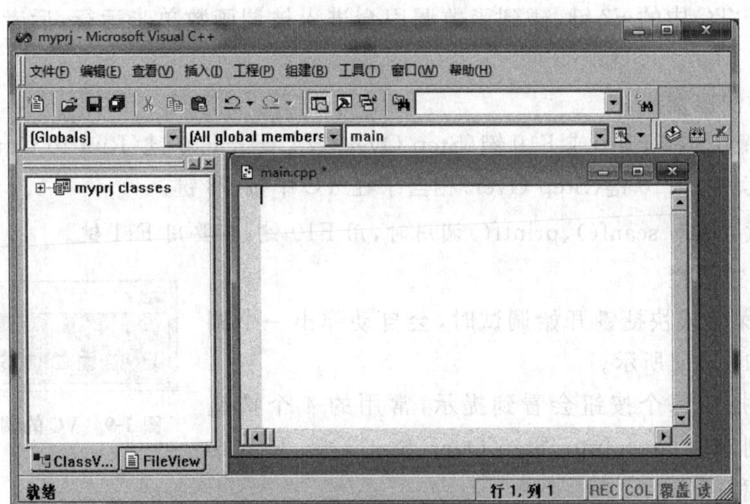

图 1-8　源文件创建后的窗口

1.3.2　程序的编译、连接和运行

源程序编辑完成后，便可进行编译、连接和运行，方法如下。

1. 编译

选择"组建"|"编译"，或者直接单击工具栏左边第一个按钮，可对当前源文件进行编译。

2. 连接

选择"组建"|"组建"，或者单击工具栏中的按钮，将生成 exe 文件，其功能相当于"编译＋连接"。

3. 执行

选择"组建"|"执行"，或者单击按钮，即可执行程序。

注意：当一个程序执行完毕，需要编写另一个程序的时候，一定要关闭当前工作区，重新建立一个新工程。

1.3.3　程序的调试

1. 开始调试

VC 中调试程序的方法有 3 种。

1）使用菜单

在菜单"组建"中选择"开始调试"下的 Step Into 或 Run to Cursor，前者是单步执行程序,相当于 TC 中的 F7 键,碰到函数调用会进入被调函数单步运行,后者执行到光标所在行。

2) 使用快捷键

按 F11 键(Step Into)或 F10 键(Step Over)或 Ctrl+F10 键(Run to Cursor)都可以调试程序,其中按 F10 键(Step Over)相当于在 TC 中按 F8 键。

注意:遇到 scanf()、printf()调用时,用 F10 键,不要用 F11 键。

3) 使用工具栏

当使用菜单或快捷键开始调试时,会自动弹出一个调试工具栏,如图 1-9 所示。

图 1-9 VC 的调试工具栏

用鼠标指向每个按钮会看到提示,常用的 4 个按钮分别对应 Step Into、Step Over、Step Out、Run to Cursor 这 4 种操作。

2. 设置断点

可以设置断点以便调试时让程序自动停留在某行。其方法是单击工具栏中的按钮。再次单击将取消已设置的断点。

3. 查看变量或表达式的值

1) 查看变量的值

要查看变量的值,不需要像 TC 那样添加观察量。在调试工具栏中按钮(Variables)按下的状态下,VC 窗口的下方会出现一个表格,其中显示的是已经定义过的变量名及其所存数值,如图 1-10 所示。

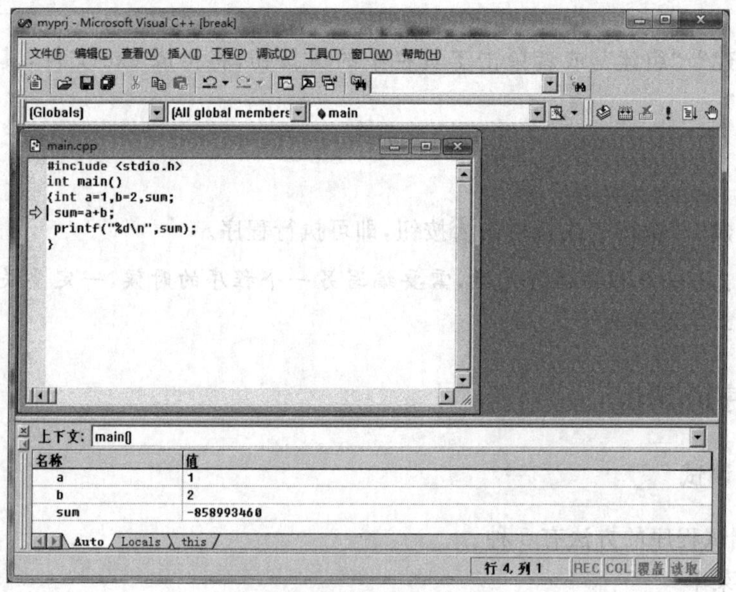

图 1-10 查看变量的值

注意：当变量定义的所在行未执行时，变量名和值是不会出现在下面的表格中的。

2）查看其他表达式的值

单击 QuickWatch 按钮，在随后弹出的对话框中添加要观察的表达式，然后单击“确定”按钮；或者单击 Watch 按钮，在窗口下方出现的表格中写入要查看的表达式，如图 1-11（右侧）所示。

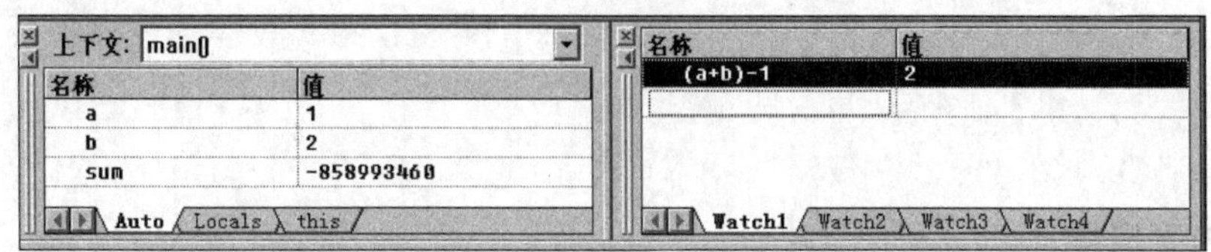

图 1-11　其他观察量的添加

限于篇幅，本书仅对常用的 VC 操作做了最简单的介绍，详细的操作方法请参阅相关书籍。

习　题　1

1. 使用 TC 编译源程序时，经常遇到打不开头文件的错误提示，一般来说，这是什么原因造成的？

2. 利用 TC 对源程序编译连接之后，在 TC 环境中怎样运行？退出 TC 后能否运行？如何运行？

3. 在 C 中怎样单步运行程序？如何设置或取消断点？

4. TC 调试过程中怎样才能观察变量（表达式）的值？请在 TC 中单步运行一个程序，观察变量的变化。

5. TC 中如何创建并运行一个多文件程序？

6. VC 中如何建立工程和源文件？

7. VC 中怎样编译、连接和执行程序？怎样单步运行调试程序？

第 2 章 chapter 2

输入输出

本章内容提要：

- printf()和 scanf()常见问题；
- 输入数据时的回车换行问题；
- 输入输出常用的几个函数；
- 输入输出重定向。

本章主要讲述输入输出的注意事项，介绍几个常用函数并补充一些输入输出重定向的知识。

2.1 printf()和 scanf()的常见问题

C 语言的输入输出是由函数完成的，printf()和 scanf()是最常用的输入输出函数，也是问题最多的两个函数。

2.1.1 printf()函数

printf()函数的作用是：按照格式字符串(即双引号中的内容)中指定的格式解读并输出后面的输出项。比如，若是%d 则将输出项解读为整数，若是%c 则认为是字符，若是%f 则认为是实数，等等。

一般来说，格式字符串中的格式控制符所表示的类型与后面输出项的类型应该是一致的，例如：

```
int a=577;
printf("%d\n",a);
```

%d 是用来输出整数的，而 a 恰好也是 int 型，类型一致。

但是有时候这两者并不一致，例如：

```
int a=321;
long b=65536;
printf("%c,%d,%ld\n",a,b,a);
```

这段代码运行时的输出结果是：

```
A,0,63897921(不确定数)
```

说明：变量a在内存中占用2字节，存储的是321，对应的补码是00000001 01000001。变量b占4字节，存储65 536，补码是00000000 00000001 00000000 00000000。

(1) 第一个输出项用的格式控制符是%c，表示输出一个字符，该字符存储在变量a处。由于字符只占1字节，所以只将a的低位字节01000001(十进制的65)解读出来，故输出结果是A。

(2) 第二项是%d，表示输出的是整数，整数占2字节(TC中)，存储在b处，因此只取b的两个字节(从低位取)，解读成0。

(3) 第三项是%ld，表示输出长整数，占4字节，在变量a处，由于a只有两个字节，另外两个字节内容未知，所以其结果是一个不确定数。

再比如：

```
int a=-1;
unsigned b=65535;
printf("%d,%d\n",a,b);
printf("%u,%u\n",a,b);
```

运行结果是

```
-1,-1
65535,65535
```

说明：a、b在内存中的存储状态是完全相同的(见图2-1)。

a	1	1	1	1	1	1	1	1	1	1	1	1	1	1	1	1
b	1	1	1	1	1	1	1	1	1	1	1	1	1	1	1	1

图2-1 变量的存储状态

输出时，第一个printf()把两个变量中最前面的1都解读成了负号“—”，第二个printf()把两个变量中最前面的1都解读成了2^{15}。

从上面两例得知，printf()函数在输出时是按照格式字符串中的格式控制符来解读数据的，而不是按照变量的定义类型。格式控制符所代表的类型与变量的类型可以不一致，这一点可以说是有利有弊：大多数情况都是由于程序员不小心写错造成的，从而导致运行结果错误，但有些时候为了验证数据可以故意而为之，显得很“灵活”。

2.1.2 scanf()函数

1. 缓冲区

要知道scanf()的执行过程，必须先了解什么是缓冲区。

缓冲区是内存中的一段区域，用来临时存放一些数据。下面以计算机读取信息为例来介绍缓冲区的概念。

众所周知,计算机中 CPU 的速度是非常快的,而外部设备(比如磁盘、键盘、显示器、打印机等)的速度则慢得多,如果 CPU 直接从外设读取数据,外设很难跟上 CPU 的速度,势必造成 CPU 能力的浪费。为了缓解这个矛盾,通常都是在内存中开辟一部分空间,把要读取的数据先从外设存入这段内存(此时 CPU 可以做别的工作)临时存放一下,或称"缓冲"一下,然后 CPU 再从内存取用这些数据。由于内存的速度比外设快很多,这样就可以大大提高 CPU 的效率。内存中临时存放数据的这段空间便是缓冲区。把这段区域叫做缓冲区,听起来似乎是"缓",但实际上却是快了。

与输入数据类似,计算机输出信息时,也要把数据先从 CPU 存入内存的输出缓冲区中"缓冲"一下,然后再从内存传送到外设。

C 语言读写一个文件(或设备)的时候,要先打开该文件(或设备)并为之分配一个缓冲区。若是磁盘文件,这些工作需要程序员通过调用函数来完成,而对于键盘和显示器这两个系统默认的输入输出设备,系统会自动打开它们并为它们分配缓冲区(这是一个很人性化的设计,因为几乎所有人都会用这两个设备)。也就是说,只要程序开始运行,内存中就已经有键盘缓冲区和显示器缓冲区了。

键盘缓冲区用来存放用户从键盘输入的数据。当用户输入完数据并按下回车 Enter 键的时候,这些数据才被送入缓冲区。在按回车键之前用户可以随意修改这些数据,一旦按了回车键送入缓冲区,就不能再修改了。

知道了缓冲区的概念,就可以讨论 scanf()函数了。

2. scanf()的功能及用法

scanf()函数的功能是从输入源(默认是键盘缓冲区)读取数据并存入指定的位置(注意,指定的是位置,是地址)。例如:

```
int a;
scanf("%d",&a);
```

设运行时变量 a 在内存中分配到 1657 和 1658 两个字节,则 &a 就是 1657(地址),scanf()把键盘输入的整数存储到从 1657 单元开始的两个字节中,这正是变量 a。

说明:实际上对应上面这个 scanf()函数的虚参相当于两个指针变量,第一个参数(指针变量)接受字符串%d 的首地址,第二个参数(也是指针变量)接受 &a。设第二个虚参是指针变量 p,可以想见,scanf()一定是把用户输入的整数通过 p 赋给了变量 *p,也就是 a。假设用户输入的值是-3,相当于执行了这样的操作: *p=-3。

想一想:若丢掉 &,scanf()是怎样存储键盘输入的数据的?

若丢掉 &,写成 scanf("%d",a);,scanf()将把 a 的值当作存储位置来存储-3。丢掉 & 时,编译器并不能检查出语法错误。

由于 a 中是一个不确定的值,因此键盘输入的整数就被存到了一个不确定的位置。这种操作相当危险,它不仅会使程序得到一个不正确结果,还可能破坏其他有用的数据,甚至给系统造成致命的危害。

想一想：为什么说缺少取地址运算符 & 会使程序得到一个不正确的结果？

在使用 scanf()函数时，除了要注意不能丢失取地址运算符外，还要注意数据的输入格式。

scanf()对输入数据的格式要求是相当严格的，就算程序没有任何错误，但如果输入数据的格式不正确，同样会导致运行结果的不正确。对于输入数据时的格式错误，scanf()也不会有任何错误提示。

设有数据定义：

```
int a,b;
char c;
```

要使 a=1，b=2，c='A'，下面几个 scanf()应当怎样输入？

(1) scanf("%d,%d",&a,&b);

(2) scanf("%d%d",&a,&b);

(3) scanf("%d%c",&a,&c);

(4) scanf("%d,%c",&a,&c);

(5) scanf("a=%d,b=%d",&a,&b);

(6) scanf("%d,c=%c",&a,&c);

(7) scanf("%d,%d\n",&a,&b);　　　//多写了一个换行符\n

正确的输入格式如下：

(1) 1,2 <Enter>(必须用逗号隔开)

(2) 1　2 <Enter>(1 和 2 之间用空格或 Tab 隔开，不能用逗号。或者这样输入：1<Enter> 2<Enter>)

(3) 1A <Enter>(中间不能加空格)

(4) 1,A <Enter>(必须用逗号隔开)

(5) a=1,b=2 <Enter>

(6) 1,c=A <Enter>

(7) 1,2 <Enter>3 <Enter>(第三个数可以是任意数据，若不输入第三个数，则程序将一直等待下去)

想一想：为什么要多输入一个数据？

可以看出来，scanf()对输入格式的要求相当严格，由于 scanf()诸多的错误可能和使用限制，所以在 C++ 中不再用 scanf()完成输入，而是用输入流对象取而代之。

3. 用 scanf()输入字符串时的注意事项

scanf()可以输入字符串，但是它读取缓冲区数据时若遇到空格、Tab('\t')或者换行符('\n')三者之中的任何一个字符，读取就停止了，不再读取后面的字符。所以用 scanf()输入的字符串中不可能含有空格、换行符和 Tab。

例如，从键盘输入一个人的姓名 zhang san，若用 scanf("%s",…)函数读取，只能读取空格之前的 zhang。

另一个函数 gets()则仅以换行符作为结束标志，若键盘输入 zhang san 并回车，则用 gets()得到的是 zhang san。

因此，当输入的字符串中含有空格时，不要用 scanf()，而要用 gets()。

2.2 输入数据时的回车换行问题

先来看下面这个例子。

例 2.1 回车换行问题。

```
#include<stdio.h>
int main()
{
    char c1,c2;
    printf("请输入第一个字符：");
    c1=getchar();
    printf("\n请输入第二个字符：");
    c2=getchar();
    printf("\nc1=%c,c2=%c",c1,c2);
    return 0;
}
```

当程序执行到代码中第一个 getchar()时，计算机会停下来等待用户输入一个字符，此时输入 A 并按回车键，则第一个 getchar()读取的是字符'A'。我们认为，执行第二个 getchar()时，计算机还将停下等待我们输入第二个字符，但实际情况并不是这样。实际情况是：当按了 A 和回车键后，程序就运行结束了，其结果是：

```
请输入第一个字符：A
请输入第二个字符：
c1=A,c2=
_
```

想一想：为什么会这样？

说明：出现这个结果的原因是，输入 A 并按回车键时，实际送入键盘缓冲区的是两个字符：'A'和'\n'(换行符)。**回车总是被转换为换行符再送入缓冲区**。程序中的第一个 getchar()取的是'A'，第二个 getchar()读取时缓冲区里还有一个数据('\n')未读，所以程序不会停下再让我们输入，而是直接取走'\n'赋值给 c2。输出 c2 时实际上输出了一个换行符，表现在上面的输出结果中，就是光标从第三行换到第四行开头闪烁。

不仅是 getchar()，使用 scanf()、gets()等输入函数时，输入数据最后所按的回车键也是被转换为换行符送入缓冲区的。

注意：回车('\r')和换行('\n')是两个不同的字符，其 ASCII 码值分别是 13 和 10。

2.3 输出时常用的几个函数

2.3.1 clrscr()

该函数用来清屏，相当于 DOS 命令中的 cls，其作用是把输入输出窗口中的原有内容清掉，将输入输出位置(光标)移动到屏幕左上角。

初学者一般不知道或者不喜欢用清屏函数，从而使多个程序运行的结果或者同一程序多次运行的结果混杂在一起，这样便很难分辨出哪些是本次运行的输出，哪些是以前的输出。为避免这种情况发生，最好在每个程序输出信息之前先调用一次清屏函数。例如：

```
int a,b,c;
clrscr();          //清屏
printf("请输入三个整数:");
…
```

该函数不带参数，但一般需要包含头文件 conio.h(TC 中不需要)。

2.3.2 getch()和 getche()

1. 功能及说明

这两个函数的功能都是从键盘读取一个字符，与 getchar()类似，所不同的有以下几点。

(1) getchar()是从键盘的文件缓冲区读取字符，当从键盘输入字符时，可以输入若干个字符(但是它只取一个)，并且最后一定要回车确认。而 getch()和 getche()是直接从键盘读取(不经过文件缓冲区)，输入时只要按下一个键(任意键，也可以是回车键)，不需要回车确认，程序就能继续运行了。

(2) 用 getchar()读取字符时，若键盘输入回车，则读取的字符是换行符'\n'(送入缓冲区时被转换)；而用 getch()或 getche()读取字符时，若键盘输入回车，则读取的字符是回车符'\r'(不经过缓冲区所以未被转换)。

(3) getch()和 getche()也有不同：前者对输入没有回显，即屏幕上不出现输入的字符，可以用来输入密码；而后者有回显(输入时其实看不到回显，因为一闪就过去了，但是看运行结果时就能看到当初输入的字符)。这是两者的唯一不同。

2. 一般用法

这两个函数经常被用来实现“暂停、按任意键继续”的效果。

在 TC 2.0 的环境中，用 Ctrl+F9 键编译、连接并运行程序后，TC 旋即又退回到编辑界面，如果想要查看结果，必须按 Alt+F5 键切换回输入输出窗口，这很麻烦。如果在程序的结尾加上一行 getch()(或 getche())调用,就可以省掉按 Alt＋F5 键回去看结果这个步骤,因为程序运行到 getch()函数一行会停下,此时可以看到运行结果,按任意键才退回到编辑界面。

还有一种情况,就是输出的信息很多,要显示很多屏,但是通常只能看到最后一屏,其他的都已经卷滚了。这种情况下可以在代码中加上几个 getch()或 getche()以实现分屏显示,即：每当显示满一屏的时候就"暂停"一下,按任意键继续。

getch()和 getche()都是在头文件 conio.h 中定义的,使用时一般要包含这个头文件(TC 中不需要)。

例 2.2 "清屏"和"暂停"的例子：输出 10 000 之内所有的素数。

```
#include<stdio.h>
#include<math.h>
#include<conio.h>
int main()
{
    int m,i,k,n=0;
    clrscr();                                   //输出之前先清屏
    for(m=2; m<10000; m++){                     //1既不是素数也不是质数
        k=sqrt(m);
        for(i=2; i<=k; i++)
            if(m%i==0)
                break;
        if(i>k){
            n++;
            printf("%5d",m);
            if(n%10==0)                         //每行输出 10 个
                printf("\n");
            if(n%200==0)
                getch();                        //每显示 20 行暂停,看输出
        }
    }
    getch();
    return 0;
}
```

2.4 输入输出重定向

scanf()、printf()等函数不像 fscanf()、fprintf()等函数可以指定输入输出设备(文件),它们通常是从默认的输入源(键盘缓冲区)读取数据或者向默认的输出设备(显示器缓冲区)输出信息。但这并不等于说它们只能这样,利用 DOS 命令中的输入输出重定向,可以实现与 fscanf()、fprintf()等函数同样的功能,即也可以指定数据源或目标文件

(设备)。

例 2.3 用于输入输出重定向的程序,代码如下:

```
#include<stdio.h>
int main()
{
    int a,b;
    scanf("%d,%d",&a,&b);
    printf("%d\n",a+b);
    getch();
    return 0;
}
```

编译、连接后,产生可执行文件 s2_3. exe。

如果就在 TC 环境中直接按 Ctrl+F9 键运行这个程序,意味着不进行输入输出重定向,这并不是这里要讨论的。

现在,需要返回到 DOS 命令提示符下调用这个可执行文件 s2_3. exe,假设在 DOS 命令提示符下输入下面的命令并回车(共 5 种方法)。

(1) s2_3

这样调用 s2_3. exe,与在 TC 环境中直接运行程序效果是相同的,不存在输入输出的重定向问题,输入源依然是键盘缓冲区,目标设备依然是显示器缓冲区,即,运行时必须从键盘输入 a、b 的数据,并且结果必定是在显示器上显示。

(2) s2_3<c:\myfile. txt

这样调用的前提条件是,先在命令行指定的目录(这里是 C:\)中建立一个不带任何格式控制符的纯文本文件(名字是 myfile. txt),在其中写上数据,比如:1,2,3,4,5。

执行 s2_3<c:\myfile. txt 时,计算机将从文件 myfile. txt 中读取数据 1,2,…,而不是从键盘缓冲区,意即:输入源被定向到 myfile. txt 了——这便是输入重定向。命令行中的"<"表示需要用到的数据由后面的文件提供。

运行结果(结果是 3)依然在显示器上出现,因为没有对输出重定向。

注意:文件中数据 1 和 2 之间必须用逗号隔开,以匹配 scanf()中的"%d,%d"。如果 scanf()中的格式字符串改为"%d%d",那么文件中的数据就应该是:1 2…。

(3) s2_3>c:\result. txt

这是输出重定向。命令行中的">"表示将输出信息写入后面的文件中,而不是显示器。这样,原本应该输出到显示器的信息就被写入到 C 盘根目录下的 result. txt 文件中了,显示器上不再出现运行结果。

a、b 两个数据仍然需要从键盘输入,因为命令行并未对输入重定向。

输出重定向时,若文件 result. txt 不存在,系统将自动新建,否则将改写(覆盖)。

(4) s2_3>>c:\result. txt

这行命令也是输出重定向,与(3) 用法不同的是,这里用的是">>",属于追加写文件,即:若文件已经存在,则将新写入的信息追加在原内容的后面,原内容不会被覆盖。

(5) s2_3<c:\myfile.txt>c:\result.txt

本命令行对输入和输出都做了重定向，因此，程序用到的数据将从文件 c:\myfile.txt 读取，不需要键盘输入；同样，程序运行的结果也不送显示器，而是写入到文件 c:\result.txt 中。

也可以使用追加方式的命令：

```
s2_3<c:\myfile.txt>>c:\result.txt
```

注意：C 语言中对应于显示器的指针有两个：stdout 和 stderr。对于前者，信息输出时总是先送入缓冲区，然后再输出到屏幕；而对后者，信息是不经过缓冲区直接输出到屏幕的。因此，向 stdout 输出的信息是可以被重定向的，输出到 stderr 的信息则不能被重定向。

例如，将例 2.3 改写为

```
#include<stdio.h>
int main()
{
    int a,b;
    scanf("%d,%d",&a,&b);
    fprintf(stderr,"%d\n",a+b);          //本行改写
    getch();
    return 0;
}
```

上面的程序从 DOS 命令行运行时，输入命令：s2_3> c:\result.txt <Enter>，则结果仍会出现在显示器上，而不是写到文件 c:\result.txt 中。

习 题 2

1. 什么是文件缓冲区？有什么作用？

2. 用 scanf()函数输入若干数据时，什么情况下需要用空格（或 Tab 或回车）隔开？什么情况下不需要？

3. 键盘输入时用户按了 ABC 和回车 4 个键，送到缓冲区的是哪些字符？

4. 想用下面的程序从键盘输入一些数据，然后输出，设键盘输入数据的格式如下：

```
A
B
C D
1 2
3,4
5 E
6F
a=7,b=8
```

对应上面的数据，程序运行结果的格式应该是

```
c1=A,c2=B
c1=C,c2=D
a=1,b=2
3 4
a=5 c1=E
a=6,c1=F
a=7,b=8
```

请在下面的程序中填上合适的代码并运行之。

```
#include<stdio.h>
int main()
{
    int a,b;
    char c1,c2;
    //在下面填写代码,用 getchar()输入字符给 c1、c2,此处不允许使用 scanf()


    printf("__________",c1,c2)    //输出 c1、c2,请填上合适的格式控制
    //填代码,用 scanf()输入两个数据给 c1、c2,必须用到 scanf(),可以另有 getchar()


    printf("__________",c1,c2);
    //在下面填写代码,用 scanf()输入两个数据给 a、b


    printf("______________",a,b);
    //在下面填写代码,用 scanf()输入两个数据给 a、b


    printf("__________",a,b);
    //在下面填写代码,用 scanf()输入两个数据给 a、c1


    printf("__________",a,c1);
    //在下面填写代码,用 scanf()输入两个数据给 a、c1


    printf("__________",a,c1);
    //在下面填写代码,用 scanf()输入两个数据给 a、b


    printf("__________",a,b);
    return 0;
}
```

5. 函数 getchar()、getch()、getche()之间的区别是什么？

6. 什么是输入输出重定向？编写一个求两个数之和的程序，练习对输入和输出进行重定向。

7. 文件 student.dat 中存有 3 个班(每班 30 人)的考试成绩，存储方法是：先存 1、2、3 班的 3 个 1 号的成绩，再存 1、2、3 班的 2 号成绩……直到 30 号，成绩之间是用空格隔开的。利用输入输出重定向求出 1 班的平均成绩。

提示：在 scanf()函数中用%*d 格式跳过不需要的数据。

第3章 chapter 3

程序的流程控制

本章内容提要：

- if、switch 和 break 语句；
- while、do-while 和 for 语句；
- break、continue 语句在循环中的作用。

结构化的程序设计有助于提高程序的可读性。研究表明，只需要如下 3 种控制结构就可以开发出任意复杂的程序：顺序结构、选择结构和循环结构。其中顺序结构是最简单的按顺序执行的结构，无须讨论，本章重点介绍选择结构和循环结构的程序设计。

3.1 选择结构

选择结构主要使用以下 3 种方式来实现：if 语句、if-else 语句和 switch 语句。

3.1.1 if 语句和 if-else 语句

if 语句有两种格式：

格式一：

```
if(表达式)        //本行没有分号
    语句
```

格式二：

```
if(表达式)        //本行没有分号
    语句 1
else
    语句 2
```

说明：

(1) 上面两种格式的 if 语句分别适用于以下两种情况：

① 当条件成立需要处理，而条件不成立不需要处理时，用格式一。

② 当条件成立需要处理,条件不成立也需要处理时,用格式二。

想一想:当条件成立不需要处理,而条件不成立需要处理时,用哪种格式?

(2) if 后面括号中的表达式可以是任何类型的,如逻辑表达式、关系表达式、算术表达式等,还可以是常量或变量。不管什么类型的表达式,只要其值不为 0,便意味着条件成立。例如:

```
if(a>b)
if(a==b)
if(a !=0 && b !=1)
if(1)                   //相当于 if(1 !=0),这个条件总是成立的
if(x)                   //相当于 if(x !=0)
if(a=b)                 //相当于 if((a=b) !=0)
if(a/10)                //相当于 if((a/10) !=0)
```

(3) if 或 else 后面只能跟一条语句

语法上,if 或 else 都只能"管"一条语句,这条语句称作 if 的子句或 else 的子句。如果程序中需要 if 或 else"管"多条语句,则必须将它们放在大括号内组成一条复合语句。

提示:C 语言中,任何能放置一条语句的地方都可以放置一条复合语句。

3.1.2 嵌套的 if 语句

在 if 语句中的 if 子句或 else 子句的位置上,都可以再使用一个 if 语句,使得 if 语句嵌套。if 的嵌套可以多层。

一个 if 语句最多只能处理两种情况,嵌套的 if 常用来处理 3 种以上的情况。一般来说,若有 3 种情况,则需要两个 if 语句嵌套;若有 4 种情况,则需要 3 个 if 语句嵌套……若有 n 种情况,则需用 $n-1$ 个 if 语句。

常见的嵌套方式有如下几种:

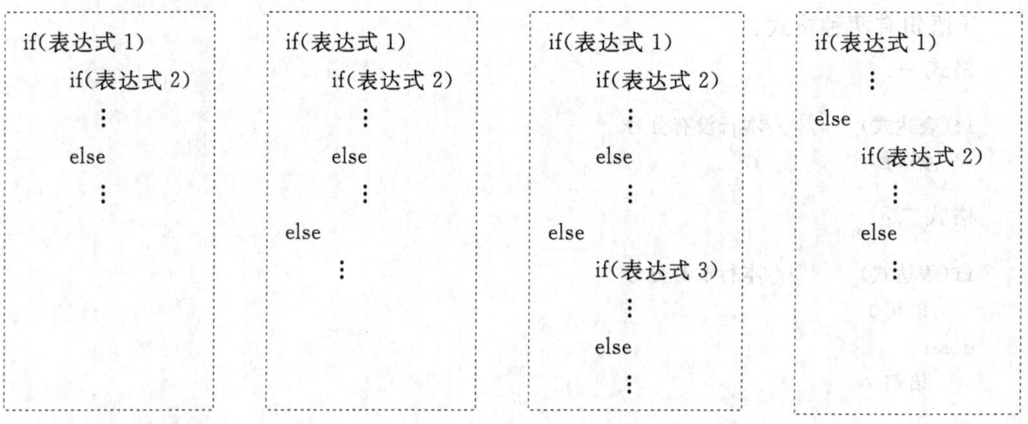

编程经验:编程时,通常都是使用最后一种嵌套方式,即 if 只处理一种情况,把剩下的情况都放在 else 后面处理。用这种方式的好处是可以避免 if 和 else 的配对错误。

下面的程序段使用格式不当,导致程序的运行结果错误:

```
int x;
scanf("%d",&x);
if(x>=0)
    if(x<10)
        printf("0<=x<10");
else
    printf("x<0");
```

如果键盘输入 11，则输出结果是：x<0。

这段代码中的 else 看起来是跟第一个 if 配对，而实际上是跟第二个配对。因为 C 语言规定，else 总是与它前面最近的、尚未配对的 if 配对。

说明：if 和 else 的配对关系与它们的对齐方式无关，即：与缩进格式无关。缩进只是用来方便阅读，编译时将忽略所有缩进的空格。

在编译器看来，上面一段代码相当于这样写的：

```
int x;
scanf("%d",&x);
if(x>=0)
    if(x<10)
        printf("0<=x<10");
    else
        printf("x<0");
```

若程序用下面的嵌套方式，即 if 只处理一种情况，把剩下的情况都放在 else 后面处理，就不会出现配对错误的问题。

例 3.1 判断一个学生成绩属于哪个分数段。

```
#include<stdio.h>
int main()
{
    int x;
    scanf("%d",&x);
    if(x>=90)
        printf("优");
    else
        if(x>=80)
            printf("良");
        else
            if(x>=70)
                printf("中");
            else
                if(x>=60)
                    printf("及格");
                else
                    printf("差");
```

```
    return 0;
}
```

这是本书推荐的嵌套方式,也可以写成如下格式(有些教材称为第三种格式):

```
#include<stdio.h>
int main()
{
    int x;
    scanf("%d",&x);
    if(x>=90)
        printf("优");
    else if(x>=80)
        printf("良");
    else if(x>=70)
        printf("中");
    else if(x>=60)
        printf("及格");
    else
        printf("差");
    return 0;
}
```

3.1.3 if语句常见错误

1. if或else后面的复合语句不写大括号

if和else的后面只能有一条子句,如果写了多条,将导致语法错误或逻辑错误。

下面代码段是想完成这样一个操作:若a<b,则交换两个变量的值。

```
if(a<b)
    t=a;
    a=b;
    b=t;
printf("%d,%d\n",a,b);
```

但是程序中忘记了一对大括号,由于if的子句只能是一条语句,因此上面的代码相当于

```
if(a<b)
    t=a;
a=b;
b=t;
printf("%d,%d\n",a,b);
```

不管条件成立与否,“a=b;”和“b=t;”总是要执行的。所以当键盘输入的a大于等于b时,输出的结果不正确。这是一个逻辑错误,语法上没有错误。

又比如，写成下面的样子：

```
if(a<b)
    t=a;
    a=b;
    b=t;
else
    ;
printf("%d,%d\n",a,b);
```

同样地，这段代码中也忘记了一对大括号，导致 else 没有 if 可配对，这是一个语法错误。

想一想：前面明明有一个 if，为什么说 else 没有 if 可配对？

原因是：if 的子句只能是一条语句，这里就是“t＝a;”，如果 if 语句有 else 分支的话，那么 else 必定紧跟在该子句的后面：

```
if(a<b)
    t=a;
else
    ⋮
```

而在前面的代码中，“t＝a;”后面没有紧接 else，而是跟着一条赋值语句“a＝b;”，编译器看到这里，就确认 if 语句没有 else 分支了，也就是说，if 语句到“t＝a;”一行就已经结束，后面凭空冒出来的 else 与谁配对？

提示：*忘掉大括号的错误很常见，建议读者在每个 if 或 else 后面写代码的时候，都要停下来想一想，需要处理的语句是不是两条以上，若是，则先打上一对大括号，然后再在其中填写代码。*

编程经验：*每次打一对大括号，可以避免左右大括号数量不等(忘记写右大括号)或者左右大括号位置对不齐的情况发生，这是一个良好的编程习惯。*

2. if(表达式)后面加分号

如果 if(表达式)后面多加了分号，将导致程序的逻辑错误或语法错误。例如：

```
if(a>b);                    //此行多写了一个分号
{
    t=a;
    a=b;
    b=t;
}
```

上面的代码相当于

```
if(a>b)
    ;                       //空语句是 if 的子句
t=a;
```

```
    a=b;
    b=t;
```

无论 a 是否大于 b,最终都交换了 a、b 的值。

编程经验:使用下面这种格式编写程序,可以避免多写分号所带来的错误。

```
if(a>b) {      //左大括号写在 if 行的后面,即便本行多写了分号也不影响结果
    t=a;
    a=b;
    b=t;
}
```

提示:对于后面讲到的 3 种循环(while,do-while,for),也可以采用这种书写格式,例如:

```
while(i<=10){          //本行即便多写了分号也不影响运行结果
sum+=i;
    i++;
}
```

3. ==误写为=

if(表达式)格式中的"表达式"可以是任何有效的表达式,包括所有基本数据类型的运算,只要能计算出值即可。若表达式的值非 0,则认为条件成立,否则为不成立。

由此可见,C 语言对 if 后面的表达式有很强的类型包容性。很多情况下,即便把条件写错了,if 语句也不会认为是语法错误。例如,要判断一个三位数是否水仙花数(3 个数字的立方和等于该三位数本身),代码如下:

```
int m,a,b,c;
scanf("%d",&m);
a=m%10;                       //计算个位上的数字
b=m/10%10;                    //计算十位上的数字
c=m/100;                      //计算百位上的数字
if(m=a*a*a+b*b*b+c*c*c)       //注意,本行用的是=而不是==
    printf("Yes");
else
    printf("No");
```

程序运行时,不管输入的三位数是多少,输出结果总是 Yes。其原因是程序中误把==写成=了,导致括号中的表达式是一个赋值表达式,其值等于 m,而 m 在此之前已被赋予一个新值:a*a*a + b*b*b + c*c*c。对于一个三位数,这个值不可能为 0,所以 m 的值也不为 0,条件总是成立。

编程经验:对于上面程序中 if 后面的条件表达式,最好写成 a*a*a+b*b*b+c*c*c==m 而不是 m==a*a*a+b*b*b+c*c*c。写成前者的目的是,如果不

小心漏掉一个“=”,将造成语法错误,编译器会给出提示(错误:赋值号前面不是左值)。若写成后者,漏掉一个“=”时从语法上讲没有任何错误。

4. 连续使用“>”或“<”

例如:

```
int a=5,b=3,c=2;
if(a>b>c)                          //本行有问题
   printf("Max is a: %d\n",  a);
```

按照数学里的运算法则,a>b>c 应该是成立的,而在 C 语言中这个条件不成立。因为 C 语言对 a>b>c 的求值顺序是一步步进行的,即:先计算 a>b 成立否,显然成立,其结果为 1(用 1 表示逻辑真),然后拿“a>b”的结果 1 与 c 比较,即比较“1>c”,最后结果是不成立。

修改的方法是加一个逻辑运算符 &&,将 if 语句改为

```
if(a>b && b>c)
    printf("Max is a: %d\n",a);
```

或者用嵌套的 if 语句:

```
if (a>b)
    if(b>c)
        printf("Max is a: %d\n",a);
```

5. 代码中的逻辑错误

下面的例子是为了求解数学表达式:

$$y=\begin{cases}x & (x<0)\\ 2x-1 & (0\leqslant x<10)\\ 3x-11 & (x\geqslant 10)\end{cases}$$

这个题目可以使用 3 个独立的 if 语句来做:

```
int  x,y;
scanf("%d",&x);
if(x<0)
    y=x;
if(x>=0 && x<10)
    y=2 * x-1;
if(x>=10)
    y=3 * x-11;
```

也可以使用嵌套的 if:

```
int x,y;
scanf("%d",&x);
```

```
if(x<0)
    y=x;
else                          //意味着 x 不小于 0
    if(x<10)                  //这里相当于 if(x>=0 && x<10)
        y=2*x-1;
    else
        y=3*x-11;
```

对于 if(x<10)这一行，由于前面的 else 把第一个条件 x<0 否定了，隐含着 x>=0 这个前提，所以这里的条件相当于 x>=0 && x<10。

我们发现，用单独的 if 语句时，每一种情况都要把限制条件写全写完整，如 x>=0 && x<10。而用嵌套 if 时，这个条件可以拆开分散到两个 if 中。

上面两段程序都是正确的，而下面的程序段前面先用一个独立的 if，后面又用嵌套的 if，逻辑上是有问题的：

```
int x,y;
scanf("%d",&x);
if(x<0)
    y=x;
if(x<10)                  //这里的 if(x<10)包含 x<0 的情况
    y=2*x-1;
else
    y=3*x-11;
```

想一想：问题出在哪里？

程序的设计者认为，第一个 if 是单独的 if 语句，把 x<0 的情况处理了，后面又用了一个 if 把剩下的两种情况处理了。

这段程序有一个不易觉察的逻辑错误：实际上第二个 if 处理的不是剩下的两种情况，而是全部 3 种情况。如果第一个 if 后面有 else，那第二个 if 处理的才是剩下的情况，但第一个 if 后面没有 else，没有排除 x<0 的情况，因此第二个遇到的还是 3 种情况。第二个 if 与第一个 if 不是嵌套关系，它们之间是独立的平等关系。

运行时，当输入的 x 小于 0 时，第二个 if 后面的条件(x<10)也成立，程序"最终"计算出的结果是 2*x-1 的值。

3.1.4 if 语句中的短路效应

逻辑与运算符 && 和逻辑或运算符||都是从左到右结合的，在计算包含 && 或||的表达式时，一旦能确定整个表达式的值，求解就会立即停止。例如：

```
#include<stdio.h>
int main()
{
    int a=1,b=10,c=2;
    if((a=b) || (c=b))
```

```
        printf("TRUE. a=%d,b=%d,c=%d\n",a,b,c);
    else
        printf("FALSE. a=%d,b=%d,c=%d\n",a,b,c);
    return 0;
}
```

运行结果是

```
TRUE. a=10,b=10,c=2
```

说明：if 语句后面的条件((a=b)||(c=b))的计算顺序是：先求解 a=b，其值是 10(因 a 已经赋值为 10 了)，不为 0，因此整个表达式的值将肯定不是 0，右边 c=b 不需要求解(这称作短路效应)，故 c 的值保持原来的 2 不变。

同理，对于 && 运算符，一旦左侧为 0，也不需要求解右侧的值(短路效应)。

编程经验：在编写包含运算符 && 的表达式时，把最有可能为假的简单条件写在表达式的最左边，在编写包含运算符"||"的表达式时，把最有可能为真的简单条件写在表达式的最左边。这样做有助于减少程序的运行时间，提高程序的效率。

3.1.5 switch 语句

1. switch 的格式和应用举例

处理 3 种以上情况时，除了使用前面介绍的嵌套的 if 语句外，还可以使用多分支选择结构的 switch 语句，其语法格式如下：

```
switch (表达式) {
    case 常量表达式 1:  语句体
    case 常量表达式 2:  语句体
    case 常量表达式 3:  语句体
    ⋮
    case 常量表达式 n:  语句体
    default:            语句体
}
```

注意：switch 后面的表达式和每个 case 后面的常量表达式可以是字符型、逻辑型、整型，但不允许是 float 或 double 型。

下面是 switch 语句的一个简单应用。

例 3.2 统计本班考试成绩各分数段的人数。

```
#include<stdio.h>
int main()
{
    int n0=0,n6=0,n7=0,n8=0,n9=0;  //6 个计数器,用来统计人数
    int x;
    scanf("%d",&x);
```

```
    while(x !=-1){        //若所有的分数都已处理完,再次输入数据时输入-1
        switch(x/10){
           case  10:
           case   9:  n9++; break;
           case   8:  n8++; break;
           case   7:  n7++; break;
           case   6:  n6++; break;
           default:  n0++;
        }
        scanf("%d",&x);
    }
    printf("%d,%d,%d,%d,%d\n",n9,n8,n7,n6,n0);
    return 0;
}
```

假如键盘输入的某 x 的值是 76,那么 switch 后面表达式 x/10 的值将是 7,所以程序转到 case 7 后面的 n7 ++ 开始向下执行。

break 的作用是跳出 switch,转去执行 switch 后面的语句(本例中是 scanf("%d",&x))。若无 break,程序将从 n7 ++ 开始依次执行后面每个 case 及 default 之后的语句,直到遇见 break 语句或顺序执行完 switch 中的所有语句为止。

上面的例子中,case 10 后面没有任何语句,也没有 break,所以 case 10 和 case 9 共享语句"n9 ++ ; break;"。即 100 分和 90～99 分的人数都将统计到 n9 中。

例 3.3 键盘输入一个年月日,计算该日期在该年中是第几天。

代码如下:

```
#include<stdio.h>
int main()
{
    int year,month,day;
    int d=0;
    scanf("%d%d%d",&year,&month,&day);
    switch(month) {
        case 12:  d+=30;        //加上 11 月的 30 天
        case 11:  d+=31;        //加上 10 月的 31 天
        case 10:  d+=30;        //加上 9 月的 30 天
        case  9:  d+=31;
        case  8:  d+=31;
        case  7:  d+=30;
        case  6:  d+=31;
        case  5:  d+=30;
        case  4:  d+=31;
        case  3:  d+=28;        //先按平年算,加上 2 月的 28 天
        case  2:  d+=31;        //加上 1 月的 31 天
        case  1:  d+=day;       //加上当月天数
    }
    if((year%4==0 && year%100!=0 || year%400==0) && month>=3)
```

```
        d++;
    printf("%d\n",d);
    return 0;
}
```

程序中每个case后面都没有break,这正是这个程序设计的巧妙之处。假设输入的日期是1980年10月5日,执行switch时要转到case 10后面,先执行d+=30(加上九月份的30天),由于没有break,所以程序继续执行后面每个case后面的代码:加上八月的31天,七月的31天……一月的31天,再加上当月的5天(day)。程序最后判断1980年是闰年,且10月5日在3月1号之后,所以再增加一天。

想一想:如果按照case 1、case 2…这样的顺序,应该怎样写这段代码?

2. default的使用说明

如果表达式的值与所有case后的值都不相等,则转到default后面的语句。switch语句中可以没有default。当把所有可能的值都列出来而没有其他情况的时候,就可以不写default。

default可以写在任何一个case语句可以出现的位置。

编程经验:在每个switch语句中都放上一条default是一个很好的习惯,因为这样做可以很容易检测出程序的逻辑错误,否则,程序将若无其事地继续运行,难以发现错误。

3. 常犯错误

使用switch时常见的错误有以下几种:

(1) switch后面的表达式不加括号,如:switch x/10(丢失括号)。

(2) switch后面多写了分号,如:switch (x/10);(多写分号)。

(3) case与后面的表达式之间不写空格,如:case10:(应写为case 10:)。

(4) 应该有break却丢失。

上面几种错误中,(1)(2)(3)都是语法错误,使程序不能运行;(3)不是语法错误,但编译会把case10当成一个"标号",违背编程者的初衷;(4)则是逻辑错误,使程序得不到正确结果。

说明:对于第(3)种错误,由于不是语法错误,故编译器不提示,代码可以运行,但结果错误。

3.1.6 选择结构程序举例

例3.4 键盘输入4个整数,找出其中的最大值。

本例可以用嵌套的if语句来做:

```
#include<stdio.h>
int main()
```

```
{
    int a,b,c,d,max;
    scanf("%d%d%d%d",&a,&b,&c,&d);
    if(a>=b){
        if(a>=c)
            if(a>=d)
                max=a;
            else
                max=d;
        else
            if(c>=d)
                max=c;
            else
                max=d;
    }
    else{
        if(b>=c)
            if(b>=d)
                max=b;
            else
                max=d;
        else
            if(c>=d)
                max=c;
            else
                max=d;
    }
    printf("%d\n",max);
    return 0;
}
```

这个程序写起来很麻烦，且逻辑关系复杂，不容易看懂，显然这不是一个好算法。为此，将程序改为下面的方法：用逻辑运算符连接关系表达式。

```
#include<stdio.h>
int main()
{
    int a,b,c,d,max;
    scanf("%d%d%d%d",&a,&b,&c,&d);
    if(a>=b && a>=c && a>=d)
        max=a;
    if(b>=a && b>=c && b>=d)
        max=b;
    if(c>=a && c>=b && c>=d)
        max=c;
```

```
    if(d>=a && d>=b && d>=c)
        max=d;
    printf("%d\n",max);
    return 0;
}
```

这个程序看起来清楚一些了，但是随着整数个数（现在是4）的增加，每个if后面的条件都会变得很长，所以这种方法也不可取。

遇到这种需要比较很多数据的情况，通常都是采用“打擂台”的方法来处理：

```
#include<stdio.h>
int main()
{
    int a,b,c,d,max;
    scanf("%d%d%d%d",&a,&b,&c,&d);
    max=a;          //a先当第一任擂主
    if(b>max)       //如果b比擂主大，则b成为擂主，否则擂主不变
        max=b;
    if(c>max)
        max=c;
    if(d>max)
        max=d;
    printf("%d\n",  max);
    return 0;
}
```

这样写出来的程序简单易懂，且很容易扩展：如果数据个数增加了，按同样的方法再添些代码即可。更重要的是，每个数据的处理方式都是相同的，这一点便于今后把它们合并成一个循环。

例3.5 设乘坐火车时每个人可以免费携带20kg的行李，超出部分收费：如果超出20kg但未超出40kg，则超出部分按2元/kg收费；若超过40kg，20～40kg部分还按2元/kg收费，但超过40kg的部分按5元/kg收费。下式表示的是应收金额，请编程。

$$y=\begin{cases}0 & (x\leqslant 20)\\(x-20)\times 2 & (20<x\leqslant 40)\\20\times 2+(x-40)\times 5 & (x>40)\end{cases}$$

这个程序可以用if语句来做，这里用switch。

```
#include<stdio.h>
int main()
{
    int x,y;
    scanf("%d",&x);
    switch(x/20){
        case 0:
```

```
            y=0;
            break;
        case 1:
            y=(x-20)*2;
            break;
        default:
            y=20*2+(x-40)*5;
    }
    printf("%d\n",y);
    return 0;
}
```

该程序需要验证两个特殊数据，即 x 恰好是 20 或 40 时结果是否正确。

想一想：switch 后面的表达式为什么要除以 20？若本例改为自 30 公斤之后，每 10 公斤一个收费标准，应该是“x/?”？

3.2 循环结构

C 语言共有 3 种循环语句：while 语句、for 语句和 do-while 语句，其中前两种是当型循环，do-while 是直到型循环。

任何一种循环都有 3 个要素，即循环变量的初值、终值(或循环条件)以及循环变量的步长(每次变化量)。

3.2.1 3 种循环语句

1. while 循环

while 循环的用法通常是：
(1) 在 while 之前先给循环变量赋初值。
(2) 在 while 后面的括号中规定终值或其他循环条件。
(3) 在循环体中规定循环变量的步长。
例如，求 1+2+3+…+10。

```
int i,sum=0;
i=1;                        //规定初值
while(i<=10){               //规定终值(或其他循环条件),无分号
    sum+=i;
    i++;                    //规定步长
}
```

2. do-while 循环

do-while 循环的用法与 while 类似。

例如：

```
int i,sum=0;
i=1;                    //规定初值
do{
    sum+=i;
    i++;                //规定步长
} while(i<=10);         //规定终值(或其他循环条件),此行有分号
```

注意：C语言中，if、switch、while、for语句的括号后面都不能随便加分号，否则可能引起语法或逻辑错误，唯独do-while后面必须加分号。

3. for循环

for循环的典型用法是：

(1) for后面括号里的第一个表达式规定循环变量的初值。

(2) 第二个表达式规定循环变量终值(或其他循环条件)。

(3) 第三个表达式规定循环变量的步长。

例如：

```
int i,sum=0;
for(i=1; i<=10; i++)          //没有分号
    sum+=i;
```

编程经验：对于while和do-while两种循环，循环的3个要素是写在3个不同的地方，稍不小心就会忘记其中一个或几个；而for循环则把它们写在了一起，不容易丢失，因此我们建议写循环时尽量多使用for语句。

提示：任何用while或do-while写成的循环都可以用for语句写出来。

3.2.2 计数器控制循环和其他条件控制循环

1. 计数器控制循环

计数器控制循环，就是用循环变量作为计数器来控制循环次数，多用于固定次数的循环(循环次数事先已知)，这种循环通常都以循环变量不超过终值作为循环条件，如3.2.1节中求和的例子。

2. 其他条件控制循环

在另外一些情形中，循环的准确次数无法预知，也就不能再用规定循环变量终值的方法去控制循环结束，而应该使用其他条件。

例3.6 用字符数组存一个字符串，统计其中英文大写字母的个数。

代码如下：

```
#include<stdio.h>
```

```
int main()
{
    int i=0,count=0;
    char s[80];
    gets(s);
    while(s[i] !='\0'){                //不能写成 while(i<80)
        if(s[i]>=65 && s[i]<=90)
            count++;
        i++;
    }
    printf("%d\n",count);
    return 0;
}
```

程序分析：字符串是从键盘输入的，而键盘输入多少字符是不确定的，所以不能对数组中的 80 个元素都作判断，循环结束的条件是遇到空字符。

这段程序用 for 循环也能实现：

```
#include<stdio.h>
int main()
{
    int i,count=0;
    char s[80];
    gets(s);
    for(i=0; s[i] !='\0'; i++){       //循环条件不是用循环变量控制的
        if(s[i]>=65 && s[i]<=90 )
            count++;
    }
    printf("%d\n",count);
    return 0;
}
```

从这个例子可以看出，for 循环的第二个表达式(循环条件)未必像 n <=10 那样规定循环变量的终值，它可以是任何类型的表达式，该表达式可以与循环变量无关。

提示：把 while 改写成 for 的方法就是：把 i=0 移到括号里作第一个表达式，把 i++ 移到括号里作第三个表达式，第二个表达式还是原来的循环条件不变。do-while 循环改写为 for 循环的方法与此类似。

还有一个利用条件控制循环的更典型的例子，参看例 16.7。

3.2.3 break 和 continue

1. break

C 语言中的 break 可以用在两个地方：

（1）用在 switch 中，其作用是使程序流程转到 switch 语句之后的语句去执行。

（2）用在循环中，其作用是转到循环语句之后的语句执行。

要注意的是，如果 switch 语句或循环语句是嵌套的，那么 break 都只能跳出它所在的 switch 或循环，而不是跳出所有 switch 或所有循环。

例如：

```
for(i=1; i<=10; i++)
    for(j=1;  j<=10;  j++)
        if(i==j)
            break;
```

代码中的 break 在内循环中，它使程序跳出内循环，外循环将继续进行。

再如：

```
for(i=0; i<=24; i++){
    switch((i-1)/12) {
        case  0: printf("现在是上午%d点\n",i); break;
        default: printf("现在是午后%d点\n",i-12);
    }
    …
}
```

这段代码中的 break 既在 for 循环中，又在 switch 语句中，但 switch 在内层，所以 break 作用于 switch，它使程序跳出 switch 而不是 for 循环。

2. continue

continue 只能用在循环中，作用是跳过本次循环剩下的部分，转去执行下一次循环。对于 for 循环，只要遇到 continue，便转到 for 后面括号里的第 3 个表达式。

注意：continue 不能用在单纯的 switch 语句中，除非 switch 在循环中或循环在 switch 中，这种情况下 continue 是对循环起作用而不是对 switch。如果没有循环，单纯的 switch 中出现 continue 是一个语法错误。

下面是用 break 和 continue 的一个例子。

例 3.7 求两个整数的最小公倍数。

```
#include<stdio.h>
int main()
{
    int m,n,i;
    scanf("%d,%d",&m,&n);
    for(i=1; i<=m*n; i++) {
        if(i%m !=0)
            continue;     //若除以 m 不尽，则回到 i++换下一个数
        if(i%n==0)
```

```
            break;          //若除尽,意味着已找到最小公倍数,跳出循环
    }
    printf("%d 和%d 的最小公倍数是:%d\n",m,n,i);
    return 0;
}
```

这个例子仅是为了说明 break 和 continue 的用法才这样设计的,实际上用下面的代码来求解效率会更高:

```
#include<stdio.h>
int main()
{
    int m,n,i,t;
    scanf("%d,%d",&m,&n);
    if(m<n){                        //如果 m<n 则交换 m、n
        t=m;
        m=n;
        n=t;
    }
    for(i=m; i<=m*n; i+=m)          //i 的取值都是 m 的倍数
        if(i%n==0)
            break;                  //若除尽,意味着已找到最小公倍数,跳出循环
    printf("%d 和%d 的最小公倍数是:%d\n",m,n,i);
    return 0;
}
```

提示:交换 a、b 两个变量的方法共有 3 种,除了上面代码中所用的方法外,还可使用以下两种:

(1)
```
a=a+b;
b=a-b;
a=a-b;
```

(2)
```
a=a^b;
b=a^b;
a=a^b;
```

3.2.4 循环结束时循环变量的值

循环变量是循环中的一个重要因素,尤其在固定次数的循环中,循环的 3 个要素都与它有关,它决定着循环的次数。

下面讨论一个重要的问题:循环结束后循环变量的值是多少?

无论何种循环,循环的结束无非有两种情况。

1. 循环自然结束

这种情况下,该循环的都循环了,没有中途退出的情况发生,比如:

```
for(i=1; i<=10; i++)
    sum+=i;
printf("%d\n",i);
```

这个循环共执行 10 次,最后一次循环时 i =10,把 10 加到 sum 中后,程序还要返回执行 i++,此时 i 变为 11,然后判断条件 i<=10 是否成立,由于条件已经不成立,所以循环结束,后面输出 i 的值是 11。

显然,**自然结束的循环,循环变量的值总是超过终值的**。

2. 循环中途退出

例如:

```
for(i=1; i<=m*n; i++)
    if(i%m==0 && i%n==0)
        break;
printf("%d\n",i);
```

假设 m=15,n=20,则循环变量 i 的终值为 300,但是当 i 递增到 60 的时候,if 后面的条件已经成立了,故要执行 break 退出循环,此时 i 的值是 60,所以后面的输出是 60。

由于 break 在循环体内,因此,执行 break 的时候循环条件(i<=m*n)通常应该是成立的(不成立就进不了循环体),所以,**因执行 break 而退出的循环,循环变量的值通常不会超过终值**。

上面讨论得出的结论很有用,在程序中经常根据循环变量的值是否超过终值来判断循环是如何结束的。如判断 m 是否素数的程序:

```
k=sqrt(m);
for(i=2; i<=k; i++)
    if(m%i==0)
        break;
if(i==k+1)          //循环自然退出
    printf("%d是素数\n",m);
else                //因 break 而退出
    printf("%d不是素数\n",m);
```

3.2.5 循环举例

例 3.8 键盘输入任意 10 个整数,找出最大数。

题目分析:

这个题目可以用前面介绍的"打擂台"的方法来做:先输入一个数作为"擂主",然后,从第二个数开始,每输入一个数都跟"擂主"比较,如果大于"擂主",则记住该数,使该数成为新"擂主",否则"擂主"不变……

代码如下:

```
#include<stdio.h>
int main()
{
    int n,max,i;
    scanf("%d",&n);                //输入第一个数
    max=n;                         //第一个数作"擂主"
    for(i=2; i<=10; i++){
        scanf("%d",&n);
        if(n>max)                  //若 n 是更大的数
            max=n;                 //n 成为"擂主"
    }
    printf("最大数是:%d\n",max);
    return 0;
}
```

例 3.9 键盘输入任意 10 个数,找出最大数的序号。比如,若键盘输入 4,6,7,3,5,9,8,0,1,2,则程序输出 6(第 6 个数最大)。

题目分析:

这个题目与例 3.8 类似,唯一不同的是要求输出最大数的序号而不是最大数的值。程序依然可以用"打擂台"的方法,但是在每个数与"擂主"比较的时候,若新数大于 max,则要:

(1) 记住这个数,使这个新数成为"擂主"(以便后面的数跟这个新"擂主"比较)。

(2) 记住这个新"擂主"的序号。

代码如下:

```
#include<stdio.h>
int main()
{
    int n,max,k,i;                 //k 用来记录最大数的序号
    scanf("%d",&n);
    max=n;                         //第一个数作为擂主
    k=1;                           //目前第一个数最大,记录其序号
    for(i=2; i<=10; i++){          //从第二个数开始打擂
        scanf("%d",&n);
        if(n>max){
            max=n;
            k=i;                   //记录新擂主的序号
        }
    }
    printf("最大数的序号是:%d\n",k);
```

```
    return 0;
}
```

程序的关键点在于：若新数大于擂主，既要记录这个数，又要记录它的序号。

例 3.10 一元钱人民币用 1 分、2 分、5 分的硬币兑换，共有多少种换法？

题目分析：

一元钱若全用 5 分硬币兑换，可换 20 个；若全用 2 分硬币，则是 50 个；若全用 1 分硬币，则是 100 个。这仅仅列举了 3 种兑换方案。实际上有很多种方案。

假设用 m 个 5 分的、n 个 2 分的、k 个 1 分的硬币兑换一元钱，则 3 个变量的取值范围分别是：0<=m<=20，0<=n<=50，0<=k<=100。

m 有 21 种取值，n 有 51 种取值，k 有 101 种取值，组合起来共有 21×51×101 种可能。

但是这些可能中有些组合加起来不正好是一元钱（例如，当 m、n、k 分别取 1、1、1 时，只有 8 分钱），程序的任务是将"加起来等于一元钱的组合"统计出来，采用的方法是，让 m、n、k 在各自的取值范围内取遍所有的值，把每一种可能的组合都用 if(m*5+n*2+k==100)判断一次，毕竟这个组合数目是有限的。

把有限的每一种可能（或每一个数）都判断或操作一遍的方法称作**穷举法**。

代码如下：

```
#include<stdio.h>
int main()
{
    int n,m,k,count=0;              //count 用来计数
    for(m=0; m<=20; m++)
        for(n=0; n<=50; n++)
            for(k=0; k<=100; k++)
                if(m*5+n*2+k==100)
                    count++;
    printf("共有%d 种兑换法\n",count);
    return 0;
}
```

可用穷举法求解的问题很多，比如找出所有水仙花数，找出 100～200 的所有素数，鸡兔同笼问题等，这些题目共同的特点是：需要操作（检验）的数有限，可以对每个数操作（检验）一遍。

例 3.11 求两个数 m、n 的最大公约数。

题目分析：

数学上，最大公约数的求法是：先用大数作被除数，小数作除数，求余。如果余数不为 0，则将原来的除数作被除数，原来的余数作除数，继续求余……直到余数为 0，最后一次求余时的除数便是最大公约数。例如，对于 20 和 12 两个数，其过程是

20/12=1……8

12/8=1……4

8/4=2……0

则 20 和 12 的最大公约数是 4。

很显然,这个程序要用循环,而且循环中要用辗转赋值法实现“把上一次的除数作被除数,上一次的余数作除数”。

程序如下:

```
#include<stdio.h>
int main()
{
    int m,n,k;                          //k用来存储余数
    scanf("%d%d",&m,&n);
    if(m<n){                            //若 m<n 则交换
        int t;                          //在复合语句中也可定义变量
        t=m;
        m=n;
        n=t;
    }
    k=m%n;
    while(k !=0){
        m=n;
        n=k;
        k=m%n;
    }
    printf("最大公约数是: %d\n",n);       //最后一次的除数便是所求
    return 0;
}
```

其中的循环部分也可以写作

```
for(k=m%n; k !=0; k=m%n){
    m=n;
    n=k;
}
```

有关循环的题目千千万万,这里只能举有限的几个例子,但只要把循环的特点和规律掌握了,任何用循环求解的题目都可以迎刃而解。

习 题 3

1. 某工厂出售的产品价格是 800 元/件,可依据购买量多少给予一定的折扣:超过 100(含 100,下同)件时打 9 折,超过 200 件时打 85 折,超过 300 件时打 82 折,超过 500 件时打 8 折。请用单独的 if 语句、嵌套的 if-else 语句和 switch 语句 3 种方法编程计算应收款。

2. 单位分福利,规定男职工每人每 10 年工龄可分 10 斤鸡蛋(不足 10 年的部分按 10 年计,比如 11 年的按 20 年计),女职工比男职工每 10 年工龄可多分 2 斤,如果是干部,每

10年工龄比一般职工再多分5斤。编程给出不同人应分多少斤鸡蛋。职工性别、工龄及是否干部从键盘输入。

3. 键盘输入一个十进制整数，求出其二进制值(不允许使用数组)。

4. 楼梯问题：一个楼梯，若每次跨7个台阶，则最后剩6个；若每次跨6个，最后剩5个；若每次跨5个，最后剩4个，每次跨4个，最后剩3个；每次跨3个，最后剩2个；每次跨2个，最后剩1个。问有多少个台阶？

5. 40块钱买苹果、梨和西瓜，3种水果都要，总数为100斤。已知苹果价格是0.4元/斤，梨0.2元/斤，西瓜4元/斤，问每种水果买多少？请给出所有可能的方案。

6. 已知xyz＋yzz＝532，其中x、y、z都是数字。编程求出x、y、z各是多少。

7. 循环：求1＋2＋4＋7＋11＋16＋22＋29＋37＋…前n项的和。

8. 编程计算1－1/2＋2/3－3/5＋5/8－8/13＋13/21－…前20项的值。

9. 编制歌手大奖赛评分程序，评委人数及每个评委的打分从键盘输入，去掉一个最高分，去掉一个最低分，求选手的最后得分(平均分)。本题目不允许使用数组。

10. 程序中用c＝getchar()可以从输入设备取回一个字符，若用3个getchar()则可以取回3个字符。请编程将用户输入的三个数字字符转化为整数。

提示：用户若输入352回车，实际送入缓冲区的是'3','5','2','\n' 4个字符，转为整数则为352(三百五十二)。要求：程序中输入数据只能用getchar()，不允许用scanf()，也不允许用数组。

第 4 章 chapter 4

数组与指针

本章内容提要：

- 数组的由来和数组的元素；
- 指针变量及其应用；
- 数组名的指针类型；
- 用指针变量处理下标变量。

4.1 数组的由来及数组的元素

C 语言中，相同类型的数据可以组成数组。

4.1.1 一维数组的由来及一维数组的元素

当程序需要很多同类型的变量时，通常都是将它们合并起来定义成数组——这个数组是一维的。定义如下：

```
int  a[4];
```

可见，一维数组是由(下标)变量组成的，所以**一维数组的元素是变量**。

4.1.2 多维数组的由来及多维数组的元素

当程序中用到若干一维数组(如 a1[4]、a2[4]、a3[4])时，又可以将它们合并起来组成数组——这个数组是二维的。定义如下：

```
int a[3][4];
```

之所以可以把一维数组合并起来，是因为这些一维数组类型相同：都是 int 型，且长度相等，都有 4 个元素。

由于二维数组是由若干个一维数组组成的，因此，**二维数组的元素是一维数组**。

二维数组、一维数组和下标变量三者之间的关系如图 4-1 所示。

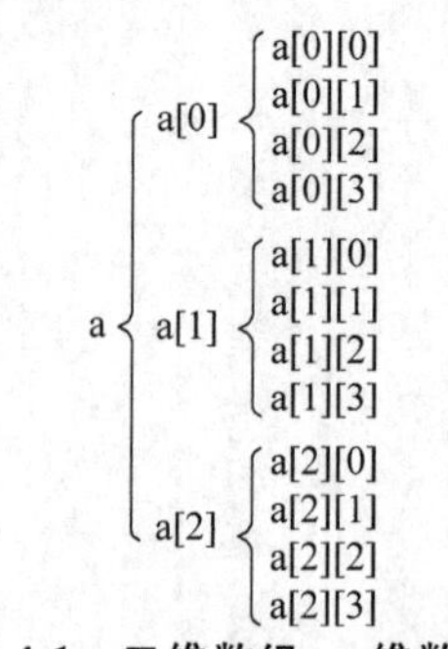

图 4-1 二维数组、一维数组及变量的关系

图 4-1 中，a 是二维数组，管理着 a[0]、a[1]、a[2] 共

3 个元素，而 a[0]、a[1]、a[2]又各自管理着 4 个元素(这些元素是变量)。这也是数组定义 int a[3][4]中数字 3 和 4 的含义，即：a 有 3 个元素，每一个元素又含有 4 个元素。

a 是二维数组的名字，而 a[0]、a[1]、a[2]都是一维数组名。

上面是二维数组的由来，由此推广开来，当程序中用到若干二维数组时，又可以组成三维数组。**三维数组的元素是二维数组**，依此类推……。

生活中也有类似于数组的例子：军队上，通常把 12 个战士编为一个班，三个班编为一个排，三个排编为一个连。在这里，班相当于一维数组，排相当于二维数组，连是三维数组。

设 a 代表"红一连"，其定义应为

```
int  a[3][3][12];
```

那么，a[0]表示红一连的"第 0 部分"，即该连一排(生活中计数从 1 开始)，a[0]相当于一排的名字，是个二维数组名。同样的道理，a[1]、a[2]也都是二维数组名，分别对应着该连二排和三排。

既然 a[0]是一排的名字，那 a[0][0]就表示一排中的第 0 个元素，即一排一班，它是一个一维数组名。同样的道理，a[0][1]、a[0][2]、a[1][0]、a[1][1]……也都是一维数组名。

在上面这些一维数组名后面再加一对中括号，如 a[0][0][0]、a[0][0][1]、…、a[0][1][0]、a[0][1][1]、…、a[1][0][0]、…，便成了战士。

提示：从上面的讨论中可以发现一个有趣的现象，在三维数组名后面加一对中括号，就成了二维数组；加两对中括号(在二维数组后面又加了一对中括号)，就成了一维数组；加三对中括号，就成了变量。利用这个特点可以快速判断一个式子是变量还是数组名(包括它是几维的)。

结论：

一维数组的元素是下标变量；

二维数组的元素是一维数组；

三维数组的元素是二维数组；

⋮

之所以在这里强调"数组的元素是什么"，是因为数组名在多数情况下是指针，该指针指向什么类型的数据与"数组的元素是什么"直接相关。

4.1.3 使用数组时的注意事项

1. 使用数组时，每次只能使用其中的一个下标变量

不要试图一次性访问整个数组。下面是对数组的错误应用——试图一次性地输入或输出整个数组的 10 个元素：

```
int a[10];
scanf("%d",a);          //只有一个%d,只能输入一个数据,存入了 a[0]
```

```
printf("%d\n",a);  //试图输出整个数组也是错误的
```

说明：数组名 a 在 3 种情况下代表整个数组：①初始化；②sizeof(a)；③&a。除此之外，都被用作指针。

2. 下标不要越界

若定义了 int a[10];，则程序中最多只能用到 a[9]，不能越界，越界将导致程序得出不可预期的结果。

4.2 指针变量及其应用

指针是 C 语言中的一大特色，通过使用指针，可以有效地表示复杂的数据结构，能动态分配内存，能方便地使用字符串，能在本来不能访问的地方访问变量，能使被调函数向主调函数提供(不是返回)两个以上的计算结果，能直接处理内存地址等。掌握指针的应用，可以使程序简洁、紧凑、灵活。

4.2.1 指针变量的定义、赋值和使用

1. 指针变量的定义

像普通变量一样，指针变量使用前也必须先定义。下面的代码定义了一个 int * 类型的指针变量 p：

```
int  *p;
```

提示：指针变量的定义可以和普通变量定义以及函数声明放在一起，如：

```
int *p,a,sub(int,int);
```

定义中的 * 只对 p 起作用，并不会对同一个语句中的所有变量都起作用。每个指针变量定义时，名字前面都必须有一个星号(*)，如果想将变量 p1 和 p2 都定义成指向整型变量的指针变量，那么必须使用这样的定义语句：

```
int  *p1,*p2;
```

2. 指针变量赋值的方法和意义

普通变量需要先有确定的值，才能使用，对指针变量来说更是如此。因为普通变量不赋值就使用，只会造成结果不正确，而指针变量若没有确定的值就使用，不仅是结果不正确，还有可能导致系统出问题甚至崩溃。因此，指针变量使用前必须先赋值。

1) 指针变量赋值的方法

可以在定义时赋初值，也可以在定义后赋值。例如：

```
int a, *p=&a;
```

或者

```
int  *p,a;
p=&a;
```

2) 指针变量赋值的意义

给指针变量赋一个地址,是让指针变量指向一个确定的对象。如在上面的代码中,p存的是变量 a 的地址,故 p 指向了 a。

让 p 指向 a 的目的是为了能通过 p 访问 a。

若 p 已经指向 a(p=&a),则可以用以下两种方法使用变量 a:

(1) a=5; (直接寻址访问 a)

(2) *p=5; (间接寻址访问 a)

如果没有对指针变量赋值,那么指针变量中将是一个不确定的地址,这也就意味着指针变量指向内存中不确定的某处,此时如果通过指针变量读取该处的数值将使程序得到不可预期的结果,而改写此处的数据则是危险的甚至是致命的。

编程经验:每看到(用到)一个指针变量,都停下来想想它指向哪个对象,是一个良好的习惯,可以避免很多错误。

可以把指针变量初始化为 NULL(NULL 是宏定义,即 0),表示它不指向任何对象。例如:

```
int  *p=NULL;
```

注意:NULL 是唯一一个可以赋给指针变量的整数。下面的赋值是不合法的:

```
int  *p;
p=100;
```

原因:p 为指针变量,是 int *型,而 100 为 int 型,不能将 int 型数据赋给 int *型变量。

3. 指针变量的使用

指针变量定义并赋值后,便可以通过它间接访问它所指的对象,这给程序员提供了访问变量的第二条途径。

1) 什么情况下用指针变量访问它所指的对象

在很多情况下,程序中可以使用 a=5 这种直接访问的方式,因此通常不需要用 *p=5 这种间接访问的方式(效率低),也就没有必要定义指针变量 p。

但有些情况下程序不允许使用 a=5 这种方式。例如,主调函数中定义了一个局部变量,想通过被调函数存入一个值 5,被调函数无权访问 a,这时候就必须通过指针变量间接访问了。

2) 通过指针变量访问被指对象的方法

当需要通过被调函数改变主调函数中的局部变量时,可以将局部变量的地址传递给被调函数,以便被调函数间接访问它。

例 4.1 主调函数中有一个局部变量,要求在被调函数中存入一个值。

```
int main()
{
    void sub(int * );          //函数声明
    int a;
    sub(&a);
    printf("%d\n",a);
    return 0;
}

void sub(int * p)
{
    * p=5;                     //不能写成 a=5,因为 a 是主函数中的局部变量
}
```

本例中,主函数把 a 的地址传递给 sub(),sub()既可以读取 a,也可以改写 a。

这是指针变量一个非常典型的用法,也是定义指针变量的一个主要目的。

想一想:若主调函数定义了几个局部变量,想通过 sub()函数给这些局部变量各存入一个数据,或通过 sub()改变它们,应该怎样做?

有一类问题:主调函数需要被调函数计算两个以上的值(比如在 10 个数中找出最大值和最小值),而函数只能返回一个值,在此之前都是通过设全局变量的方法来解决的,如今有了指针变量,就可以不用全局变量了,用上面的方法就可以做到(参见 5.4.2 节中地址作参数的内容)。

4.2.2 指针变量的类型及运算

1. 指针变量的类型

不同的定义方法,生成的指针变量的类型是不同的。

下面定义的都是指针变量,但是它们的类型都不相同:

```
int * p1;                  //用来指向整型变量
int  (* p2)[3];            //用来指向整型一维数组
int  (* p3)[2][3];         //用来指向整型二维数组
int  (* p4)();             //用来指向返回整型值的函数
int  **p5;                 //用来指向指针变量,而后者指向整型变量
```

上面的注释都加了"用来"两字,是因为此时还没有对指针变量进行赋值,因而指针变量没有指向一个确定的对象。直到给指针变量赋了值,它才指向一个确定的对象。

指针变量的定义决定了指针变量所指对象的类型,反过来说:**指针变量指向什么类型的数据取决于它的定义。**

2. 指针变量的加减

1）指向下标变量的指针变量

对于指向下标变量的指针变量，可以进行诸如 p＋＋、p－－、p ＋＝5、p－＝3 等操作。但要注意，加 1 或减 1 并不是指加减一个字节，而是指跨过一个变量。加 1 表示指向下一个变量，减 1 表示指向前一个变量。例如：

```
int a[5],*p=a;
p++;
p+=3;
p-=2;
```

p 开始指向变量 a[0]，此后 3 次操作分别使 p 指向了 a[1]、a[4]、a[2]。

如果一个指针变量指向 int 型的变量，那它加减 1 相当于它存储的地址增加或减少了 sizeof(int)字节，而对于指向 float 变量的指针变量，则是 sizeof(float)字节，对于 char 型，是 sizeof(char)字节，以此类推。

2）指向数组的指针变量

指向一维数组的指针变量加减 1 相当于跨过一个一维数组。例如：

```
int a[2][3],(*p)[3];
p=a;
p++;
```

上面这段代码中，执行 p＝a 后，p 指向一维数组 a[0]，当 p＋＋后 p 指向一维数组 a[1]，p 中的地址比原来增加了 sizeof(int) ＊3 字节，也就是 6 字节。

指向二维数组的指针变量与此类似，每加 1 表示向下跳过一个二维数组。

对指针变量加 1 或减 1 都表示跨过一个相应类型的“对象”。

说明：这个对象的类型应该是指针变量的定义所规定的类型。

之所以可以对上面这些指针变量进行加减运算，是因为数组中的下标变量以及二维数组中的一维数组在内存中都是按照顺序连续存放的，而且每个对象占用的空间都是等长的。

3）指向函数的指针变量

对于指向函数的指针变量，诸如 p＋＋、p－＝3、p＋＝2 等操作没有意义，因为函数在内存中不是按顺序连续存放且各个函数代码不定长。

4.3 数组名的指针类型

用指针处理数组是 C 语言编程常用的方法，编好这样的程序必须对数组名是什么类型的指针这个概念非常明确。下面先讨论数组名的指针类型。

4.3.1 数组名指向的对象

前文已述，数组名在多数情况下是指针，这个指针是指向某个对象的，那它究竟指向哪个对象？下面先给出结论：

一个数组的数组名作为指针使用时，总是指向它的第0个元素。

例如：

(1) 若定义

```
int a[4];
```

则a指向下标变量a[0]，因为一维数组的元素是下标变量。

(2) 若定义

```
int b[3][4];
```

则b指向一维数组b[0]，因为二维数组的元素是一维数组。

(3) 若定义

```
int c[2][3][4];
```

则c指向二维数组c[0]，因为三维数组的元素是二维数组。

由此可知：

一维数组名是一个指向变量的指针。

二维数组名是一个指向一维数组的指针。

三维数组名是一个指向二维数组的指针。

⋮

指针所指的类型不同，意味着它进行加(减)1运算所增加(减少)的字节数不同。

如上面例子中：

a指向变量a[0]，则a+1指向变量a[1]，加1表示指向下一个变量，地址增加2字节。

b指向一维数组b[0]，则b+1指向一维数组b[1]，加1代表指向下一个一维数组，地址增加8字节。

c指向二维数组c[0]，则c+1指向二维数组c[1]，加1代表指向下一个二维数组，地址增加24字节。

为了验证上面的说法，我们编写了下面一段程序。

例4.2 数组名的类型验证。

```
#include<stdio.h>
int main()
{
    int a[4],b[3][4],c[2][3][4];
    printf("%p,%p\n",  a,a+1);    //%p表示用十六进制输出地址
    printf("%p,%p\n",  b,b+1);
    printf("%p,%p\n",  c,c+1);
    printf("%p,%p,%p\n",  b,b[0]+1,b+1);
    return 0;
}
```

程序运行结果如图 4-2 所示。

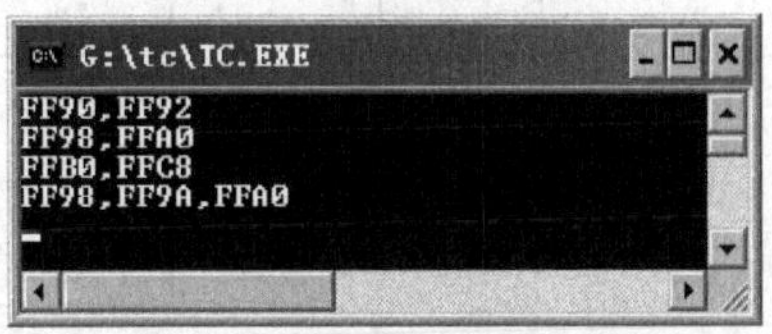

图 4-2　指针类型运行结果

由运行结果看出，对 a、b、c 加 1，实际增加的字节数分别是 2、8、24，可见它们分别指向变量、一维数组和二维数组。另外，可以发现，b[0]＋1 和 b＋1 的值不一样，两者加 1 分别比原来增加了 2 字节和 8 字节，说明 b 和 b[0]是不同类型的指针。因此，当程序中该用 a[0]＋1 的时候，千万不能用 a＋1，反之亦然。

下面的程序是要输出数组中的所有数据，但其中有一处错误。

例 4.3　输出数组中所有变量的值。

```
#include<stdio.h>
int main()
{
    int a[3][4]={1,2,3,4,5,6,7,8,9,10,11,12};
    int *p;
    for(p=a; p<=a+11; p++)
        printf("%3d,",*p);
    return 0;
}
```

这个程序最终输出了 45 个数据而不是 12 个，造成这种错误的原因是循环条件 p<＝a＋11 写错了。a＋11 是跳过了 11 个一维数组，相当于在 a 的基础上增加了 88 字节，而 p 每次只能增加 2 字节，所以需要移动 44 次才能到达终值，因此输出了 45 个数据。正确的写法应该是

```
p<=a[0]+11;
```

数组名加上一个数值，将还是一个指针，所指对象的类型不变。比如，若 a 指向一维数组，则 a＋1 还是指向一维数组(只不过是指向下一个一维数组)。对于 a＋i 或者 a－i，也是如此。

4.3.2 用数组名表示数组元素

设有定义

```
int a[2][3];
```

则 a 指向一维数组 a[0]，因此可以用＊a 表示 a[0]。

同样地：a＋1 指向 a[1]，可用＊(a＋1)表示 a[1]。

a[0]是一维数组的名字，它指向它自己的元素 a[0][0]，也就是说＊a 指向变量 a[0][0]，可以用＊＊a 表示 a[0][0]，也可以用(＊a)[0]或＊a[0]表示之。

可以用相同的推理方法得到如图 4-3 所示的指针关系图。

图中第一列中的 a 和 a＋1 都是指向一维数组的指针，第二列都是指向变量的指针，

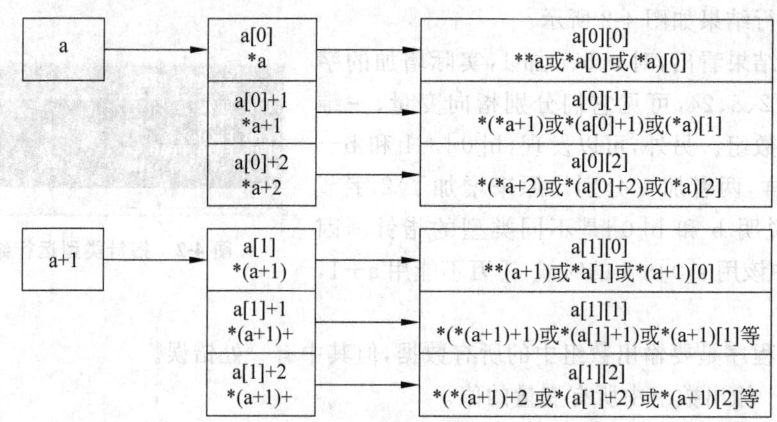

图 4-3　二维数组的指针关系

第三列都是下标变量。

可以看出,每个数组元素都可用几种不同的方式表示出来。

提示:当二维数组名前面出现一个 * 时,或者后面有一对[]时,它将变为一个一维数组,仍然是地址。而当二维数组名前面出现两个 * 或者后面有两对[]或者前有一个 * 、后有一个[]时,它将变为下标变量。

由此可知,在数组名前面加一个 * 或者在数组名后面加一对[],都相当于使数组降了一维,当维数降至 0 时,即为变量。

4.4　用指针变量处理数组

用指针变量处理数组中的下标变量,是指针变量的一个非常重要的应用。

4.4.1　用指向变量的指针变量处理数组

组成数组的最基本单位是下标变量,每个下标变量都在内存中分配有存储单元,也有相应的地址。它们与普通变量有两点不同:第一,它们的名字带有下标;第二,它们是连续存放的。除此之外再无其他区别。因此,对于前面介绍的利用指针变量处理普通变量的方法也适用于下标变量,并且由于数组元素连续存放这一特性使得我们只需知道一个下标变量的地址,便可以访问所有的下标变量。

注意:这一部分用的指针变量都是**指向变量**的。

1. 用指针变量处理一维数组

设有数组定义

```
int a[5];
```

则数组中第 i 个元素(下标变量)的表示方法有两种:

(1) a[i]

(2) *(a+i)

这两种方式都是通过数组名直接访问 a[i]，两种方法是等价的(编译时，a[i]被解释为 *(a+i))。

还可以通过一个指针变量来访问数组元素，因为要处理的是下标"变量"，所以我们定义一个指向"变量"的指针变量，并使之指向 a[0]：

```
int a[5], * p;
p=a;
```

这之后就可以使用下面两种方法访问 a[i]了：

(1) p[i]

(2) *(p+i)

这两种方法都是通过指针变量间接访问 a[i]，两者也是等价的。

在数组定义所在的作用域内，通常都是用数组名来表示数组中的变量(除非需要高效率的访问数组中连续的几个变量，才使用指针变量来表示)。

想一想：下面两段代码哪段效率更高？

①
```
int a[10]={1,2,3,4,5,6,7,8,9,10},i;
for(i=0; i<=9; i++)
    printf("%d\n", * (a+i));        //写成 a[i]也一样
```

②
```
int a[10]={1,2,3,4,5,6,7,8,9,10}, * p;
for(p=a; p<=a+9; p++)
    printf("%d\n", * p);
```

但有些时候需要在被调函数中使用(或修改)主调函数中定义的数组，这时候就必须用指针变量间接访问了，因为在被调函数中是不允许使用主调函数中定义的数组的(因数组是局部的，不是全局的)。

间接访问的方法是：将数组名作为实际参数传给被调函数中的指针变量。例如，下面这段程序是利用被调函数对主调函数中的数组进行排序。

例 4.4 利用指针变量对主调函数中的一维数组排序。

```
#include<stdio.h>
int main()
{
    void sort(int * );
    int a[10]={3,5,8,1,4,9,2,4,0,6},i;
    sort(a);
    for(i=0; i<=9; i++)
        printf("%3d\n",a[i]);
    return 0;
}
```

```
void sort(int * p)
{
    int i,j,k,t;
    for(i=0; i<9; i++){
        k=i;
        for(j=i+1; j<=9; j++)
            if(* (p+k)< * (p+j))
                k=j;
        t= * (p+k);
        * (p+k)= * (p+i);
        * (p+i)=t;
    }
}
```

函数调用时,实参应该是变量的地址(因为虚参 p 是指向变量的),通常是将数组的名字 a 作为参数,因为 a 就是下标变量 a[0]的指针。

上面的例子中,主调函数中的数组元素在被调函数中被重新排列了。这说明,**被调函数得到地址后可以读取或改写这些数据**。

2. 用指针变量处理多维数组

下面以二维数组为例来介绍多维数组,三维以上的数组与二维数组类似。

二维数组是由一维数组组成的,而一维数组是由变量组成的,组成二维数组的最基本单位也是变量,因此可以用指针变量处理二维数组中的下标变量。

提示:要处理的数据是下标"变量",因此所用的指针变量仍然是指向"变量"的。

下面是数组和指针变量的定义:

```
int a[3][4]={{1,2,3,4},{5,6,7,8},{9,10,11,12}}, * p;
```

定义之后还必须给变量 p 赋值。因为要处理的是数组中的下标变量,所以必须把内存中某一个下标变量的地址赋给 p,通常都是把第一个变量的地址赋给 p。

```
p=&a[0][0];
```

这个赋值写起来很麻烦。其实变量 a[0][0]的地址就是一维数组 a[0]的首地址 a[0],它还是二维数组 a 的首地址 a,因此也可以写成下面两种赋值中的一种:

```
p=a[0];
p=a;
```

说明:&a[0][0]、a[0]、a 三者在数值上是相同的,但类型却并不都相同(前两个类型相同)。上面 3 种赋值中的最后一种在编译时或将被警告。

想一想:上面的 p=a;为什么会被警告?原因请参阅 4.4.3 节中的讨论。

赋值之后的 p 指向变量 a[0][0],通过对 p 的加减运算,可以访问到数组中任意一个下标变量,比如变量 a[0][1]可以用 *(p+1)表示,变量 a[1][2]可以用 *(p+6)表示,a[2][0]可以用 *(p+8)表示。

如前面所说,当可以用 a[i][j]直接访问下标变量时一般不用指针变量(除非需要高效访问),但当无法直接访问时就需要用到指针变量了,下面的例子便是这种情况。

例 4.5 在被调函数中对二维数组的所有变量求和。

```
#include<stdio.h>
int main()
{
    int sum(int*);
    int a[3][4]={3,5,2,8,9,4,6,7,0,1,12,-5},s;
    s=sum(a);                    //最好写成 s=sum(a[0])
    printf("%d\n",s);
    return 0;
}
int sum(int *p)
{
    int i,s=0;
    for(i=0;i<=11;i++)
        s+=*(p+i);
    return s;
}
```

对于一维或多维数组,基本都是在被调函数中才通过指针变量访问下标变量,在主调函数中通常都用直接访问的方式。不过,当用指针变量处理方便或高效的时候,在主调函数中也会采用间接访问的方式。

4.4.2 用指向数组的指针变量处理数组

前面用指针处理数组时所用的指针都是"指向变量"的,在 C 语言中还可以定义一种指向数组的指针变量。

1. 指向数组的指针变量的定义

指向数组的指针变量定义方法如下面代码所示:

```
int (*p1)[4];              //p1 指向一维数组
char (*p2)[3][4];          //p2 指向二维数组
```

指向数组的指针变量定义时,*p 要用括号括起来,且后面带有括号[ ],若带有一对[ ]则指向一维数组,若带有两对[ ]则指向二维数组……

对于指向一维数组的指针变量,如上面代码中的 p1,加减 1 表示向后或向前跳过一个一维数组(地址变化了 sizeof(int)*4 字节),它通常用来处理二维以上的数组;对于指向二维数组的指针变量 p2,加减 1 则表示跳过一个二维数组(地址变化了 sizeof(char)*3*4 字节),它通常用来处理三维以上的数组。

2. 用指向数组的指针变量访问数组中的变量

设有代码

```
int  a[3][4],(*p)[4];
p=a;
```

则可以用*(*(p+i)+j)表示变量a[i][j]。

编程经验：要处理数组中的下标变量，可以按前面介绍的方法，用指向变量的指针变量处理，也可以用指向数组的指针变量处理，但后者的表示显然比前者要复杂。因此，如果要处理变量，最好定义一个指向变量的指针变量。指向数组的指针变量适用于每次需要移动一个数组的情况。

4.4.3 用指针变量处理数组时的类型问题

C语言中指针变量的定义有以下几种(以基类型int为例)：

```
int *p;              //指向变量或下标变量
int (*p)[3];         //指向一维数组(后面有一对[ ]就是指向一维数组)
int (*p)[3][4];      //指向二维数组(后面有两对[ ]就是指向二维数组)
……
int (*p)();          //指向函数
int **p;             //指向指针变量
```

这些指针变量所指对象是什么类型在定义时就已经确定了。比如，若定义int *p;，则这个p只能指向变量，不能指向一维或多维数组或函数等其他任何类型。再比如，若定义int (*p)[3];，则p只能指向一维数组。

只要定义了指针变量，则它所指对象的类型就已经确定了，与赋值无关。

程序中使用指针变量时，首先要判断指针变量所指的对象是什么类型，其次要知道它指的究竟是哪一个具体对象，前者取决于定义，后者才取决于赋值。

请看下面的代码：

```
int a[3][4]={1,2,3,4,5,6,7,8,9,10,11,12};
int *p;
p=a;
```

想一想：上面的代码中，将数组名a赋值给p，p指向什么？

相当多的人会这样想：a是二维数组名，a指向一维数组a[0]，所以p也指向一维数组a[0]，这种想法是错误的！

正确的理解方法应该是这样的：

(1) 首先判断p的类型。

前文已述，指针变量指向什么，取决于其定义，与后面所赋数据的类型无关。根据p的定义，p只能指向变量，不可能指向一维数组。就如同int m=3.14;你能说m中存的是实数？

(2) 判断 p 指向哪个变量。

p 得到的值是 a，而 p 是指向变量的，所以它把 a 视作一个变量的地址。那么哪个变量的地址是 a 呢？很显然是 a[0][0]，所以 p 指向变量 a[0][0]。

实际上，对 p=a;这个赋值语句来说，赋值号两边的类型是不一致的：p 指向变量，而 a 指向一维数组。在赋值时，系统先将 a 由指向一维数组的指针转化为指向变量的指针，然后才赋给变量 p，相当于 p=(int *)a;，转化的方向是以赋值号左边 p 的类型为准，而不是相反。

赋值时的类型不一致，容易给程序阅读者造成误解，因此在给指针变量赋值时应尽量使两边类型一致，如前面的 p=a 最好写为 p=a[0]。

与此类似，当调用函数时，实参与虚参的传递也可能存在类型不一致的情况：

```
#include<stdio.h>
int main()
{
    int a[3][4]={1,2,3,4,5,6,7,8,9,10,11,12};
    void sub(int *);
    sub(a);
    …
    return 0;
}

void sub(int *p)
{
    …
}
```

代码中实参 a 指向一维数组，而虚参 p 指向变量(根据 p 的定义)。a 传递给 p 时，也是先经过类型转换才传递的。传递后 p 指向变量 a[0][0]而不是一维数组 a[0]。

提示：更好的写法是将实参改为 a[0]。

在 VC 中，诸如这种类型不一致的赋值或参数传递将会被警告或禁止，从而可以有效地避免这种错误理解的发生，而 TC 语法检查相对宽容一些，不给出任何提示，因此在编写或阅读这类程序时要时刻保持警惕。

4.5 不同场合下使用变量的方法

这里所说的变量分简单变量和下标变量，使用它们的场合包括作用域内和作用域外。

4.5.1 简单变量

本小节总结的是简单变量的几种访问方法。

1. 某函数定义简单变量,在本函数内处理该变量

有两种方法:

1) 直接访问(不用指针变量)

```
void f1()
{
  int a;
   a=5;          //效率高
   …
}
```

2) 间接访问(用指针变量)

```
void f1()
{
    int a, * p;
    p=&a;
    * p=5;          //效率低
    …
}
```

由于间接访问效率低,故一般不采用这种方法。

2. 函数 f1()中定义简单变量,在本函数之外(另一函数 f2()中)使用该变量

1) 值传递(不用指针变量)

```
void f1()
{
    void f2(int,int);
    int a=5,b=3;
    f2(a,b);
    …
}
void f2(int x,int y)
{
    printf("sum=%d\n",x+y);
}
```

如果不希望被调函数 f2()改变 a、b 的值,只允许它使用副本,通常用这种传递——值传递。值传递的特点是,在 f2()中改变不了 f1()中的 a、b 的值。

2) 地址传递(用指针变量)

```
void f1()
{
    void f2(int * );
```

```
    int a=5;
    f2(&a);
    printf("a=%d\n",a);
}
void f2(int *p)        //注意：是在被调函数中使用指针变量
{
    *p=1;
}
```

这种情况下，函数 f2()中使用的 *p 就是 f1()中的 a(正本)，可以通过 p 间接访问 a 并且可以改变 a 的值。

如果希望被调函数 f2()改变 a 的值，只能用这种传递——地址传递。

4.5.2 下标变量

1. 函数 f1()中定义数组，在本函数中访问下标变量

1) 直接访问(不用指针变量)

```
void f1()
{
    int a[10]={3,1,5,8,7,9,6,2,0,4},i;
    for(i=0; i<=9; i++)
        printf("%3d",a[i]);      //用数组名访问——直接访问
    printf("\n");
}
```

2) 间接访问(用指针变量)

```
void f1()
{
    int a[10]={3,1,5,8,7,9,6,2,0,4},i;
    int *p;
    for(p=a; i<=a+9; p++)
        printf("%3d",*p); //用指针变量访问——间接访问
    printf("\n");
}
```

这种方法比用数组名访问更高效，故也经常采用这种方法。

注意：只有访问数组中多个连续的下标变量时，才用这种间接的方法，因为它高效。若只访问其中一个下标变量，则用间接访问比直接访问要慢。例如：

直接访问：

```
a[5]=1;     //效率高
```

间接访问(设已经执行了 int *p=a;)：

```
* (p+5)=1;  //效率低
```

2. 函数 f1()中定义数组,在本函数之外(另一函数 f2()中)访问下标变量

1) 变量作参数(不用指针变量)

这种情况下,若 f2()函数需要用几个数据,f1()就应该传递几个数据,若所有数据都用,则需要传递所有数据。

```
void f1()
{
    void f2(int,int,…,int);                    //共 10 个虚参
    int a[10]={3,1,5,8,7,9,6,2,0,4}
    f2(a[0],a[1],a[2],…,a[9]);                 //共 10 个实参
}
void f2(int a,int b,int c,…,int j)            //共 10 个虚参
{
    int sum;
    sum=a+b+c+d+e+f+g+h+i+j;
    printf("sum=%d\n",sum);
}
```

显然,这不是个好办法,因为这种设计使函数需要传递的参数太多、太麻烦。所以,尽管这种值传递可以有效保护 f1()中数组的数据,但仍然不被程序员所采用。

2) 变量的地址作参数(用指针变量)

```
void f1()
{
    void f2(int *);
    int a[10]={3,1,5,8,7,9,6,2,0,4}
    f2(a);          //数组名 a 作参数,而不是 a[10],更不是 int a[10]
}
void f2(int *p)  //注意:是在被调函数中使用指针变量
{
    int *p0=p,sum=0;
    for(; p<=p0+9; p++)
        sum+=*p;
    printf("sum=%d\n",sum);
}
```

只需要传递一个参数就可以了(因为数组中的下标变量是连续存放的,得到一个变量的地址,便可以访问所有的变量)。

传递变量的地址,f2()不仅可以使用数组 a 中的数据(如本例),还可以改变它们。其实有时候我们本来就希望被调函数 f2()改变数组中的数据(如:对数组清零,对数组排序等),此时必须传递变量地址。

习 题 4

1. 下面程序的运行结果是什么？

(1)

```
int main()
{
    int a[3][4]={1,2,3,4,5,6,7,8,9,10,11,12};
    int *p1;
    int (*p2)[4];
    int *p3[4];
    int **p4;
    p1=a;          //考虑类型是否一致
    p2=a;
    p3[0]=a;
    p3[1]=a[1];
    p3[2]=a[2];
    p3[3]=&a[1][2];
    p4=&p1;
    printf ("%d,%d,%d,%d,%d,%d,%d\n", *(p1+1),**(p2+2),
            *p3[0], *p3[1], *(p3[2]+1), *(p3[3]+1),**p4);
    return 0;
}
```

(2)

```
int main()
{
    int a[3][4]={1,2,3,4,5,6,7,8,9,10,11,12};
    int b[10]={1,2,3,4,5,6,7,8,9,10};
    int *p1=a, *p2=b;
    printf("%d,%d\n", *p1, *p2);
    p1=a+1;
    p2=b+1;
    printf("%d,%d\n", *p1, *p2);
    p1++;
    p2++;
    printf("%d,%d\n", *p1, *p2);
    return 0;
}
```

2. 编程找出二维数组的鞍点。所谓鞍点是指该位置上的元素在所在行最大，在所在列最小。

3. 编写一个函数用于判断两个字符串是否相等,实现 strcmp()函数的功能。

4. 体操比赛有 8 位评委,去掉最高分和最低分各一个,计算选手最后得分。用数组操作。

5. 键盘输入 10 个整数,查找众数。所谓众数是指出现次数最多的数。说明:众数可能不止一个,也可能没有。

6. 键盘输入 10 个整数,求和,但对于重复的数只加一次。

7. 用指针变量访问一维数组中的元素,找出其最大值。

8. 分别用指向变量的指针变量和指向一维数组的指针变量两种方法输出二维数组中的下标变量。

9. main()中有数据定义:"int a[9]={3,5,7,1,9,4,6,2,8};float aver;",请在另一个函数中求出数组元素的平均值并存入 aver 中,然后在 main()中输出结果。

10. main()函数中定义了 4 个整形变量 a、b、m、n,其中 a、b 用来存储键盘输入的两个正整数,m、n 分别用来存储 a、b 的最大公约数和最小公倍数,但是 main()函数只负责输入数据和输出结果,求最大公约数和最小公倍数的任务需要另一个函数去完成(只编一个被调函数),即被调函数需要求出这两个值并分别存储到 main()函数定义的 m、n 中,请编程。

11. 键盘输入 10 个整数,由被调函数找出最大值、最小值并分别交换到数组的最前、最后,然后在主函数中输出交换后的数组内容。

第5章 函数

chapter 5

本章内容提要：

- 函数的定义；
- 函数的调用；
- 函数调用时的参数传递；
- 地址做参数；
- 递归调用。

函数是C语言中极其重要的一部分内容，函数的定义和使用也是C语言程序员必须掌握的一项基本技能。在程序中使用函数，可简化书写，方便编译和调试，使编程简单，还可增加程序可读性，提高代码利用率。

5.1 函数的定义

5.1.1 函数定义的格式

```
函数返回值的类型  函数名(函数参数列表)        //此行无分号
    {
        定义数据、声明函数
        输入数据(可能不需要)
        计算或其他操作
        结果输出或返回
    }
```

对于这个函数定义的格式想必大家都非常熟悉了，但还是有很多C语言初学者不会定义函数，其原因并不是函数体中代码有多难，而是不知道怎么确定下面两个问题：

(1) 返回值问题：把函数设计成有返回值还是无返回值？有的话，是什么类型？

说明：为了叙述方便，本书把返回 void 型数据的函数说成是无返回值的函数，下同。

(2) 参数问题：函数要不要参数？要几个？

下面，针对这两个问题分别进行讨论。

5.1.2 函数的返回类型

1. 返回类型的确定

定义一个函数的首要问题,就是确定函数的返回类型,而确定返回类型的前提是先确定函数到底需不需要返回值。

众所周知,程序中定义的函数是要被其他函数调用的(main()除外),因此,被调函数怎样设计通常都要考虑主调函数的要求和意愿,看主调函数是否希望它返回一个值。

主调函数调用被调函数的目的无非有3种:

(1) 主调函数仅仅让被调函数输出一些信息,没有什么需要计算,比如打印一个图形,或输出一句话。没有计算也就没有什么结果需要返回,这样的被调函数返回类型自然应该是void。

(2) 主调函数让被调函数计算一个结果,并且希望它将计算结果直接输出。

注意:这里的输出是被调函数完成的,而不是主调函数。

这种情况,是被调函数直接把信息输出给用户,省去了主调函数自己输出的"麻烦",主调函数不需要知道这个结果,所以被调函数返回类型也应确定为void。

例5.1 编写一个函数,用来计算并输出两个整数的和。

```
#include<stdio.h>
void sum(int m, int n)          //计算两个数的和并输出
{
    int s;
    s=m+n;
    printf("%d\n", s);
}
int main()
{
    int a, b;
    scanf("%d%d",&a,&b);
    sum(a, b);
    return 0;
}
```

主调函数只负责输入,输出由sum()代劳了。

(3) 主调函数希望:被调函数计算一个结果后,不要"自作主张"地输出结果,而是由主调函数"亲自"来处理这个结果。

很显然,它希望被调函数把计算结果告诉自己,然后,这个结果怎么处理由自己来说了算——可以输出,可以存起来,还可以让它参与运算,或者让它作参数……有多种处理方法可供主调函数选择。

这时候,被调函数就必须老老实实把结果交给主调函数,即函数需要返回一个值。至于返回的类型,如果是字符就是char,整数就是int,浮点数是float或double…

例如,把上面的 sum()函数改写为有返回值的形式。

例 5.2 编写函数用来计算两个整数的和。

```
#include<stdio.h>
int sum(int,int);              //函数声明
int main()
{
    int a,b,s;
    scanf("%d%d",&a,&b);
    s=sum(a,b);
    printf("%d\n",s);
    return 0;
}
int sum(int m,int n)           //计算两个数的和
{
    int s;
    s=m+n;
    return s;
}
```

2. 设不设返回值对程序灵活性和函数应用范围的影响

上面的求和函数 sum()用了两种方案设计:无返回值形式和有返回值形式,都可以计算两个整数之和,但哪个更合适,要根据题目要求,通过分析主调函数和被调函数之间的需求关系才能确定。

一般情况下,有返回值比没有返回值更好一些,表现在应用范围更广,用法也更灵活。因为第一种设计方案对于计算结果的处理没有别的选择,只能输出,而第二种设计可以有多种选择。下面的例子可以更好地说明这一点。

例 5.3 设计一个函数,判断一个数是否素数。

解法一:将函数设计成没有返回值。

```
#include<math.h>
void prime(int m)
{
    int i,k;
    k=sqrt(m);
    for(i=2 ;i<=k; i++)
        if(m%i==0)
            break;
    if(i==k+1)
        printf("%d是素数\n",m);
    else
        printf("%d不是素数\n",m);
}
```

解法二：设计成有返回值。

```
#include<math.h>
int prime(int m)
{
    int i,k;
    k=sqrt(m);
    for(i=2; i<=k; i++)
        if(m%i==0)
            return 0;          //不是素数返回 0
    return 1;                  //是素数返回 1
}
```

如果主函数要判断 100～200 每一个数是不是素数，则两个 prime()都可以满足要求。

对于第一个 prime()，主函数这样调用：

```
for(i=100; i<=200; i++)
    prime(i);
```

对于第二个 prime()，主函数这样调用：

```
for(i=100; i<=200; i++)
    if(prime(i))           //相当于 if(prime(i) !=0)
        printf("%d是素数\n",i);
    else
        printf("%d不是素数\n",i);
```

但有时候，把被调函数设计成无返回值将无法被主调函数调用。例如，若将上面的题目改为求 100～200 的所有素数之和，则第一个 prime()便不能用了，而第二个仍旧可以很好地完成任务。下面是主函数调用第二个 prime()的代码段：

```
int sum=0;
for(i=100; i<=200; i++)
    if(prime(i))
        sum+=i;
```

编程经验：在设计一个函数的时候，不仅要考虑它能否满足当前主调函数的要求，还要考虑其他函数可能会怎样使用它，以期所编函数能被更多函数调用，提高其利用率。

提示：一个函数设计成有返回值，但主调函数可以不用它的返回值，即把它当作无返回值函数来调用，这样做相当于把它的返回值丢弃了。

提示：函数可以既输出又返回。

5.1.3 函数参数的设置

参数(指虚参)如何设置，是困惑函数初学者的第二个问题。

1. 参数是什么

参数是变量。一个函数要完成给定的任务，可能需要从主调函数那里得到一些数据作为已知条件，参数便是用来存储这些已知数据的。函数定义时的虚参声明其实就是变量定义，只不过这些定义是写在函数头的括号中的。

2. 如何设置参数

若被调函数需要从主调函数那里得到一些已知数据，则被调函数必须设参数以便存储它们，有几个已知数据就应该设几个参数。有些函数不需要从主调函数那里得到数据，那就不需要存储，也就没必要设参数。

比如，函数 sum()的功能是计算两个整数之和。该函数要完成这个计算，必须要知道这两个数是多少，因此，该函数就需要设两个参数(虚参)来存储这两个整数，故函数原型应是 int sum(int,int)。

再比如，函数的功能是将字符串逆序存放，则需要知道字符串存放在什么位置，所以函数参数应该是 char *p。

又比如，函数功能是截取字符串的前几个字符，显然，需要知道两个数据：字符串存在什么位置(首地址)以及到底截取几个字符。可见，函数需要两个参数：char *p 和 int n。

3. 参数设置时的一个常犯错误

对于前面例 5.1 和例 5.2 中的 sum()函数，经常有初学者这样认为：不必设置参数，可以在 sum()中由键盘来输入两个整数。代码如下：

```
int sum()
{
    int a, b;
    scanf("%d%d", &a, &b);
    return a+b;
}
```

这个设计是不合适的。试想，主调函数在什么情况下才调用 sum()？通常都是主调函数已经有了两个数，需要让 sum()函数加起来，而不是任由 sum()自己去找两个数加起来。如果数据是被调函数自己输入的，其结果对主调函数来说没有任何意义。

4. 参数个数对函数应用范围和灵活性的影响

有时候，函数可以设参数，也可以不设，可以多设一个，也可以少设一个。一般来说，设参数比不设参数、多设比少设，都会使函数用起来更灵活，使函数的应用范围更广。当然，参数越多，程序员考虑的问题就会越多，程序代码的复杂度也会越高。

例如，求 1!+2!+3!+…+10!的值，若设计成下面的代码：

```
double sum()
```

```
{
    int i;
    double s=0;
    for(i=1; i<=10 ;i++)
        s+=fac(i);                  //fac()是计算阶乘的函数,代码略
    return s;
}
```

则这个函数只能计算上面的式子,即 10 项阶乘的和,如果用户需要计算 9 项或者 11 项,该函数就力所不及了。

而下面的设计可以计算到任意项。

```
double sum(int n)
{
    int i;
    double s=0;
    for(i=1; i<=n; i++)
        s+=fac(i);              //fac()是计算阶乘的函数,代码略
    return s;
}
```

多设虚参,虽然会增加编程的工作量和难度,但函数的应用面更广,用起来更灵活。

5.2 函数的调用

5.2.1 函数调用前的声明

函数调用前要先声明,声明函数的目的是把函数名、返回值类型以及参数的类型、个数和顺序告诉编译器。有了函数声明,编译器就可以对函数调用进行合法性检查,如果调用不正确就给出错误提示。

1. 声明的方法

声明函数的方法很简单,就是把函数头复制到需要声明的地方,后面加上一个分号。声明函数时函数形参名可以写也可以不写,但类型不能省略(TC 中可省略)。

编程经验:写上形参名虽然在编译时将被忽略,但这样做有助于阅读者理解程序。

2. 声明的位置

函数声明的位置可以在主调函数的函数体之内,也可以在主调函数的函数体之外。

两种声明的区别是:在函数体内声明,属于局部声明,只限在函数体内可以调用它,出了函数体的范围,声明便失效。而在函数外声明,属于全局声明,自声明处到源文件结束的区域内,每个函数都可以调用它。

C 语言中函数声明通常都是放在函数体外——源文件的开头。这样做的好处是:只

需声明这一次，源文件中任何函数就都可以调用了。

函数声明也叫函数原型。

3. 没有函数声明时的默认处理方式

如果程序中忘记对函数进行声明，则编译器将在函数名第一次出现时自动为它生成一个函数原型。函数名第一次出现的地方可能是函数的定义，也可能是函数调用。

(1) 如果先出现的是函数定义，则根据函数头自动生成函数原型。

例如，若首先看到的是这样的函数定义：

```
float averate(float x, float y)
{
    …
}
```

则自动生成函数声明：

```
float averate(float, float);
```

这个自动生成的函数原型正是程序员所需要的。因此，如果函数定义在前，调用在后，不声明函数也是可以正确运行的，或者说，这种情况下函数声明可以省略。

(2) 如果先出现的是函数调用（主调函数定义在前，被调函数定义在后），则编译器将默认被调函数的返回类型是 int，但是对参数的个数和类型将不做任何假设。所以生成的函数原型是

```
int average();
```

当编译器遇到后面的函数定义，发现函数头 float average(float x,float y)时，便马上给出错误提示：Type mismatch in redeclaration of average，即：函数 average 的两次声明类型不一致（一次是自动生成的，一次是函数头）。

编程经验：虽然先定义被调函数再定义主调函数的做法可以使程序员少写一行函数声明，但是有经验的程序员一般都不这样做。每次调用函数前先显式地写出函数声明是一个良好的习惯，可以避免忘记声明所带来的诸多麻烦。

5.2.2 函数调用的方式

函数分为有返回值和无返回值两类，其调用方式是不同的。

1. 无返回值函数的调用方式

```
函数名(实参列表);
```

例如：

```
sum(a, b);          //计算两个数的和并输出
```

无返回值函数通常定义成 void 型，其返回值不可用，所以只能这样调用。换言之，见

到这样调用的函数,通常可以推测它是没有返回值的(但有例外)。

2. 有返回值函数的调用方式

函数若有返回值,则主调函数通常要使用这个返回值,而使用这个返回值的方法一般有以下几种:

```
(1) m=max(a,b);                        //返回值赋给变量存起来
(2) x=(max(a,b)+5)*2;                  //返回值参与运算
(3) printf("最大值是%d\n",max(a,b));    //返回值作参数
```

总之,通常都要"用"一次这个返回值,以不违背当初设计它有返回值的初衷。

反过来,如果在程序中看到上面这几种方式的调用,可以肯定(没有例外),函数是有返回值的。

3. 例外的情况

一些函数,其设计是有返回值的,但返回值有时候却是无用的。当返回值无用的时候,就可以把函数当作无返回值来对待。例如 strcpy()函数,其原型是 char * strcpy(char *, char *),函数返回的是括号中第一个参数的值,即新复制出来的字符串的首地址。该函数可以用下面两种方式调用。

(1) 第一种方式:

```
char a[20], b[20]="hello";
strcpy(a, b);
printf("%s\n", a);
```

这段代码中,strcpy()实际上有返回值,返回的是地址 a,但主调函数只需要它完成字符串复制的任务,不需要它的返回值(因为主函数本来就知道 a),所以代码中按照无返回值函数来调用,这样调用实际上是把它的返回值丢弃了。

(2) 第二种方式:

```
char a[20], b[20]="hello";
printf("%s\n", strcpy(a, b));
```

这段代码,主调函数既让 strcpy()完成复制,同时又用了它的返回值作参数,使得程序代码更简洁。

5.3 函数调用时的参数传递

如前所述,虚参是变量,是为了存储数据才设置的。因此,当发生函数调用时,系统要给被调函数中的虚参分配空间,并且把实参的值复制过来,这种复制称为"传递"。

虚参是对实参的复制,因此它是实参的"副本",也就是说虚参和实参并不是同一个

东西。既然是两个，那它们就是互不影响的（只是传递那一刻它们的值相同，此后便互不影响），所以对虚参的任何操作都不会体现在实参身上。

打个比方：甲同学有一本书，乙同学复印了一本。在这个过程中，甲同学的书相当于实参，乙同学复印出来的书相当于虚参，复印相当于参数传递。复印结束，意味着参数传递结束了。复印刚结束时，两本书内容完全一样（虚参和实参的值相同），甲同学在书上做的标记，自然会出现在乙同学的副本上。但复印结束之后，乙同学的书与甲同学的书便再无关系，乙同学在书上做的标记，不会出现在甲同学的书上。

实参和虚参的关系与此类似，给虚参分配空间并复制了实参的值之后，参数传递就结束了，此后不管虚参如何变化，都不会影响实参，参数传递的这种特点称为单向传递，即虚参变化了，实参不会跟着改变。

提示：C 语言中的参数传递都是单向传递，即实参永远不会随着虚参变化。

下面是单向传递的例子，如图 5-1 所示（图中一个格表示 2 字节）：

```
#include<stdio.h>
void swap(int x, int y)
{
    int t;
    t=x;
    x=y;
    y=t;
}
int main()
{
    int a=1, b=2;
    swap(a,b);
    printf("a=%d, b=%d\n",a,b);
    return 0;
}
```

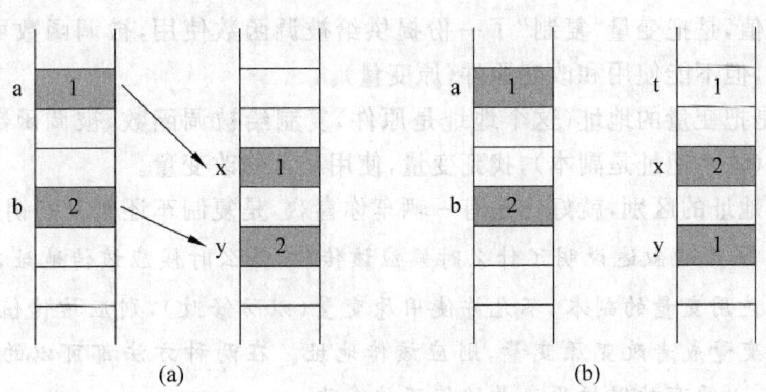

图 5-1 参数的单向传递

图 5-1(a)所示是参数传递结束那一刻的状态，可以看出，x、y 是 a、b 的副本（复制品）。从此以后，x、y 与 a、b 再无关系，所以，x、y 交换之后，a、b 不会发生变化。图 5.1

(b)是 x、y 交换之后的状态。

当 swap()函数结束时，x、y、t 都将被释放。

5.4 地址作函数参数

C 语言中调用函数时，可以用地址作实参，把地址传递给被调函数。

5.4.1 什么时候传地址

前文已述，C 语言中的参数传递是单向的，即，主调函数把实参传递给被调函数中的虚参，在被调函数中无论如何操作虚参，实参都不会发生变化。即，若变量 a(局部变量)是实参，则被调函数是不可能改变 a 的值的。

如果主调函数就想让被调函数改变 a，应该怎么办？答案是：不要传变量 a，而是传 a 的地址 &a。

可以用生活中的例子来说明这个问题：甲同学在某抽屉里(假设是 5 号抽屉)写了一个数 59，想让乙同学把数据改为 60，怎样才能做到？

方法一：甲同学把数据 59 抄(复制)到纸条上，交给乙同学。

方法二：甲同学把抽屉号(地址)5 抄到纸条上，交给乙同学。

在这个例子中，抽屉相当于一个变量，其存储值是 59，其地址是 5。纸条是虚参，用来存储实参的值。

方法一相当于复制了变量的值，把变量的值传递给了虚参，乙同学拿到纸条(虚参)，只能修改纸条上的 59，抽屉里的 59 却改不掉，因为他不知道抽屉在哪里。

方法二复制的是变量的地址，并且传给了虚参，乙同学拿到这个地址，就能找到抽屉(变量)，并且把里面的 59 改为 60。

这便是传递地址的作用，它可以让被调函数改变主调函数中局部变量的值。

传变量的值与传变量的地址区别如下：

传变量的值，是把变量"复制"了一份提供给被调函数使用，被调函数可以使用或改变这个复制品，但不能使用和改变原件(原变量)。

传地址，是把变量的地址(这个地址是原件)复制给被调函数，被调函数可以根据复制出来的地址(这个地址是副本)，找到变量，使用或者修改变量。

传值与传地址的区别，就好比是有一辆车你喜欢，是复制车还是复制钥匙的区别。

提示：上面的叙述说明了什么时候应该传值，什么时候应该传地址，即，如果希望被调函数只是使用变量的副本，不允许使用原变量(以防修改)，则应该传值；如果想让被调函数使用原变量或者改变原变量，则应该传地址。在两种方法都可以的时候，通常采用传值的方法，以便有效保护原变量的值不被修改。

5.4.2 变量的地址作参数

目的：把变量的地址传递给被调函数，让被调函数去操作该变量。

方法：主调函数传地址，被调函数中用指针变量做虚参存放这个地址。

例 5.4 主函数中变量 a 的值为 59，调用函数 edit()将其改为 60。

```
#include <stdio.h>
int main()
{
    void  edit(int *);
    int a=59;
    edit(&a);                          //变量地址作实参
    printf("修改后 a 的数据是: %d\n", a);
    return 0;
}

void edit(int *p)                      //指针变量作虚参
{
    *p=60;
}
```

a 是主函数中定义的局部变量，函数 edit()是不能直接访问的，但是一旦主函数传来 a 的地址，edit()便可以拿着地址 p(副本)去操作了。

可以让 edit()改变若干变量的值，条件是把这些变量的地址都传递给 edit()。如下面的例子。

例 5.5 主调函数中有两个变量，通过被调函数交换它们。

被调函数要交换 a、b，意味着要改变 a 和 b 的值，因此必须得到它们两个的地址，下面是程序代码：

```
#include <stdio.h>
int main()
{
    void swap(int *, int *);
    int a=1, b=2;
    swap(&a, &b);                    //传递两个变量的地址
    printf("%d,%d\n", a, b);
    return 0;
}
void swap(int *pa, int *pb)          //设两个虚参
{
    int t;
    t=*pa;                           //相当于 t=a
    *pa=*pb;                         //相当于 a=b
    *pb=t;                           //相当于 b=t
}
```

主函数的输出结果是 2,1。

5.4.3 数组名作参数

如前所述,要让被调函数改变某变量的值,必须将该变量的地址作实参。假设有一个一维数组 int a[100],共有 100 个下标变量,如果想改变这 100 个下标变量的值,难道要传递 100 个地址?

显然,传递 100 个地址的方法是不可取的,也没有必要,因为数组元素在内存中是连续存放的,知道了任意一个元素的地址,就可以知道其他元素的地址。因此,可以把 a[0] 的地址 &a[0]拿来作实参,当然也可以用 &a[1]、&a[2]等作实参。

很明显,传递数组的首地址 a 是最简单的,因为数组名 a 就是 a[0]的地址 &a[0],所以通常都是用数组名作参数。

1. 一维数组名作参数

目的:让被调函数使用或操作主调函数中的数组元素(下标变量)。

方法:主调函数传递数组名,被调函数用指针变量(或数组)作虚参。

例 5.6 主函数定义的数组中有 10 个数,由被调函数从大到小排序,然后在主函数中输出。

程序如下:

```
#include<stdio.h>
int main()
{
    int a[10]={4,9,2,7,8,6,5,1,0,3},  i;
    void sort(int * );                    //函数声明
    sort(a);                              //数组名作实参,相当于传递了 a[0]的地址
    for(i=0; i<=9; i++)
        printf("%3d", a[i]);
    printf("\n");
    return 0;
}
void sort(int * p)            //指针变量作虚参
{
    int i, j, k, t;
    for(i=0; i<=8; i++){
        k=i;
        for(j=i+1 ;j<=9; j++)
            if(p[j]>p[k])
                k=j;
        t=p[i];
        p[i]=p[k];
        p[k]=t;
    }
}
```

上面的程序中,主函数传递的实参是一维数组名 a,是一个指向(下标)变量的指针,sort()函数中的虚参 p 也是指向变量的,实参和虚参类型一致。

sort()函数中也可以将虚参 p 声明为数组:

```
void sort(int p[])                //数组作虚参
{
    /*内容不变*/
}
```

实际上,即便把虚参 p 写成数组,编译器也还是把它当作指针变量来对待,亦即上面两种定义方法完全相同。

可以用下面的程序来验证这个说法。

例 5.7 指针变量作虚参与数组作虚参的等价验证。

```
#include<stdio.h>
int main()
{
    void sub(int[]);
    int a[10]={1,3,5,2,7,9,6,8,0,4};
    printf("a 的空间大小: %d\n", sizeof(a));
    printf("a 的值: %p\n", a);
    sub(a);
    printf("a 的值: %p\n", a);
    return 0;
}
void sub(int x[])
{
    printf("x 的空间大小: %d\n", sizeof(x));
    printf("x 的值: %p\n", x);
    printf("x 的地址: %p\n", &x);
    x++;
    printf("x 的值: %p\n", x);
}
```

程序的运行结果是

```
a 的空间大小: 20       //main()函数中输出 a 的空间大小
a 的值: FF58           //main()函数中输出 a 的值(数组首地址)
x 的空间大小: 2        //sub()函数中输出 x 的空间大小
x 的值: FF58           //sub()函数中输出 x 的值,与 a 相同
x 的地址: FED0         //sub()函数中输出 x 的地址,与 a 不同
x 的值: FF5A           //sub()函数中输出 x++后的值,比原来增加了 2 字节
a 的值: FF58           //main()函数中输出 a 的值,a 不变
```

可以看出,虽然把虚参 x 声明为数组了,但仍可以进行 x++ 运算,且所占空间是 2 字节,可见 x 并不是真的数组,而是个变量,存储的是 a 的地址。

数组名是不能进行++运算的,因为数组名是常量。

程序中 printf("x 的地址：%p\n",&x)；一行的输出结果显示,x 的地址并不等于 a 的地址。可见 x 和 a 真的不是同一个数组。

由此得知：把虚参声明为 int *p 或 int p[],其作用是一样的,这一点也间接印证了前面的一个说法：一维数组名是指向变量的指针。

2. 多维数组名作参数

下面以二维数组为例来介绍多维数组名作参数,更多维的情况与二维类似。

目的：让被调函数使用或操作主调函数中的二维数组或下标变量。

方法：主调函数用二维数组名作实参,被调函数用指针变量(或数组)作虚参。

例 5.8 二维数组中存储的是 3 个学生 4 门课的考试成绩,请编写程序计算总平均分。

```
#include<stdio.h>
int main()
{
    float average(int *), aver;     //函数声明和变量定义可在一起
    int score[3][4]={65,78,96,75,80,79,95,76,58,87,65,90};
    aver=average(score);
    printf("总平均是%5.2f\n", aver);
    return 0;
}
float average(int *p)
{
    float sum=0;
    int i;
    for(i=0; i<=11; i++){
        sum+= *p;
        p++;
    }
    return sum/12;
}
```

上面的代码中,实参 score 是二维数组名,是一个指向一维数组的指针,虚参是一个指向变量的指针变量,两者类型并不一致。实参 score 传递给虚参 p 时,系统自动把 score 转化为指向变量的指针,相当于是 score[0]或者 &score[0][0],因此 p 得到的是 score[0][0]的地址,p 指向变量 score[0][0]。

注意：判断参数 p 指向什么类型,是看它的声明或定义。

弄清楚 p 指的是变量(分数),这个题目就简单了。让 p 变化,逐个指向每一个变量,并把 p 所指的每一个变量累加,最后除以 12 就可以得到平均值。

这个程序在 TC 下运行正常,没有编译错误或警告,因为 TC 的语法检查不严格。但它在 VC 中运行,就会出现一个语法错误：'average'：cannot convert parameter 1 from 'int [3][4]' to 'int *',这就是前面所说 score 和 p 类型不一致所造成的。修改的方法很简单,把实参 score 改为 score[0]或 &score[0][0]就可以了,即把调用语句改为

```
aver=average(score[0]);    //或 aver=average(& score[0][0]);
```

编程经验:实参和虚参类型不一致可能会导致语法错误,写程序时应尽量使它们类型一致。

上面的题目还可以用下面的方法,即把虚参 p 声明为指向一维数组:

```
#include<stdio.h>
int main()
{
    float average(int (*p)[4]), aver;
    int score[3][4]={65,78,96,75,80,79,95,76,58,87,65,90};
    aver=average(score);
    printf("总平均是%5.2f\n",aver);
    return 0;
}

float average(int (*p)[])        //p 指向一维数组
{
    float sum=0;
    int i,j;
    for(i=0; i<=2; i++)
        for(j=0; j<=3; j++)
            sum+=*(*(p+i)+j);
    return sum/12;
}
```

这段代码中,主函数把实参 score 传递给了虚参 p,前面已经说过,score 指向一维数组。p 的声明是 int (*p)[];,也是指向一维数组的,它的类型与实参 score 一致。

上面的 average()函数,其虚参还可以声明为 int p[][4],但编译器也还是把它当作 int (*p)[4]来处理的,即 p 不是一个二维数组,而是一个指向一维数组的指针变量。

5.4.4 不再用全局变量

众所周知,编程时应尽量少用全局变量,但是有时候为了在函数间共享或交换数据,在未学指针变量之前又不得不用全局变量。

有这样一个例子:主函数中有一个数组存储了 10 个数据,想通过被调函数找出最大值和最小值,然后在主函数中输出。

这里的最大值和最小值不能都用函数返回的方式来交给主函数,因为函数不能同时返回两个值。

如果不用指针变量,就只能用全局变量的方法来解决这个问题,可以这样设计:

```
#include<stdio.h>
int max,min;                           //定义全局变量
int main()
{
    int a[10]={3,5,1,8,7,9,2,4,6,0};
    void max_min(int[]);               //声明被调函数 max_min
    max_min(a);                        //调用函数,传递 10 个数的首地址
    printf("max=%d,min=%d\n",max,min);
    return 0;
}
void max_min(int x[])
{
    int i;
    max=min=x[0];
    for(i=1; i<=9; i++) {
        if(x[i]>max)
            max=x[i];
        if(x[i]<min)
            min=x[i];
    }
}
```

本章学习了指针变量和地址传递,现在可以不用全局变量了。用"局部变量+指针变量"的方式同样可以求得答案。

例 5.9 找出数组中的最大值和最小值(用指针变量)。

```
#include<stdio.h>
void func(int[],int *,int *);              //声明被调函数 func
int main()
{
    int max,min;                           //定义局部变量用来存储最大值和最小值
    int a[10]={3,5,1,8,7,9,2,4,6,0};
    func (a,&max,&min);                    //将 a 及最大值、最小值的存储位置传给 func
    printf("max=%d,min=%d\n",max,min);
    return 0;
}
void func(int *x,int *p1,int *p2)  //第一个参数也可写作 int x[]
{
    int i;
    *p1=*p2=x[0];                          //相当于 max=min=x[0];
    for(i=1; i<=9; i++) {
        if(x[i]>*p1)
            *p1=x[i];
        if(x[i]<*p2)
            *p2=x[i];
    }
}
```

通过使用指针变量，在 func()函数中修改了主函数中定义的局部变量 max 和 min（这种访问是间接的），从而省去了全局变量。

5.4.5 地址作参数是单向传递还是双向传递

本节在前面部分讨论了地址作参数的特点，发现地址作参数时，被调函数可以修改主调函数中的一些数据，那是不是意味着这是一种双向传递？

回答是：地址作参数也是一种单向传递。

对于"变量作参数是单向传递"这一点，没有人会怀疑，但是对"地址作参数也是单向传递"这一点，相当多的人会诧异。

请看下面的程序。

例 5.10 地址作参数也是单向传递的例证。

```
#include<stdio.h>
int main()
{
    void func(int[]);
    int a[5]={1,2,3,4,5},i;
    printf("a: %p\n",a);                        //输出 a 的值
    func (a);                                   //调用函数，传递 a
    for(i=0; i<=4; i++)                         //输出 a 的元素
        printf("%3d",a[i]);
    printf("\n");
    printf("a: %p\n",a);                        //输出 a 的值
    return 0;
}
void func(int x[])
{
    int i;
    printf("x: %p\n",x);                        //输出 x 的值
    for(i=0; i<=4; i++)
        x[i]++;
    x++;                                        //x 增加一个值
    printf("x: %p\n",x);                        //输出 x 的值
}
```

程序的运行结果如下：

```
a: ff6c
x: ff6c
x: ff6e
  2  3  4  5  6
a: ff6c
```

程序的运行结果表明：虚参 x 的值变化了，但实参 a 并没有发生变化，因此依然是单

向传递。

有的读者会说：数组元素的值变化了啊！所以是双向传递。

数组元素的值的确发生了变化，但是，数组元素是参数吗？不是参数何谈“传递”？只有实参和虚参才能进行数据传递。

说明：调用函数时写在括号里面的值是实参。上例中，a 是实参。

数组元素属于数据传递主体(实参 a 和虚参 x)之外的第三方，它们的值之所以发生变化，是因为 func()函数得到了它们的地址之后去操作它们而带来的“后果”，这个后果并不是传回主函数中的，而是“直接造成”的。

注意：给第三方造成的这个后果，有时候正是我们所希望的，或者说我们本来就是这样设计的。但也有时候却是我们不愿意看到的。例如，我们只希望被调函数用一用这些数据，不希望被调函数改变它们，但传递了地址之后，被调函数就有可能不小心修改了这些数据。因此，地址作参数可能会带来副作用。

上面的例子把 func()函数的第一个参数声明为数组了，实际上在 func()函数中并不存在一个想象中的虚参数组 x，正像前面所说过的，x 本质上是一个指针变量。内存中只有一个数组，那就是主函数中定义的 a 数组，并不存在一个虚参数组。一个数组根本谈不上什么传递，传递需要双方才能完成。

有些教材可能为了方便叙述，把地址作参数说成是“双向传递”，这是不对的。

5.5 递归函数

调用自己的函数(直接调用或者间接调用)称为递归函数。这里仅讨论简单递归(直接调用自己)的情况，对于间接递归，本书第 22 章实例 2 数独游戏求解中有应用，可参阅。

5.5.1 递归的条件

一个函数如果在运行过程中调用自己，说明它遇到了一个新问题，而这个问题需要自己来解决。

究竟遇到了什么问题才需要自己来解决？答案就是：函数遇到的这个新问题与函数本来要解决的老问题是一样的问题。比如，编写一个求阶乘的函数 long fac(int n)以便求 n!，而我们知道 n!＝n＊(n－1)!，要计算 n!，必须先求(n－1)!。

(n－1)!由谁来求呢？

请注意，函数 fac()可以求出任何非负数的阶乘。既然如此，那它自己就可以计算(n－1)!，因此，fac()就调用自己去求(n－1)!，可将代码写为：

```
long fac(unsigned int n)
{
    return n * fac(n-1);
}
```

从上面的讨论得知，只有满足以下条件，函数才能调用自己：函数本来要解决一个老问题，但是，要解决这个老问题必须先解决一个新问题，而新问题的解决方法和老问题相同，所以需要调用自己。

但是只有这一个条件还不够，以求3!为例来说明这个问题。按照前面所说的，n!＝n＊(n－1)!，由于3!＝3＊2!，需要先调用自己计算2!。计算2!的过程中，函数又会调用自己去计算1!。计算1!的过程中，函数又调用自己去计算0!，然后还要用到(－1)!、(－2)!、(－3)!……显然这是一个永远也执行不完的程序，是一个无限递归，更何况负数是没有阶乘的。

可能有人会说，1的阶乘是1，不需要再去求0!了。很好，我们正需要这一点。

递归调用过程中，必须存在一种能停止调用自己的基本情况（base case）或称结束递归的条件。函数碰到这种情况，不需要再调用自己，因为其结果是已知的。就像上面的fac()函数，当需要fac(1)时，不需要调用fac(0)。

递归调用必须存在一种结束递归的基本情况，这是把函数写成递归调用的第二个条件。

因此，上面的fac()函数中，必须增加一个if(或switch)语句，以判断是否出现了结束递归的情况：

```
long fac(unsigned int n)
{
    if(n>1)
        return n * fac(n-1);
    else
        return 1;
}
```

或者

```
long fac(unsigned int n)
{
    long m=1;            //0和1的阶乘都是1
    if(n>1)
        m=n * fac(n-1);
    return m;
}
```

5.5.2 递归与迭代

上面的例子中，函数fac(3)会调用fac(2)，fac(2)又调用fac(1)，反复调用自己多次，自己调用自己称为递归。这里的反复调用看起来像是循环调用，但这种循环不是显式地写出来的（程序中没有循环语句），而是函数自己去完成的。

如果不用递归，把fac()函数写成：

```
long fac(unsigned int n)
```

```
{
    long m=1;
    int i;
    for(i=1; i<=n; i++)
        m*=i;
    return m;
}
```

这种方式显式地写出了循环,没有调用函数自身,称为迭代。

迭代基于循环结构,而递归基于选择结构(递归中肯定有一个 if 或 switch 语句)。递归和迭代都必须有结束的时刻。对于迭代,它控制循环变量一次次变化,当循环条件不再成立时,迭代结束;对于递归,它总是不断把问题规模缩小,直到结束递归的条件出现,递归结束。

递归有很多负面效应,它需要不断执行函数调用机制,每调用一次都要对主调函数进行现场保护,存储一些临时变量,同时也要给被调函数中的虚参和变量分配空间,因此会产生很多时间和空间上的开销。

而迭代通常只是在函数内循环,不会产生函数调用所带来的时空上的消耗。

任何一个可以用递归来求解的问题都可以用迭代来实现,那么,为什么还要用递归?因为递归方法更自然地反映了问题的本质,递归更直观,更容易让人理解。

编程经验:在对性能要求较高的场合,不宜采用递归,而当程序员追求程序的可读性和可管理性的时候,通常采用递归。

5.6 函数编程的常见错误

(1) 定义函数时,函数头后面多加了分号。

例如:

```
int sum(int a,int b) ;            //此处不应有分号
{
    ...
}
```

(2) 定义函数时,虚参前面忘记写类型。

例如:

```
int sum(a,b)                      //每个虚参前面都应写上类型
{
    ...
}
```

(3) 调用函数前忘记函数声明。

除非是定义函数在前,调用在后,或函数是 char 或 int 型,可以不声明,其他情况都

要声明后才能调用。

(4) 调用函数时实参前面多加类型。

例如:

```
m=fac(int n);                    //正确调用应是:m=fac(n);
```

(5) 数组名作参数时,多写了下标。

例如,a 是一维数组,调用排序函数 sort 误写成:

```
sort(a[10]);                     //这样写并不能传递整个数组
```

或

```
sort(int a[10]);                 //这样写也不能传递整个数组
```

正确的调用应该是

```
sort(a);                         //传递首地址即可
```

习 题 5

1. 找出下面程序中的错误,并改正之。

```
void main()
{
    float x,y;
    scanf("%f,%f",&x,&y);
    max(float x,float y);
    printf("%f\n",m);
}

float max(float x,float y);
{
    float x,y;
    float m;
    if(x>y) m=x;
    else m=y;
}
```

2. 下面的被调函数是否需要返回值?是否需要参数?需要几个?

(1) 判断一个数是否对称数。主函数中输出所有 3 位数的对称数。

(2) 求一元二次方程的实根(设 $b^2-4ac\geqslant0$)。主函数输入系数,输出结果。

(3) 已知 3 个边长,求三角形面积。

(4) 连接两个字符串。

(5) 输出所有水仙花数。

(6) 绘制一条振幅为任意值的正弦曲线。

(7) 合并两个文件的内容。

3. 对第2题中的前5个小题编程,并编写相应的主函数。

4. main()中输入两个整数,由被调函数计算其绝对值的和,主函数输出结果。请用合适的方法尽量避免被调函数由于误操作而改变主函数中的原始数据。

5. 主函数定义数据 int a[10],max,min;,键盘输入10个正整数,由被调函数找出最大和最小的素数并分别存入上面的 max 和 min 中,然后在主函数中输出。若无素数,请输出 No。要求:判断一个数是否素数的代码单独写成一个函数。

6. 主函数输入两个正整数 a、b,由被调函数做如下操作:从大数上减掉一半的数值加在小数上,使小数增大,然后反过来再操作一次。在主函数中输出操作后 a、b 的值。

注意:是在被调函数中将数据处理好,回到主函数直接输出,不要回到主函数再赋值。

7. 递归编程:编一个函数,可以输出斐波那契数列的任意一项。

8. 编写一个递归函数,用来对一维数组排序。

9. 用递归的方法将键盘输入的非负整数化为二进制数。

第 6 章 chapter 6

文　件

本章内容提要：

- 文件的概念及种类；
- 文件类型指针；
- 文件的打开和关闭；
- 文件的读写。

6.1 文件的概念和文件的种类

6.1.1 文件的范畴

C 语言里所说的文件包括磁盘文件和外部设备。对于操作系统来说，外部设备也是文件。常用的设备有键盘、显示器、打印机等。

对于设备的操作，等价于对文件的读写。比如，要显示一个信息，实际上就是把信息写到“显示器”这个文件中去。同样，要从键盘输入数据，实际上是从“键盘”这个文件中读取。C 语言就是这样把设备当作文件来使用的。

6.1.2 文件中存储数据的两种方式

1. 文本方式

文本方式指的是：数据是以文本（ASCII 码）的形式存储的，即所有的数据都用一个个字符存储到文件中。

比如，整数 12337 是用 5 个字节分别存储'1'、'2'、'3'、'3'、'7'五个字符的 ASCII 码值，即 00110001　00110010　00110011　00110011　00110111。

再比如，浮点数 3.14 是用 4 个字节分别存储'3'、'.'、'1'、'4'共 4 个字符：00110011　00101110　00110001　00110100。

文本方式这样存储的目的是便于用文本编辑软件（记事本、写字板等）打开文件直接查看所存数据。

2. 二进制方式

二进制方式就是把数据完全按照内存中的状态来存储，即：将数据在内存中存放的每个字节按照顺序照搬到文件中。

比如，用二进制方式存储整数 12337，在内存中存储需要占用两个字节，存储的是其补码，存储状态如图 6-1 所示。

用二进制方式把它写到文件中，也将占用两个字节，写成 00110001 00110000。

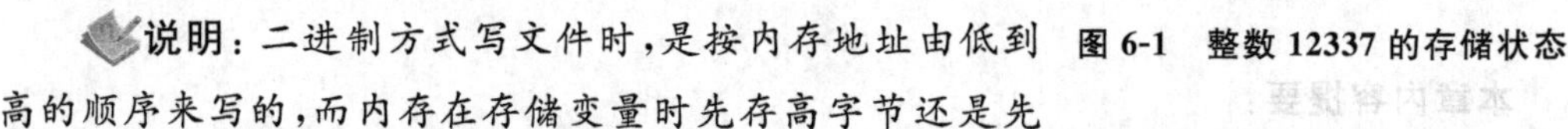

图 6-1 整数 12337 的存储状态

说明：二进制方式写文件时，是按内存地址由低到高的顺序来写的，而内存在存储变量时先存高字节还是先存低字节取决于 CPU。目前微机中的 CPU 几乎都采用先存低字节的方式，即数据的低位保存在内存的低地址中，数据的高位保存在内存的高地址中，这种存储模式称为**小端模式**，与之相反的顺序则称为**大端模式**。

用二进制方式存储的数据是不适合直接打开阅读的，因为文本编辑软件总是将文件中的每一个字节都视作是一个字符。上面用两个字节存储的 12337，用文本编辑软件打开，看到的将是 10(实际看到的是两个字符，一个'1'，一个'0')，显然，这不是我们所希望的。

6.1.3 文件的种类

1. 文本文件

所有数据都按照文本方式存储的文件称作文本文件。

文本文件的特点是：便于用户直接打开查看内容，但文本文件读写速度比较慢。

2. 二进制文件

所有数据都按照二进制方式存储的文件称作二进制文件。

这种文件读写速度比较快，但不宜直接打开看内容，其中的数据只能通过程序读取。

说明：除了上面所说的两种文件外，还有一种“混合”格式的文件存在，比如第 22 章实例 1 中介绍的数据表文件，在这种文件中，有些数据是按照文本方式存储的，另一些则是按二进制方式存储的。可见，**一个文件并非只能用一种格式存放数据**。

6.1.4 文件操作的两个层面及缓冲区的概念

C 语言在库函数头文件中提供了若干用于操作文件的函数，这些函数可分为两类(两个层面)：一类是基本输入输出函数(也叫系统函数)，位于较低层面，它们直接建立在操作系统所提供的功能之上；另一类是程序员常用的高级输入输出函数(又叫标准输入输出函数)，它们是对基本输入输出函数的抽象和封装，处于较高层面，通过基本输入输出函数调用操作系统功能。两个层面的关系如图 6-2 所示。

高级输入输出函数 fopen, fclose, fread, fwrite, fgetc, fputc, …
基本输入输出函数 open, close, read, write, getw, putw, …
操作系统
文件

图 6-2　输入输出函数的两个层面

对文件的任何一种操作，既可以用基本输入输出函数实现，也可以用高级输入输出函数实现。

通常的做法是：

(1) 用 open()函数打开文件，然后使用基本输入输出函数操作文件。

(2) 用 fopen()函数打开文件，然后使用高级输入输出函数操作文件。

但要注意，用 open()打开文件，只能使用基本输入输出函数，而用 fopen()打开文件则两类函数都可以使用。

基本输入输出函数不符合 ANSI C 规范，因为它们读写数据不经过文件缓冲区，读写效率低。所以本章后面的内容只针对高级输入输出函数来介绍。

关于文件缓冲区的概念和用途，在第 2 章输入输出中介绍了一些。这里需要补充的是，缓冲区是在打开文件(用 fopen()而不是 open())时分配的，每当打开一个文件，系统就给该文件在内存中分配缓冲区，数据无论是从计算机输出到文件，还是从文件中读入计算机，都要经过缓冲区。

写文件时，数据总是先放到输出缓冲区，等输出缓冲区满了，再一次性地写入文件，而不是有一点数据就马上写进去。这样做的目的是可以减少操作文件的次数和时间，提高效率。读文件时也是如此，先从文件中读取数据填满输入缓冲区，等输入缓冲区被取空了，再从文件取数据将缓冲区填满。

采用缓冲区这种操作方式的系统称为缓冲文件系统，又称为高级磁盘输入输出系统。

6.2　文件类型指针

读写一个文件时，需要知道并记录该文件的很多信息，比如，正在读文件还是正在写文件？该文件的缓冲区在内存的什么位置？缓冲区大小是多少？目前已经读(写)到文件的什么位置了？缓冲区是否已空(满)等等。不知道这些，将无法读写文件。

为了记录上面所说的信息，每个 C 语言编译器都会定义自己的结构体类型，然后再开辟一个结构体变量来存储这些信息。例如 TC 在 stdio. h 中专门定义了下面的结构体，并取名为 FILE：

```
typedef  struct {
    short           level;          /* 缓冲区满或空的程度 */
    unsigned        flags;          /* 文件状态标志 */
```

```
    char            fd;             /* 文件描述字 */
    unsigned char   hold;           /* 如无缓冲区不读字符 */
    short           bsize;          /* 缓冲区大小 */
    unsigned char   *buffer;        /* 缓冲区首地址 */
    unsigned char   *curp;          /* 当前位置指针,指向正要读(写)的字节 */
    unsigned        istemp;
    short           token;
} FILE;
```

有了这个结构体类型 FILE,就可以用它来定义变量了。每一个用 FILE 定义的变量(结构体变量)都可以存放一个文件的信息。

每次打开文件进行读写之前,除了要给被操作的文件分配缓冲区外,还需要给文件分配一个 FILE 类型的变量,以便把前面所说的信息存储到结构体变量中。以后读写文件的时候,用到什么信息就到结构体变量中读取。当然,读写文件的时候要及时修改结构体变量中的内容,比如,若从文件中读取了 3 个字符,则 curp 要增加 3 字节。系统内 FILE 变量、缓冲区以及文件之间的关系如图 6-3 所示。

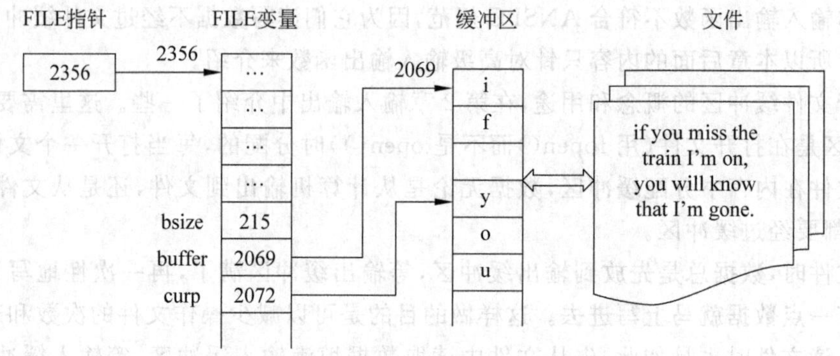

图 6-3　FILE 变量、缓冲区及文件的关系

只不过,如何读取和管理这个 FILE 型变量,不需要程序员来考虑,因为系统提供的读写函数会自动完成这些工作。

例如,要把一个字符写入文件,如果这段程序由程序员自己来编写,则必须知道结构体变量中每一个成员所代表的含义,并且要读取这些信息,还要及时修改它们,当然还要操作缓冲区,这显然很复杂。

幸运的是,系统把这段程序写好了,这就是 fputc()函数,其原型是 int fputc(char, FILE *);,要让它工作,只需要把要写的字符(作为参数一)以及 FILE 变量的首地址(作为参数二)传给它就可以了,fputc()写数据的过程中,自己会读取 FILE 变量中的信息并管理它们,也会根据 FILE 变量找到缓冲区。

上面所提到的结构体变量的首地址,也就是参数二,称为**文件类型指针**。

C 语言提供了若干像 fputc()这样的输入输出函数用来读写各种类型的数据,它们都可以自动读取、管理结构体变量。以后在读写文件的时候,只需要调用这些函数就可以了。作为程序员,再也不需要知道结构体变量中每一个成员的含义,也不需要自己来管理这些信息。

6.3 文件的打开和关闭

C语言对文件的操作是分为3步来完成的：

(1) 打开文件。

(2) 对文件进行读写操作。

(3) 关闭文件。

6.3.1 文件的打开

操作文件时需要用到缓冲区以及FILE类型变量，这就出现了一个问题：结构体变量和缓冲区如何分配？结构体变量怎样存储缓冲区及文件的信息？这些工作需要程序员自己编程来完成吗？

这些显然不需要程序员自己编程来完成。根据经验，凡是常用的操作，系统都已经编好程序或者准备好函数了，这个函数就是fopen()。

1. fopen()的作用和用法

fopen()函数的功能如下：

(1) 在内存中给被操作文件分配缓冲区并且开辟一个FILE类型变量。

(2) 把文件信息及缓冲区信息存入FILE型变量中。

(3) 返回FILE型变量的首地址。

打开文件实际上就是调用fopen()函数完成上面所说的工作。而接下来的读写操作则可由一些读写函数去完成。

fopen()函数的原型是FILE * fopen(char * filename,char * mode);。

该函数有返回值，返回的是内存中所分配的FILE变量的首地址(若打开文件不成功，则返回NULL)。

2. 文件的打开方式

文件的打开方式可以有以下12种选择：

"r"　为读而打开文件，只能读，要求文件必须已存在，否则出错。

"rb"　二进制方式打开，其他同上。

"w"　为写而打开文件，只能写，文件不存在将新建，否则覆盖。

"wb"　二进制方式打开，其他同上。

"a"　向文件追加数据，文件打开后当前位置指针指向文件尾。

"ab"　二进制方式打开，其他同上。

"r+"　为读写打开一个文件，文件必须已存在。

"rb+"　二进制方式打开，其他同上。

"w+" 为写、读而打开一个文件(先写后读)。

"wb+"二进制方式打开,其他同上。

"a+" 追加数据,可读可写,打开时当前位置指针指向文件尾。

"ab+" 二进制方式打开,其他同上。

使用追加方式打开文件时,读写的当前位置指针指向文件尾,而其他打开方式都是指向文件头,这意味着如果用非追加方式打开文件写数据,将把文件原有的内容覆盖。

上面的12种打开方式,其中有6种后面带字母b的,6种不带b的。带b的打开方式通常用于二进制文件,所以叫做二进制方式;不带b的通常用于文本文件,所以叫做文本方式。

提示:实际上,用二进制方式既可以打开二进制文件,也可以打开文本文件(一般不这样做)。同样,用文本方式既可以打开文本文件,也可以打开二进制文件。

3. 两种打开方式之间的区别

(1) 用文本方式打开文件,若向文件写一个换行符,则实际写进去的是两个字符:回车符(ASCII码为13)和换行符(ASCII码为10)。之所以这样做是因为Windows中的文本文件是以回车和换行两个符号作为换行标志,而C语言中只用一个换行符'\n'。把'\n'写成两个符号便于在Windows中阅读文件。

而当读取文件时,若遇到回车符和换行符相邻,则将两个字符都读出,把回车符删掉,只将换行符存入内存。写的时候一个变成两个,读的时候自然要还原成一个。

(2) 用二进制方式打开文件则不存在这种情况。因为用二进制方式读写的文件通常都是二进制文件,一般都不打开阅读,所以若要写换行符,只写一个'\n'就可以了。读文件时,若遇到回车和换行两个字符,则读出来写入内存的也是两个字节。

以上是两种打开方式之间的唯一区别。

对于UNIX或Linux操作系统,这两种打开方式没有区别,因为在这两种操作系统中,文本文件只用一个'\n'表示换行,所以写换行符时不需要把一个写成两个,读出来的回车和换行也不能进行合并。

打开方式只决定着"回车换行"问题,即要不要一个变两个(写文件)或两个变一个(读文件)的问题,**与读写数据的方式无关。**

数据的读写方式只取决于读写时所用的函数,与打开方式无关。

常用的读文件函数有fgetc(),fscanf(),fgets(),fread()。

常用的写文件函数有fputc(),fprintf(),fputs(),fwrite()。

其中,fread()和fwrite()这对函数是用二进制方式读写的,其余3对函数都是用文本方式读写的。也就是说,不管用什么方式打开文件,fread()和fwrite()总是用二进制方式来读写,而另外3对函数则总是用文本方式读写。例如,要向文件中写一个整数12337,很多人会认为,用"wb"方式打开,则是按照二进制方式来写的,存为两个字节;而用"w"方式打开,则按文本方式来写,存储'1'、'2'、'3'、'3'、'7'共5个字符。这种理解是错误的。

为了说明“读写数据的方式只取决于所用的函数，与打开方式无关”，下面准备了两段程序。先看例 6.1 代码。

例 6.1 打开方式与数据的读写方式无关。

```
#include<stdio.h>
#include<stdlib.h>
int main()
{
    int a;
    FILE * fp;
    if((fp=fopen("text.txt","w+"))==NULL)
        exit(1);
    fprintf(fp,"%d\n",10000);      //text.txt 文件长度是 5+2=7
    rewind(fp);                     //使读写指针指向文件头
    a=getw(fp);
    printf("%d\n", a);             //输出结果：12337
    return 0;
}
```

代码中，用文本方式打开文件，并且 fprintf()函数用文本方式写入整数 10000 及换行符，然后 getw()(这是基本输入输出函数，功能是用二进制方式读一个整数)用二进制方式读出一个整数存入变量 a，则变量 a 的值为 12337。

上面的例子说明：fprintf()是用文本方式写数据的，写到文件中的数据是 7 个字节，分别是：

00110001 00110000 00110000 00110000 00110000 **00001101 00001010**

其中前 5 个字节存储的是'1'、'0'、'0'、'0'、'0'五个字符，后两个字节存储的是回车('\r')和换行('\n')。

当 getw()读取整数时，由于是按二进制方式读取，所以它从文件读取数据后直接存入变量 a，而 a 只有两个字节的空间，所以 getw()只读取文件的前两个字节 00110001 00110000，其中 00110001 入低位字节，00110000 入高位字节，对于 a 这个整型变量来说，这两个字节存储的信息被视为是补码，故该整数是 12337。

再来看第二段代码。

例 6.2 打开方式与读写方式无关。

```
#include<stdio.h>
#include<stdlib.h>
int main()
{
    int a;
    FILE * fp;
    if((fp=fopen("text.dat","w+"))==NULL)
```

```
        exit(1);
    putw(12337,fp);            //存为 00110001 00110000(先低后高)
    rewind(fp);
    fscanf(fp,"%d",&a);
    printf("%d\n",a);          //输出结果：10
    return 0;
}
```

这段程序中，打开文件的方式还是文本方式，putw()(基本输入输出函数，用二进制方式写一个整数)将 12337 用二进制方式写入文件，写成两个字节 00110001　00110000，然后 fscanf()函数去读数据，由于 fscanf()是按照文本方式读取数据，因此它认为这两个字节是两个字符('1'和'0')，而由这两个字符组成的整数是 10，故 a 的值为 10。

上面两段程序都是用"w+"方式打开的文件，改为"wb+"再运行一次，其输出结果不变。唯一不同的是：第一段代码生成的 text.txt 文件长度不再是 7，而是 6。

想一想：*为什么改为"wb+"方式后 text.txt 少了一个字节？*

上面的例子说明：

(1) 文件的打开方式决定着写'\n'时究竟是写一个还是写两个，以及读取文件时要不要把回车和换行合并成一个'\n'。

(2) 数据的读写方式取决于所用函数，与打开方式无关。

(3) 用一种方式写的数据，可以用另外一种方式读取，但结果未必正确。

下面用表 6-1 来说明打开方式与数据读写方式以及换行符是否转换之间的关系。

表 6-1　打开方式、数据读写方式以及换行符转换问题

打开方式	可以打开	数据读写方式		换行符转换	
		用 fwrite()	用 fprintf()	用 fwrite()	用 fprintf()
"w"	两种文件	二进制	文本	转换	转换
"wb"	两种文件	二进制	文本	不转换	不转换

通常都是按照下面的方法来打开文件和使用函数的：

(1) 对于文本文件，用文本方式打开，使用 fgetc()、fputc()、fscanf()、fprintf()、fgets()、fputs()读写。

(2) 对于二进制文件，用二进制方式打开，用 fread()、fwrite()读写。

4. 自动打开的设备文件

C 语言处理文件的时候，通常都要在读写文件之前，通过调用 fopen()函数打开文件，但是有 3 个文件(设备)例外。表 6-2 所列的 3 个文件是不需要程序员调用 fopen()打开就可以直接读写的，因为系统已经自动将它们打开了，并且已经用相应的指针变量存储了这些文件的 FILE 变量的首地址。

表 6-2 自动打开的文件

文件(设备)	标准输入设备(键盘)	标准输出设备(显示器)	标准错误输出设备(显示器)
文件指针变量	stdin	stdout	stderr

表中的 stdin、stdout、stderr 都是 FILE 类型的指针变量,即文件类型的指针变量。

表 6-2 中有两个显示器,通常,stdout 用来显示正常运行结果,而 stderr 用来显示出错信息。对于输出到前者的数据,可以被重定向;而输出到后者的数据,重定向不起作用。

可以用下面这个程序自行验证上面的说法。

例 6.3 stdout 和 stderr 的区别。

```
#include<stdio.h>
int main()
{
    fprintf(stdout, "%s\n", "这些信息是可以被重定向的");
    fprintf(stderr, "%s\n", "这些信息是不能被重定向的");
    return 0;
}
```

关于重定向,请参阅 2.4 节中的介绍。

6.3.2 文件的关闭

文件操作结束时,通常要关闭文件。如果一个文件使用完不关闭,可能会造成数据丢失。

1. 关闭文件的作用

(1) 检查缓冲区中有无尚未写入文件的内容,若有,将这些信息写到文件中。

(2) 释放缓冲区和 FILE 变量。

2. 关闭文件的方法

关闭文件可以使用函数 fclose(),其原型是

```
int fclose(FILE * fp);
```

参数 fp 用来指明要关闭的文件。

函数执行成功返回 0,否则返回-1。

fclose()的一般用法是

```
fclose(fp);          //fp 是当初打开文件时 fopen()函数的返回值
```

3. 不需要关闭的文件

有 3 个文件不需要人工关闭,即 stdin、stdout、stderr 所对应的 3 个设备,系统会自动

关闭它们。

6.4 文件的读写

6.4.1 常用读写函数

常用的读写函数及功能如表 6-3 所示。

表 6-3 常用的读写函数

函数名	函数原型	功能	读写方式
fgetc	int fgetc(FILE * fp);	从 fp 指定的文件读取一个字符返回	文本方式
fputc	int fputc(char ch, FILE * fp);	将字符 ch 写入 fp 指定文件中	文本方式
getc	int getc(FILE * fp)	从 fp 指定的文件读取一个字符返回	文本方式
putc	int putc(char ch, FILE * fp);	将字符 ch 写入 fp 指定文件中	文本方式
getchar	int getchar(void);	从标准输入设备读取一个字符返回	文本方式
putchar	int putchar(char ch);	将字符 ch 写到标准输出设备中	文本方式
fscanf	int fscanf(FILE * fp, char * format …);	按 format 格式从 fp 指定文件读数据，存入指定位置	文本方式
fprintf	int fprintf(FILE * fp, char * format …);	按 format 指定的格式将输出项写入 fp 指定的文件中	文本方式
scanf	int scanf(char * format…);	按 format 格式从标准输入设备读数据，存入指定位置	文本方式
printf	int printf(char * format…);	按 format 指定的格式将输出项写入标准输出设备中	文本方式
fgets	char * fgets(char * buf, int n, FILE * fp);	从 fp 指定的文件中读取 $n-1$ 个字符组成字符串存入地址为 buf 的空间	文本方式
fputs	int fputs(char * str, FILE * fp);	将首地址为 str 的字符串输出到 fp 指定的文件中	文本方式
gets	char * gets(char * buf);	从标准输入设备读取一个字符串(回车表示结束)存入地址为 buf 的空间	文本方式
puts	int puts(char * str);	将首地址为 str 的字符串输出到标准输出设备	文本方式
fread	int fread(char * buf, unsigned size, unsigned n, FILE * fp);	从 fp 指定的文件中读取 n 次，每次读 size 字节的数据，存入地址为 buf 的空间	二进制方式
fwrite	int fwrite(char * buf, unsigned size, unsigned n, FILE * fp);	将 buf 处的数据写入 fp 指定的文件，每次写 size 字节，共写 n 次	二进制方式

表中真正的函数实际上只有 8 个,即函数名由 f 开头的 8 个函数,其余的都不是函数,而是宏定义(比如函数 getchar()是这样定义的:

```
#define  getchar()  fgetc(stdin)
```

虽然它们是宏定义,但仍然可以当作函数来用。如果想了解这些宏定义,可以打开 stdio.h 文件查看。

表中大多数函数的用法都很简单,比较容易出错的是最后两个:fread()和 fwrite(),这两个函数的第一个参数需要一个地址,在读写数组的时候一般不会出错,但读写变量的时候容易漏掉取地址运算符 &。

例如,将整型变量 *n* 的值用二进制方式写入文件,或者从文件中读出一个整数存入 *n*,读写的代码分别是

```
fwrite(&n, 2, 1, fp);        //或者  fwrite (&n, 1, 2, fp);
fread(&n, 2, 1, fp);         //或者  fread(&n, 1, 2, fp);
```

若将第 2 个参数"2"写成 sizeof(int),程序的通用性更好。

6.4.2 读写指针的移动和定位

为了读取文件中的某项信息,有时候必须将当前的读写位置指针移动到相应的位置,常用下面两个函数来完成这个操作。

1. void rewind(FILE * fp);

函数的作用是将文件的读写位置指针移动到文件开头(文件由 fp 指明)。

2. int fseek(FILE * fp, long offset, int base);

函数的作用是将读写位置指针移动到距离基准点(base)offset 字节的地方。offset 为正表示向后移动指针,为负表示向前移动。base 可取的值有 0、1、2,分别表示文件头、当前位置和文件尾。

函数返回值是移动后指针的位置(相对文件头),若移动不成功返回-1。

6.4.3 两个与当前位置指针有关的函数

1. long ftell(FILE * fp)

其功能是返回读写位置指针所指的字节相对于文件头的距离(单位:字节)。

2. int feof(FILE * fp)

其功能是:测试对 fp 所指文件的最近一次的读操作是否已经读取了文件结束标志,若是则返回非 0,否则返回 0。

注意:只有已经读取了结束标志的时候,feof()才会返回非 0 值。当文件的读写

位置指针刚指向结束标志但并未读取时，feof()的返回值并不是非 0 值，此时必须再进行一次读操作，它的返回值才是非 0。

例如，若文件 student.txt 中存储的是 3 个字符 abc，用下面的程序段读取，则实际输出是 4 个字符：

```
while(!feof(fp)){
    ch=getc(fp);
    putchar(ch);
}
```

原因：程序的第 3 次循环，读取字符'c'后，指针自动指向文件的结束标志，由于指针指向结束标志之后尚未进行读数据操作，所以此时 feof()函数返回值还是 0，于是进入第 4 次循环。

第 4 次循环读取第 4 个字符，实际上读取了结束标志(并且输出)，此时 feof()返回值才是非 0。

下面的程序段，目的是将上例中的字符隔一个读出一个(只读取奇数位的字符)显示在屏幕上。

```
while(!feof(fp)){
    ch=getc(fp);
    putchar(ch);
    fseek(fp, 1, 1);     //移动之后调用 feof(),feof()返回值永远为 0
}
```

这段程序是个死循环。程序的执行过程如下：

第一次循环读取'a'之后，指针自动指向'b'，fseek()函数使之向后移动一个字节，指向'c'。

第二次循环读取'c'，指针自动指向文件结束标志(注意：此时并没有读取结束标志，即便此时测试 feof()，其返回值也是 0)，fseek()函数再使之向后移动一个字节，所以指针指向结束标志后面的一个字节。

若此时进行一次读操作，再调用 feof()，其返回值将是非 0，但代码中并未进行读操作，移动后直接调用 feof()，故其返回值是 0。以后的过程中，feof()的返回值总是 0。

这两段程序只要稍作修改便可以正确运行了，修改后的代码分别如下。

第一段代码：

```
ch=getc(fp);
while(!feof(fp)){
    putchar(ch);
    ch=getc(fp);
}
```

第二段代码：

```
ch=getc(fp);
while(!feof(fp)){
```

```
    putchar(ch);
    fseek(fp, 1, 1);
    ch=getc(fp);          //读操作之后马上调用 feof()
}
```

说明：feof()的调用应该紧跟 getc()或其他输入函数，中间不能移动当前位置指针。

6.4.4 文件读写的例子

例 6.4 有 10 个人，每个人的数据包括 4 项，分别是学号、姓名、班级、分数（整数）。

(1) 编写一个函数将他们的数据写入文件。要求：

① 数据由键盘输入。

② 为便于阅读，4 项信息应分别占 2、8、1、3 个字符宽度（姓名左对齐，其余右对齐），信息之间都用两个空格间隔。

③ 每行只存一个人的数据。

(2) 编写一个函数将这些数据从文件中读出来，按照分数高低排序显示。

题目分析：

(1) 根据题意，文件可以阅读，因此必须存为文本文件。

(2) 每行只存一个人的信息，所以每个人信息最后应该有回车和换行两个字符。

(3) 考虑到每个人的数据包含 4 项，因此用结构体变量来存储一个人的信息。

程序如下：

```
#include <stdio.h>
#include <stdlib.h>
struct student{
    unsigned  num;
    char      name[9];
    unsigned  cla;
    int       score;
};
#define N 10
void stu_write ()          //写数据的函数
{
    int i;
    struct student stu;
    FILE * fp;
    if((fp=fopen("student.txt", "w"))==NULL){
        printf("打开文件失败");
        exit(1);
    }
    for(i=0; i<=N-1; i++){
```

```
        scanf("%d%s%d%d",
              &stu.num,stu.name,&stu.cla,&stu.score);
        fprintf(fp,"%2d  %-8s  %1d  %3d\n",
              stu.num, stu.name, stu.cla, stu.score);
    }
    fclose(fp);
}
```

函数 stu_write()说明：

(1) 上面这个函数不需要结构体，定义结构体的目的是为了后面的函数使用。

(2) 文件是用文本方式打开的，每行末的'\n'实际上写入文件的是两个字符。

```
void stu_read_sort()                                    //读数据并排序的函数
{
    int i, j, k;
    struct student stu[N], t;                           //变量 t 用来交换数据
    FILE * fp;
    if((fp=fopen("student.txt", "r"))==NULL){
        printf("打开文件失败");
        exit(1);
    }
    //读数据
    i=0;
    while(!feof(fp)){
        fseek(fp, (2+8+1+3+2 * 3+2) * i, 0);       //指针跳到 i 行开头
        fscanf(fp, "%2d  %8s  %1d  %3d", &stu[i].num,
               stu[i].name, &stu[i].cla, &stu[i].score);
        i++;
    }
    fclose(fp);
    //排序
    for(i=0; i<=N-2; i++){
        k=i;
        for(j=i+1; j<=N-1; j++)
            if(stu[k].score<stu[j].score)
                k=j;
        t=stu[k];
        stu[k]=stu[i];
        stu[i]=t;
    }
    //输出
    for(i=0; i<=N-1; i++)
        printf("%2d  %-8s  %d  %3d\n",
```

```
        stu[i].num,stu[i].name,stu[i].cla,stu[i].score);
}
```

函数 stu_read_sort()说明：

student.txt 文件中每行的内容包括以下几部分：

(1) 4 项信息共，2+8+1+3=14 字节。

(2) 3 处空格，共 2*3=6 字节。

(3) 行末的回车和换行，共 2 字节。

因此，代码中用 fseek(fp,(2+8+1+3+2*3+2)*i,0)将读写指针移动到每行行首。

注意：上面的代码中，读数据的循环不能写成下面这样：

```
i=0;
while(!feof(fp)){
    fscanf(fp, "%2d  %8s  %1d  %3d",
        &stu[i].num, stu[i].name, &stu[i].cla, &stu[i].score);
    fseek(fp, 2, 1);              //跳过行末的回车和换行符
    i++;
}
```

这样写看起来似乎没有问题，但实际上是一个无限循环，因为 feof()函数一直返回 0。

习 题 6

1. 什么是二进制文件？什么是文本文件？

2. 文本文件只能用"w"而不是"wb"方式打开吗？用"w"打开的文件只能用文本方式写数据？"w"和"wb"两种打开方式有什么区别？一个文本文件通常是可以打开查看其内容的，应该用什么方式打开？

3. 如何才能向文件中写入二进制数据？用什么方式打开？

4. 写一个程序，在命令提示符下运行，利用命令行参数指定两个文本文件，并将第二个文件的内容连接到第一个文件之后。

5. 先不编程序，用笔计算一下：若文件中存有一个整数 12(文本方式存储的)，分别用 fread()和 fscanf()两种函数读出来存入整型变量 a，则 a 的值会是多少？编程验证一下。

6. 数据表文件头的结构如表 6-4 所示，其内容是二进制方式存储的。给定数据表文件，编程计算字段个数以及文件中的记录总数，并输出所有字段名及其对应的字段宽度、起始位置和小数位数(不多于 10 个字段)。

表 6-4 数据表文件头结构

字　段	位　置	内容(二进制存储)	备　注
文件标志信息	0	文件特征标志：03H	共32字节，不用的字节添0
	1～3	建表或最后修改的时间	
	4～7	记录总数	
	8～9	文件头的总长度	
	10～11	每条记录的长度	
字段1的描述	0～9	字段名	每个字段描述都是32字节，不用的字节添0
	11	字段类型：'N'/'C'/…	
	12～15	本字段数据在记录中的起始位置	
	16	字段宽度	
	17	小数位数	
字段2的描述	同上		
⋮	⋮		
文件头结束标志		0DH	

第 7 章 chapter 7

变量和字符处理的几个问题

本章内容提要：

- 与变量有关的几个问题；
- 实型变量的存储及常见问题；
- 字符串处理的几个问题。

7.1 与变量有关的几个问题

在 C 程序设计中，变量是一个非常重要的概念，几乎所有的程序都要用到变量。本节主要讲述变量的本质、实型变量的存储方式、同名变量的分辨以及变量赋初值等内容。

7.1.1 变量的本质

变量是内存中的一段存储空间。

设有下列代码：

```
int a=5;
a=10;
```

程序执行时，将给变量 a 分配 2 个字节（TC 中）的内存空间，并将 5 存入。内存中变量的初始状态如图 7.1 所示。

此时，内存中 1003 和 1004 这两个字节的存储区域便是变量，其名字是 a，其地址是 1003（首地址），其初值为 5（图中所示状态）。执行 a=10 后，其值变为 10。由于它存储的数值可以变化，故称 a 为变量。

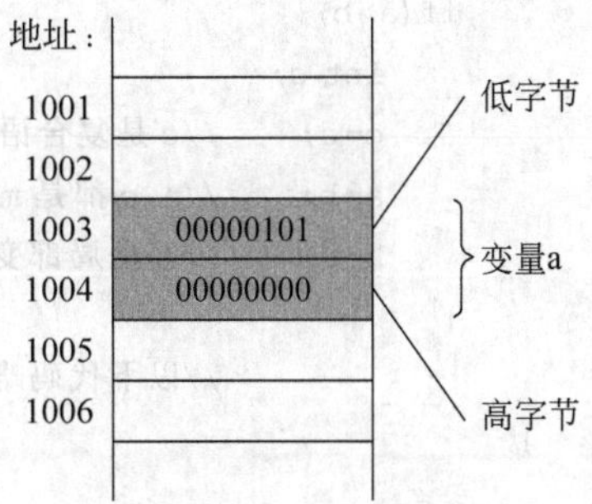

图 7-1 变量的概念

变量和常量的对比：若有定义 const int a=5;，则内存中给 a 分配的同样是两个字节，且赋初值 5（也是图 7-1 所示状态），但是，从此以后就不允许再给 a 赋值了，因此，a 的值是不能变的，所以这个 a 称为常量。

不同类型的变量在内存中所占的空间大小是不同的，表 7-1 所列的是 TC 和 VC 中常用的几种类型的变量所占的字节数。本书中所有例子都是以TC作为编译器来介绍的。

表 7-1 TC 和 VC 中变量所占空间大小 字节

类型	char	short unsigned short	int unsigned int	long unsigned long	float	double	long double
TC	1	2	2	4	4	8	10
VC	1	2	4	4	4	8	8

7.1.2 同名变量的分辨

在程序中可能会出现这种情况：全局变量和局部变量具有相同的名字，而且，用到该变量的地方既属于全局变量的作用范围，又属于局部变量的作用范围，那该变量是局部的还是全局的？

判断的方法是：先看出现变量的地方最里层括号内有无该变量的定义(或声明)，若有，则可以确定它就是这个变量(局部的)；若无，向外扩大一层括号，继续寻找变量定义，若找到了，即可确定，若还找不到，继续扩大范围……直到找到为止。

有时候，找遍源文件，既未找到变量的定义也未找到外部变量的声明，那一定是写错变量名或忘记定义变量了。

可以认为，变量的作用域越小，其级别越高；作用域越大，级别就越低。在作用域重合的情况下，计算机总是先认定它是前者，即作用域小的变量把作用域大的变量"屏蔽"了。

例如：

```
#include<stdio.h>
int a=1, b=2, c=3;
int main()
{
    int a,b;
    a=4;        //局部变量
    b=5;        //局部变量
    c=6;        //全局变量
    if(a>b){
        int c;
        c=a;    //c是复合语句内的局部变量,a是函数内的局部变量
        a=b;    //a,b都是main函数内的局部变量
        b=c;    //都是局部变量
    }
    …           //以下代码略
}
```

说明：该源文件中有内外两层大括号。

(1) a=4 一行中的 a 处在外层大括号内，在外层括号内可以找到 a 的定义，因此，它是函数内的 a，而不是最外面的全局变量 a。

(2) b=5 同上。

(3) c=6 一行中的 c 也处在外层括号内，但是外层括号内没有 c 的定义，扩大范围到外面可以看到有全局变量定义，故它是全局的。

(4) c=a 一行中的 c 处在内层括号内，且在内层括号中有定义，因此它是复合语句级别的局部变量。

(5) a=b 一行中的 a 和 b 都处在内层括号内，但在内层括号中没有定义，扩大范围到外层可以找到定义，因此它们是函数级别的局部变量。

(6) b=c 一行中，b 是函数级别的局部变量，c 是复合语句级别的局部变量。

注意： 变量名不能与函数名相同。比如，已经有变量 max，则函数名便不能用 max，反之亦然。

7.1.3 变量赋初值及初值问题

1. 变量赋初值

变量在内存中分配空间时就存入一个指定的值，叫做赋初值。例如：

```
int a=1, b, c=2;        //定义 3 个变量，并且给 a、c 规定了初值
```

注意： 变量赋初值不可以连等，下面的写法属于语法错误：

```
int a=b=c=1;
```

之所以说"变量在内存中分配空间时"而不是"定义时"存入一个值叫赋初值，是因为，定义只有一次，但分配空间可能是多次(如，多次被调用的函数中的自动变量)。若变量规定了初值，则每分配一次空间就会赋一次初值，不分配空间就不会赋初值。赋初值和分配空间是不可分割的，赋初值的次数与分配空间次数总是相等的。

对于静态变量，不管它所在的函数被调用了多少次，它只分配一次空间，故只存入一次初值(如果规定了初值)。

例如：

```
#include<stdio.h>
int main()
{
    int i;
    void f();
    for(i=1; i<=3; i++)
        f();
    return 0;
}
void f()
```

```
{
    static int  n=5;         //静态变量
    …                        //以下代码略
}
```

很显然,f 函数被调用了 3 次,但 n 只开辟一次空间,只赋一次初值 5。第 2 次和第 3 次调用时,不需要给 n 分配空间(因为上次调用结束未释放),也就不会给它再赋初值,此时,n 中存储的是上一次调用留下的数据。实际上后两次调用时都“忽略”了“static int n=5;”这行代码。

而对于动态变量,分配空间和赋初值则可能是多次。如果去掉上面代码中的 static,将 n 定义成动态变量,则 3 次调用每次都要给 n 分配空间,并且每次都要存入初值 5。

2. 不同类型变量的初值问题

(1) 若变量定义时已赋初值,则变量的值是确定的,无须赘述。

(2) 若变量定义时未赋初值:

① 对于静态存储的变量,其值为 0(或空字符,空字符其实也是 0)。静态变量包括全局变量(extern 和 static)和局部静态变量(static)。

② 对于动态存储的变量,其值不确定。动态变量包括 auto 和 register 两种局部变量。

编程经验:每当定义变量时,都考虑一下是否需要初始化,这是一个良好的编程习惯。尽可能给变量赋初值可以避免变量值不确定所带来的非预期之后果。

7.2 实型变量的存储及常见问题

7.2.1 实型变量的存储方式

实型变量共分 3 种:float、double 和 long double,这 3 种类型都是以浮点数的方式存储的,遵循 IEEE 754 标准。

浮点数的存储方式与编程的关系不大,通常编程用到浮点数时只关心变量中存的数值是多少,不需要知道它是怎么存的。这里简单介绍 float 型数据的存储方式以供需要的读者参考,double 和 long double 型的存储与 float 型类似。

float 型的任何数据,在存储前都要先表示为下面的格式:

$$(\text{符号}) * M * 2^n$$

其中,M 是一个小数,n 是指数。M 必须在 1.0～2.0 之间,即 $1.0 \leqslant M < 2.0$,如果不在该范围内,则需调整。例如:

30.0	表示为	$+1.875 * 2^4$
-0.3925	表示为	$-1.57 * 2^{-2}$

然后,计算机用 4 个字节,分成 3 部分分别存储符号、指数部分和小数部分。3 部分

的位置及所占空间大小如表 7-2 所示。

表 7-2 浮点数存储空间的分配

符号位(0 或 1)	指数部分 (n+127)	小数部分 (M-1)
占 1 位[第 31 位]	占 8 位[第 30 位～第 23 位]	占 23 位[第 22 位～第 00 位]

注：表中最右边是第 0 位，最左边是第 31 位。

注意，小数部分存储的是 $M-1$ 而不是 M，指数部分存储的是 $n+127$ 而不是 n，这样设计是有原因的，原因在下面叙述。

下面分别说明这 3 部分怎样存储。

(1) 符号位：占一位，用 0 表示正，1 表示负。

(2) 指数部分：用一个字节存储，本来也有正负，但是考虑到正负号的处理不方便，所以 IEEE 754 标准采用下面的方法：将指数部分加上 127 后再存储。例如，若实际指数 n 为 -2，则存储为 125；若实际指数 n 为 4，则存储为 131。这样规定的目的是可以不必设指数的符号位。指数位共 8 位，可表达的范围是 0～255，而对应的实际指数 n 的范围是 -127 到 +128。

(3) 小数部分：并不是存储实际小数 M。按照规定，实际的小数 M 满足 $1.0 \leqslant M < 2.0$，这样，M 的小数点前面将肯定有一个 1，因此存储的时候，就可以不存 1(将 1 默认了)，而只存小数点后面的纯小数 $M-1$。例如 1.875，只存 0.875。

综上所述，对于 $30.0 = +1.875 * 2^4$，3 部分的数据分别是：

(1) 符号位：(表示正)。

(2) 指数部分：10000011 (其值为 131，表示实际指数是 4)。

(3) 小数部分：11100000000000000000000(0.875，表示实际小数是 1.875)。

整个数据的存储状态如图 7-2 所示。

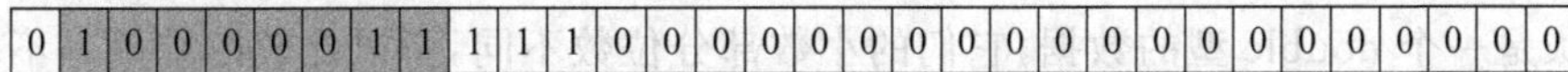

图 7-2 浮点数 30.0 的存储状态

可以用下面的代码验证 30.0 的存储状态。

例 7.1 验证 30.0 的存储状态。

```
#include <stdio.h>
int main()
{
    union{
        long m;
        float x;
    }a;
    a.x=30;
    printf("%lx\n",a.m);
    return 0;
}
```

其结果是41f00000,即二进制的0100 0001 1111 0000 0000 0000 0000 0000。

7.2.2 实型变量的常见使用问题

实数的存储有时候是不精确的。

例如,对实数1.2,其纯小数部分化为二进制是一个无限循环小数:00110011 00110011 00110011 00110011…,要想精确地存储这个值,需要无限多的内存单元,而IEEE 754标准规定存储纯小数部分的空间只有23位,后面部分只能截掉或进位(相当于四舍五入),所以实际存储的数据是近似值。

实际上1.2的存储状态是0 01111111 00110011001100110011010,这个状态表示的小数是1.200 000 047 683 715 820 312 5,比1.2稍大。

由于实数存储不精确,所以在程序中不要试图比较float型变量和实型常量是否相等。下面的程序输出结果是不相等。

例7.2 验证实数存储的不精确。

```
#include <stdio.h>
int main()
{
    float x=0.2;
    if(x==0.2)
        printf("相等\n");
    else
        printf("不相等\n");
    return 0;
}
```

出现这个结果的原因就是x中存储的不正好是0.2,而是float型的近似值,而常数0.2默认是一个double型的数据,它们的小数部分位数不同,所以比较的结果是不相等。

再看一段代码:

```
#include<stdio.h>
int main()
{
    float x;
    for(x=0.1; x !=1.0; x+=0.1)
        printf("%4.1f ", x);
    return 0;
}
```

这是一个无限循环,其输出结果是

```
0.1  0.2  0.3  0.4  0.5  0.6  0.7  0.8  0.9  1.0  1.1  1.2  1.3  …
```

造成无限循环的原因是,x不断增加,到0.9(近似)后再增加0.1时,x并不正好等于1.0,因此循环不会停止。

编程经验：避免发生这种错误的方法是，条件表达式中尽量不写==和!=，而用<、<=、>、>=代替。比如将上面循环的条件 x !=1.0 改写为 x<1.0，或者写成 x>0.99&&x<1.01，允许有一定的误差（误差一般在有效数字的第7位）。

7.3　字符处理的几个问题

处理字符是C语言中的常见操作，有两个问题需要讨论：一是判断字符处理结束的标志是空字符还是换行符；二是循环处理字符时，循环次数是字符数组的容量大小还是实际输入字符的个数。

先看下面的例子。

例7.3　键盘输入一行字符，统计大写字母的个数。

本例可用两种方法编程，第一种方法的代码如下：

```
#include<stdio.h>
int main()
{
    char c;
    int n=0;
    while((c=getchar()) !='\n')       //遇到换行符停止循环
        if(c>=65 && c<=90)
            n++;
    printf("%d\n", n);
    return 0;
}
```

下面是第二种方法：

```
#include<stdio.h>
int main()
{
    char s[80];
    int i, n=0;
    gets(s);
    for(i=0; s[i] !='\0'; i++)       //空字符作为结束标志
        if(s[i]>=65 && s[i]<=90)
            n++;
    printf("%d\n", n);
    return 0;
}
```

两个程序都可正常运行得到正确的结果。

7.3.1　结束标志用空字符还是换行符

上面两段程序中，循环结束的标志分别是换行符和空字符，不是说字符串最后是一个空字符么？为什么第一种方法用的是换行符？

这是因为，从键盘输入的字符串，在按回车键时被送入键盘缓冲区，回车键被转换成了换行符'\n'一同送入了缓冲区。第一种方法用的是函数 getchar()，它是从缓冲区取字符(而不是从字符数组中)，因此碰到换行符就应该结束。而第二种方法中先用了函数 gets()，该函数从缓冲区中取回一个字符串(一直取到换行符为止)，然后将字符串存到指定的位置(字符数组 s 中)，而在存字符串的时候，会在最后多写一个空字符'\0'。程序后面的循环部分是判断数组元素中的字符(而不是缓冲区中的字符)，因此应以空字符为结束标志。

字符串从键盘输入到键盘缓冲区直至存入数组的过程如图 7-3 所示。

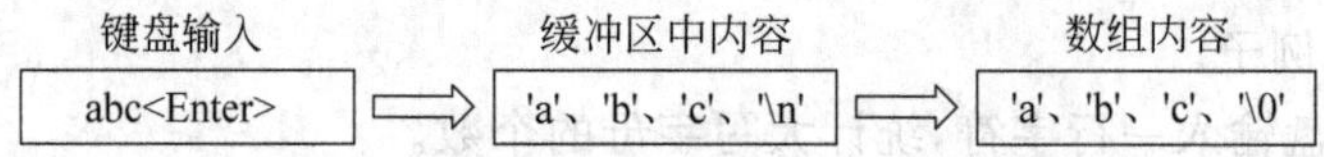

图 7-3　字符串从键盘输入到存入数组的过程

由此可知，判断数组中的字符时，循环应以空字符为结束标志；而从缓冲区取字符判断时，应以换行符为结束标志。

7.3.2　循环次数是数组大小还是实际字符个数

第二段程序中的循环可否写成下面的方式？

```
for(i=0; i<80; i++)
    if(s[i]>=65 && s[i]<=90)
        n++;
```

答案是不可以。因为 80 只是字符数组的最大容量，用户在键盘输入时，输入的字符个数可以少于 80，因此不能对数组中的 80 个元素都进行判断，只需判断其中的有效字符即可。

可以用下面的方法：

```
for(i=0; i<strlen(s); i++)
    if(s[i]>=65 && s[i]<=90)
        n++;
```

但这种方法需要包含头文件 string.h，较麻烦，且代码效率较低。

习　题　7

1. 键盘输入函数 scanf("%d,%d",&a,&b)；若漏掉了其中的两个取地址符号，将怎样执行？

2. C 语言为什么不允许“switch(表达式)”中的表达式是 float 或 double 类型？

3. 程序中的 3 个变量同名，分别是全局级、函数级和复合语句级的，若程序的某处出现了该变量名，什么情况下它是全局变量？什么情况下它是函数级变量？什么情况下它是复合语句级变量？

4. 下面的代码有无问题？第3次调用此函数时，a、b、c、d 的输出值分别是多少？

```
void f()
{
    int a, b=2, c;
    static int d;
    a=c=3;
    b++;
    d++;
    printf("%d,%d,%d,%d\n", a, b, c, d);
}
```

5. 从键盘输入3行字符，然后输出，输出时要将其中的大写字母全部改为小写。用存入数组和不存入数组两种方法编程。

第二篇

扩展 C 编程技术

第8章 chapter 8

内存管理机制与TC编译模式

本章内容提要：

- 微处理器中的寄存器；
- 伪变量；
- 内存的实模式和保护模式；
- TC的编译模式。

本章介绍C语言编程中用到的一些扩展的实用知识，包括微处理器中的寄存器、内存的实模式寻址及保护模式寻址、TC的6种编译模式等。

8.1 寄存器和伪变量

8.1.1 微处理器中的寄存器

微机的微处理器中含有一定数目的寄存器，C语言允许程序员在程序设计中使用这些寄存器。

早期的8086、8088和80286微处理器中的寄存器都是16位的，80386及之后的微处理器都是32位的。图8-1列出了Intel微处理器系列的寄存器情况，图中阴影部分是80386及之后的微处理器扩充的。

8086、8088和80286微处理器只有14个寄存器(图中不带阴影部分)，都是16位，其中AX、BX、CX、DX这4个寄存器每个又可以分为两个8位寄存器来使用。例如，AX寄存器可以分为AH、AL两个单独的寄存器使用，在程序中既可以使用AX(16位)，也可以使用AH或AL(8位)。对于BX、CX、DX这3个寄存器也是一样的。

80386及之后的微处理器将图中前10个寄存器扩展成了32位，并且新增加了两个段寄存器FS和GS。在程序中若使用32位寄存器，则应该用诸如EAX、EBX这样的32位寄存器的名字，若使用16位寄存器或8位寄存器，则还是用诸如AX或AH(AL)这样的名字。

图8-1列出的寄存器中，EAX、EBX、ECX、EDX、EBP、EDI、ESI是通用寄存器(多功能寄存器)，可以用来存储各种长度的数据(8位、16位、32位)。而EIP、ESP、EFLAGS、

CS、DS、ES、SS、FS、GS 则属于专用寄存器，其中 CS、DS、ES、SS、FS、GS 是段寄存器。

32位寄存器名	扩展	16位寄存器名	名称或作用
EAX		AH AX AL	累加器
EBX		BH BX BL	基址
ECX		CH CX CL	计数器
EDX		DH DX DL	数据
ESP		SP	堆栈指针
EBP		BP	基址指针
EDI		DI	目标变址
ESI		SI	源变址
EIP		IP	指令指针
EFLAGS		FLAGS	标志
		CS	代码段
		DS	数据段
		ES	附加段
		SS	堆栈段
		FS	
		GS	

图 8-1　Intel 微处理器中的寄存器

8.1.2　段寄存器及其用途

6 个段寄存器 CS、DS、ES、SS、FS、GS(常用的是前 4 个)用来和其他寄存器共同生成一个存储器地址，这些段寄存器的功能如下。

CS(代码段寄存器)：代码段是内存中一个存储区域，用来保存程序代码。CS 用来指明内存中代码段的起始地址。在实模式下，它存放的是一个代码段的首地址的前 16 位(二进制数)；在保护模式下，它存放一个描述代码起始地址和长度等信息的段描述符的索引。对于 8086、8088 和 80286 微处理器，每个代码段限制为 64KB；80386 和更高型号的微处理器在保护模式下操作时，每个代码段限制为 4GB。

DS(数据段寄存器)：数据段也是内存中的一个存储区域，DS 用来指明数据段的起始位置，与 CS 类似。

说明：数据段是存储数据用的，还可以细分成初始化为非零的数据区、BSS(Block Started by Symbol)和堆(Heap)3 个区域。初始化非零数据区一般存放非零的静态数据(包括全局变量和局部静态变量)；BSS 主要存放未初始化的静态数据；堆是用来进行动态内存分配的，用 malloc 等函数分配的内存就在这个区域。它是由低地址向高地址增长的。

ES(附加段寄存器)：附加段是附加的一个数据段，为某些串指令存放目的数据。ES

用来指明附加段的起始位置。

SS(堆栈段寄存器)：堆栈段是堆栈存储区。SS用来指明堆栈段的起始位置。

FS和GS：这两个寄存器是80386之后的微处理器新增的，用来指明另外两个存储段的起始位置。

8.1.3 伪变量

80x86微处理器有14个基本寄存器可用于运算、控制指令执行、处理内存寻址等。虽然80386以上的微处理器对其中一些做了扩展并且新增了两个，但TC只支持这14个寄存器，且认为它们的长度是16位。

在程序设计中，有时要进行与硬件有关的操作，需要用到这些寄存器，为了表示这些寄存器，TC采用了一些与寄存器同名(前面多写一个下划线)的变量代表它们。例如，用_AX表示寄存器AX，用_BH表示BH等。这些变量仅仅与所对应的寄存器有关系，不能作为他用，因而称为伪变量。

使用伪变量相当于操作同名的寄存器。如_AX＝2相当于执行了下面的操作：MOV AX,2，即将整数2存入寄存器AX。

注意：伪变量名必须用大写。

8.2 内存的寻址模式

8.2.1 段式内存管理机制和实模式寻址

在80x86系列CPU中，8086和8088两种处理器都是16位的，都采用“实模式”寻址；80386以及之后的微处理器都是32位的，都支持“实模式”和“保护模式”两种寻址方式。

说一个CPU是“16位”或“32位”时，指的是处理器中“算术逻辑单元”(ALU)的宽度。系统总线中的数据总线通常与ALU具有相同的宽度，而地址总线自然也应该与数据总线一致，这是因为地址是一个指针值，最好与一个整数的长度相同。但是，对于8086这个16位的CPU来说，如果采用16位的地址总线，则只能寻访64K个不同的地址单元，即一台计算机最多只能有64KB内存，这显然太小了，所以不能采用16位地址总线。那多少内存合适？当时认为，1MB内存应该就够用了，所以Intel公司决定在8086中采用1MB的内存寻址能力，而要寻址1MB内存的空间，其地址总线的宽度必须是20位的，所以就把地址总线设计成了20位。但这样就出现了一个问题：地址总线的宽度是20位，而CPU中ALU的宽度只有16位(直接加以运算的指针长度只能是16位的)，如何解决这个问题？Intel公司设计了一种在当时看来不失为巧妙的方法，即分段的方法。

所谓分段，就是在使用内存时把它分成若干块，每一块称作一段。每段大小不超过64KB。

Intel公司在8086 CPU中设置的4个段寄存器CS、DS、SS和ES分别用于存储代码段、数据段、堆栈段和附加段的段地址。

段的起始地址(也叫基地址)本来是20位的,但是段寄存器只有16位,只能存储其中的16位,所以规定:划分段的时候,段的起始地址的后4位必须都是0(即必须是16的倍数),这样段寄存器就可以只存前16位了,后面4位都是0,不用存。例如,若数据段的起始地址是51230H,则寄存器DS存储的是5123H。段寄存器中存的数值又叫做段地址或段值。

有了段之后,怎么表示段内某一单元的地址呢?通常都是用偏移地址的方式来指明这个单元。所谓偏移地址,就是该存储单元相对于段的起始位置的偏移量。这个偏移量通常也存储在一个寄存器中。由于8086的寄存器是16位,段内每个存储单元的偏移地址只能用16位二进制数表示,因此每段的大小最多64KB。

有了段的基地址和偏移地址后,段内每个单元的地址都可以表示成"段的基地址+偏移地址"的方式,通常都是写成下面的格式:

段地址:偏移地址

例如,若数据段的首地址是51230H,段内某单元的物理地址是52350H,则该单元的地址可以表示为51230H+1120H,写成5123:1120,其中5123是段地址,1120是偏移地址。

8086通过这种对内存分段的方法,实现了1MB空间的寻址能力,但这种方法是有缺陷的,表现在缺少对内存空间的保护。因为对于每一个由段寄存器的内容确定的基地址,一个进程总是能够访问从此开始的64KB的连续地址空间,而无法加以限制。同时,可以用来改变段寄存器内容的指令也不是什么"特权指令",通过改变段寄存器的内容,一个进程可以随心所欲地访问内存中的任何一个单元,丝毫不受限制。由于8086的这种内存寻址方式缺乏对内存空间的保护,所以为了区别于后来出现的保护模式,就把这种寻址模式称为实地址模式或实模式。

8.2.2 保护模式寻址

针对8086的缺陷,Intel公司在80286上首次实现了保护模式的寻址方式。此后的80386等CPU同80286一样,既支持实模式,也支持保护模式。

为了实现保护模式,仅用段寄存器来确定一个基地址是不够的。因为要保护一个段,除了要知道其起始地址外,还需要知道段的长度和访问权限等。所以,真正需要的是一个数据结构而不是一个单纯的基地址,这个数据结构称为段描述符,共64位。显然,段寄存器存储不下段描述符。对此,Intel公司设计人员的基本思路是:在保护模式下,将所有段(可能有若干个段)的信息(段描述符)按顺序存储到内存中的指定位置,组成一个段描述符表(descriptor table),而将段寄存器的功能从实模式下存储段地址变成保护模式下存储段描述符的索引。

当一个访存指令发出一个内存地址时,CPU按照下面的步骤实现从指令中的32位逻辑地址到32位物理地址的转换:

(1) 首先根据指令的性质来确定应该使用哪一个段寄存器。例如,转移指令中的地址在代码段,用CS,而数据指令中的地址在数据段,用DS。这一点与实地址模式相同。

(2) 根据段寄存器的内容,找到相应的段描述符。

(3) 从段描述符中得到段的基地址、长度、优先级等信息。

(4) 将指令中的地址作为偏移量,与段描述符规定的段长度相比,看是否越界。

(5) 根据指令的性质和段描述符中的访问权限来确定是否越权。

(6) 最后才将指令中的地址作为偏移地址,与段基址相加,得到物理地址。

说明: 80386及之后的CPU是32位的,地址总线自然也是32位,其寻址能力达到了4GB,按说根本不需要用什么分段的方法。但是,作为一个产品系列中的一员,本着“向下兼容”的原则,80386必须维持那些段寄存器,必须支持实地址模式,同时又要支持保护模式。

8.2.3 默认的段和偏移寄存器

处理器有一套规则用于访问内存。规则定义了各种寻址方式中段地址寄存器和偏移地址寄存器的组合方式。该规则既适用于实模式也适用于保护模式。

代码段寄存器CS: 总是和指令指针寄存器IP/EIP组合用于寻址下一条指令。

堆栈段寄存器SS: 总是和堆栈指针SP/ESP或BP/EBP组合寻址堆栈数据。

数据段寄存器DS: 可以和BX、DI、SI及8位或16位的常数组合寻址数据。

附加段寄存器ES: 和DI组合计算串目标地址。

注意: 如果80386及更高档的微处理器工作在实模式下,只能用IP、SP、BP等16位寄存器,不能用EIP、ESP、EBP等32位寄存器。

8.2.4 近程指针与远程指针

1. 近程指针

近程指针是一个16位的指针,表示段内的偏移地址,所以使用近程指针只能对64K的段内地址进行寻址。当使用近程指针时,对应的段寄存器中所存的段值是固定不变的。

近程指针是用near来说明的(near可以省略),例如:

```
char near *p;                 //定义一个指向字符的近程指针
```

近程指针的最大值只能到0xffff,即65 535,超过这个值将出错。例如:

```
char near *p;
p=(char near *)0xffff;
p++;
printf("%p\n", p);            //%p是用十六进制输出一个地址
```

运行结果是0000。因为65 535加1将产生进位(丢弃),使p的16位都是0。这种现象称作折回。

2. 远程指针

远程指针是一个32位的指针,包括段地址(高位)和偏移地址(低位),各占2字节,

用 far 说明。例如：

```
char far *p;
p=(char far*)0x2A000002;
```

使用远程指针访问不同段的内存单元时，对应的段寄存器中的段值会被更换。

对于远程指针，如果进行加减运算，则只对偏移地址进行，段地址不参与运算，所以也会发生折回现象。

注意：对于同一个物理地址，用“段地址：偏移地址”的方式表示时，可以有若干种形式，如物理地址 1234H 可以表示为

0000:1234
0001:1224
0002:1214
0003:1204
0004:11F4
…

虽然这些地址表示的是同一物理地址，但如果对它们进行比较，得出的结果是不相等的。

若远程指针 p1、p2 存储的是同一物理地址，但是段地址和偏移地址不同，则表达式 p1==p2 的值为 0。因为计算机是直接比较两个指针变量中的 32 位二进制数，而不是转化为物理地址后再比较。

8.2.5 与地址操作有关的几个函数(宏)

TC 在 dos.h 头文件中定义了几个函数(宏)，用来计算或处理段地址和偏移地址。

1. FP_SEG 和 FP_OFF

1) FP_SEG

功能：获取远地址中的段值。

原型：unsigned FP_SEG(void far *farptr);

例 8.1

```
#include<dos.h>
#include<stdio.h>
int main()
{
    char far *filename="fpseg.c";
    printf("%04x\n",FP_SEG(filename));      //0 表示用 0 补足 4 位
    return 0;
}
```

2) FP_OFF

功能：获取远地址中的偏移地址

原型：unsigned FP_OFF(void far * farptr)；

例 8.2

```
#include<dos.h>
#include<stdio.h>
int main()
{
    char far * str="fpoff.c";
    printf("%04x\n", FP_OFF(str));
    return 0;
}
```

2. MK_FP

功能：由一个段值和一个偏移地址组合成一个远程指针。

原型：void far * MK_FP(unsigned seg,unsigned off)；

例 8.3

```
#include<dos.h>
#include<stdio.h>
int main()
{
    char far * p;
    unsigned seg, off;
    p=MK_FP(0xb000, 0x20);
    seg=FP_SEG(p);
    off=FP_OFF(p);
    printf("far p:%Fp,seg:%04X,off:%04X\n", p,seg,off);
    return 0;
}
```

程序运行结果是

```
far p: B000:0020, seg: B000, off: 0020
```

注意：%Fp 表示输出的是一个远程指针，不能写成%fp(因为%f 表示实数)。

3. peekb 和 peek

功能：从给定的地址读取一个字节(peekb)或一个字(peek)。

原型：char peekb(unsigned seg,unsigned off)；

int peek(unsigned seg,unsigned off)；

4. pokeb 和 poke

功能：向指定的位置写一个字节(pokeb)或一个字(poke)。

原型：void pokeb(unsigned seg,unsigned off,char value)；
　　　void poke (unsigned seg,unsigned off,int value)；

8.3 TC的编译模式

内存模式是指如何在内存中存放程序代码和数据、如何分配堆栈、允许它们占用的空间多大及如何存取它们。TC提供6种内存编译模式：微模式(Tiny)、小模式(Small)、中模式(Medium)、紧凑模式(Compact)、大模式(Large)和巨模式(Huge)。程序员可在编译前在TC的Options|Compiler|Model子菜单下选择所需要的模式，如图8-2所示。

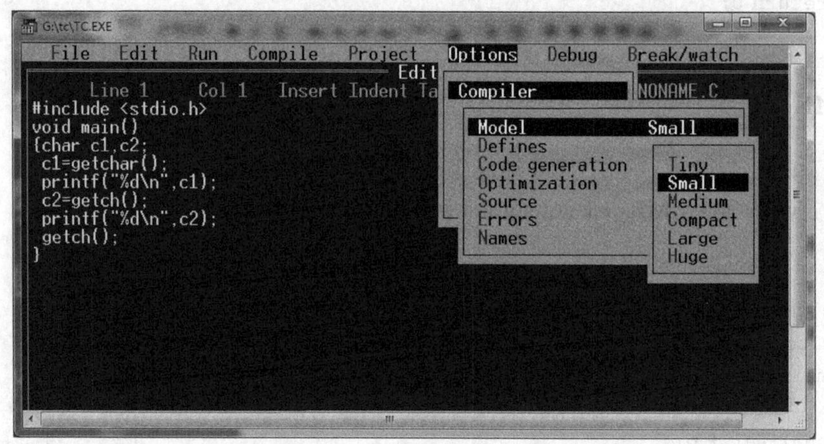

图8-2　TC下内存编译模式的选择

8.3.1 微模式

微模式下，程序中的代码和数据(数据段、堆栈段存的都是数据)存放在同一个段内(代码和数据总和不超过64KB)，在该模式下代码段、数据段、堆栈段的地址相同，即CS＝DS＝SS。在这个段内，代码是首先装入的，地址最低，接着是静态局部变量和全局变量，然后是堆，最后是栈。堆和栈都是动态的，堆从低地址往高地址增长，栈从高地址往低地址增长，若两者相碰，则表示内存空间已耗尽。在微模式下，所有指针都是近程指针，且都是相对于寄存器CS、DS和SS的。

8.3.2 小模式

小模式下程序的代码段是独立的，最大64KB。数据段、堆栈段共用64KB，这两个段的段地址是相同的，即DS＝SS。小模式下的指针也是近程的。

除了数据、堆栈共用的一个段外，小模式还有一个远堆，以远程指针进行存取。从数据、堆栈段的末尾直到常规内存的末尾都属于远堆。

TC默认的编译模式就是小模式，一般的程序都是用这种模式编译。

8.3.3 中模式

中模式下数据只分配一个段，DS＝SS，而代码可以分配几个段（大于64KB，最多1MB）。因此数据段内使用近程指针而代码段使用远程指针。

尽管代码段有几个，但CS每次只能指向一个代码段。

8.3.4 紧凑模式

紧凑模式下代码分配一个段，数据分配几个段，其中静态数据不能超过64KB。

8.3.5 大模式

代码和数据均超过1个段，两者均可达1MB，都采用远程指针，但静态数据（如静态数组）仍不能超过64KB。

8.3.6 巨模式

与大模式相似，但允许静态数据超过64KB，就是说巨模式会确保给一个大于64KB的空间需求（例如数组）所提供的数据段是相邻的。

习题 8

1. 什么是实模式？什么是保护模式？简述它们的寻址方式。
2. 若要用C语言改变寄存器AX的值，使之为3，如何实现？
3. 常用的段寄存器有哪些？分别用来存什么？
4. 什么是近程指针和远程指针？使用时应注意什么？
5. 定义指针变量时，什么情况下需要定义成near型？什么情况下需要定义成far型？
6. 使用远程指针变量访问堆栈段内的数据，哪个段寄存器的值会发生变化？变成多少？
7. 如何从一个远程指针中获得段值和偏移地址？
8. TC的编译模式有6种，默认是哪一种？当代码较多（超过64KB）而数据较少（不超过64KB）时，用哪一种？当代码和静态数据都不多，但局部自动变量较多时，用哪一种？
9. 若程序中访问数据段用的是远程指针，则TC的哪些编译模式不能用？

第9章 chapter 9

BIOS和DOS调用

本章内容提要：

- 中断；
- BIOS调用的方法；
- DOS调用的方法；
- BIOS和DOS系统调用函数。

9.1 概 述

BIOS是Basic Input Output System的缩写，是固化在只读存储器(ROM)中的基本输入输出程序。BIOS保存着微机系统最重要的基本输入输出程序、系统信息设置程序、开机自检程序和系统启动自举程序等，用来进行系统测试，初始化引导程序，对I/O设备进行控制。

DOS是Disk Operating System(磁盘操作系统)的缩写，是用来控制和管理计算机的硬件资源、方便用户使用的程序集合。由于这些软件程序存放在磁盘上，而且主要功能是进行文件管理和输入输出设备管理，故称为磁盘操作系统。磁盘操作系统是人和计算机交互的界面，用户通过操作系统使用和操作计算机。

DOS和BIOS都提供了大量的可供用户直接使用的系统服务程序。

程序设计中，程序员一般可以用4种方式来控制PC的硬件：

(1) 应用高级语言中的语句进行控制。但高级语言中的I/O语句比较少，执行速度慢。

(2) 直接使用汇编语言编程进行控制。要求编程者对I/O设备的地址、功能比较熟悉。

(3) 应用BIOS提供的功能程序来控制硬件。这是低层次控制，要求编程者对硬件有相当深入的了解。BIOS调用速度快，适用于高速运行的场合，但使用BIOS调用的汇编语言或C语言程序可移植性比较差。另外，BIOS固化在ROM中，不依赖于DOS操作系统。

(4) 应用DOS提供的一些功能服务程序来控制，可对显示器、键盘、打印机、串行通信等字符设备提供输入输出服务。DOS提供了近百种I/O功能服务程序可供调用，这是一种高层次的调用，编程者无须对硬件有太深的了解。使用DOS调用，编程简单，调试方便，可移植性好，但有一点，系统必须支持DOS。

本章主要介绍BIOS调用和DOS调用的方法。

9.2 中断和中断向量表

9.2.1 中断

1. 中断的概念

中断(interrupt)是指在计算机运行期间，由于程序的事先安排或者系统内发生的非寻常或非预期的急需处理事件，使得CPU暂时中止当前正在执行的程序而转去执行相应的事件处理程序的过程。

事件处理程序执行完毕后又返回到被中止处继续执行，称为中断返回。转去执行的事件处理程序称为中断服务程序，产生中断请求(Interrupt ReQuest，IRQ)的设备或事件称为中断源。

中断有优先级。CPU接收到两个以上中断请求时，首先响应级别高的中断，对级别低的中断暂不响应，称为挂起。对于有些中断源产生的中断，可以用编程的方法使CPU不予理睬，称为中断屏蔽。

2. 中断的分类

根据中断源的不同，中断一般可分为两类：

(1) 由外部设备接口向CPU的中断请求引脚发中断请求信号而产生的中断，称为硬中断。

(2) 由执行中断指令而引起的中断，称为软中断。

不管是硬中断还是软中断，每一种中断都有一个中断号与之对应。

9.2.2 中断向量表

中断向量是指中断服务程序的入口地址(包括段基址和偏移量)，一个中断向量占据4字节的空间，低位的2字节存储偏移地址，高位的2字节存储段基址。

中断向量表是指中断服务程序的入口地址表，占据系统内存中最低端1KB(00000H～003FFH)的空间，它的作用是按中断类型号从小到大的顺序存储对应的中断向量，总共可存储256(00H～FFH)个中断向量。

在中断响应过程中，CPU通过从接口电路获取的中断类型号(中断向量号)计算对应的中断向量在表中的位置，并从中断向量表中获取中断向量(中断服务程序的入口地址)，然后将程序流程转向中断服务程序。

表9-1给出了一些中断向量的序号及简单说明。

表 9-1　常用中断向量的中断号及功能

中断号	功　　能	中断号	功　　能
0	除法错误	19	重启动(Reboot)
1	单步(调试)	1A	时钟服务
2	非屏蔽中断(NMI)	1B	断开控制(Ctrl+Break)处理程序
3	断点	1C	用户时钟服务
4	溢出	1D	视频显示参数表指针
5	打印屏幕键和 BOUND 指令	1E	磁盘驱动器参数表指针
6	非法指令错误	1F	图形符号模式表指针
7	协处理器仿真	20	终止程序(DOS 1.0)
8	时钟定时信号(18.2Hz)	21	DOS 服务
9	键盘	22	程序终止处理程序
A	IRQ2(AT 系统中的级联)	23	Ctrl+C 键处理程序
B～F	IRQ3～IRQ7	24	严重错误处理程序
10	视频 BIOS	25	读盘
11	设备环境	26	写盘
12	常规内存容量	27	终止并驻留
13	直接磁盘服务	28	DOS 保留
14	串行 COM 口服务	2F	多功能处理程序
15	其他服务	31	Windows 提供的 DPMI
16	键盘服务	33	鼠标驱动程序
17	并行口(LPT)服务	67	HIMEM.SYS 提供的 VCPI
18	ROM BASIC	70～77	IRQ8～IRQ15

无论安装什么操作系统，中断 00H～1FH 及 70H～77H 总是存在的。在 256 个中断中，BIOS 使用中断 11H～1FH，视频 BIOS 使用 10H，系统硬件使用 00H～0FH 和 70H～77H。

如果安装了 DOS，中断 20H～2FH 也存在。

说明：上面介绍的是实模式下的情况。对于保护模式，使用中断描述符表来代替中断向量表，每个中断描述符 8 字节。中断描述符表的起始地址由中断描述符表寄存器(IDTR)来定位，因此不再限于内存底部 1KB 的位置。

9.3　BIOS 调用

9.3.1　BIOS 调用简介

BIOS 是由若干子程序组成的，只不过这些子程序固化在系统板上的 ROM 中。这些子程序可以管理各种输入输出设备，如键盘、打印机、异步通信、时钟等。还有一些用来管理磁盘、网络、图形显示器的基本输入输出系统，即磁盘 BIOS、网络 BIOS 和显示 BIOS，一般固化在相应设备的硬件控制卡上。例如，驱动 VGA 显示器的服务程序固化在显示卡上的 ROM 中，所以把它叫做视频 BIOS。这些卡上的 ROM 所占的地址空间仍属于系统存储器。

BIOS 是为了控制外部设备而编写的一系列子程序，用户若要控制这些设备，不必重新编写子程序，在自己的程序中调用 BIOS 提供的子程序就可以了，这便是 BIOS 中断调用。

9.3.2 BIOS 调用的方法和例子

BIOS 中，每个为 I/O 设备服务的程序都有一个中断服务号与之对应。例如，视频 BIOS 的中断号是 10H，磁盘服务的中断号是 13H，等等。

BIOS 调用是通过软件中断来实现的。在中断调用前，需要把功能号装入 AH 寄存器，把子功能号装入 AL 寄存器，除此而外，可能还需在指定的寄存器中提供专门的调用参数。一般来说，调用 BIOS 功能时，有以下几个基本步骤：

(1) 把调用参数装入指定的寄存器中。

(2) 如需功能号，把它装入 AH。

(3) 如需子功能号，把它装入 AL 或 BL。

(4) 按中断号调用 BIOS 中断。

(5) 检查返回参数是否正确。

例如，下面的程序段是用汇编语言设置显示器显示方式的视频 BIOS 调用。

说明：*视频 BIOS 的调用号是 10H，附录 A 列出了部分视频 BIOS 的功能号及说明，从中可以查到设置视频方式的功能号是 00H。*

```
MOV AH, 0          ;设置视频方式的功能号送入 AH
MOV AL, 12H        ;所需参数送 AL,12H 对应的显示方式是 640×480,16 色
INT 10H            ;进行视频 BIOS 调用
```

上面的程序段在 C 语言中利用伪变量也能实现：

```
_AH=0;
_AL=0x12;
geninterrupt(0x10);
```

其中 geninterrupt()是 dos.h 中定义的一个函数，用来产生一个软中断，需要一个中断号作参数。其原型是

```
void geninterrupt(int intr_num);
```

有些 BIOS 调用会产生一些返回信息，比如调用的结果、调用是否成功或错误信息，这些均称为出口参数，存储在指定的寄存器中。例如，读取当前光标处字符（视频 8 号功能）的调用，出口参数在 AL 中。C 程序段如下：

```
char  c;
```

```
_AH=8;                        //功能号
_BH=0;                        //显示页号
geninterrupt(0x10);
c=_AL;                                    //中断后,寄存器 AL 中存有字符的 ASCII 码
```

下面是 BIOS 调用的一个完整的例子。

例 9.1 从键盘读入一个字符。

键盘 I/O 中断调用号是 16H,该调用有 3 个常用功能,功能号分别是 0、1、2。使用时必须将功能号放在 AH 中。3 个功能号的含义如下：

0：从键盘读取字符。

1：读键盘状态。

2：读键盘标志。

本例需要调用 0 号功能,出口参数是：AH＝扫描码,AL＝ASCII 码。

C 程序代码如下：

```
#include <stdio.h>
#include <dos.h>
int main()
{
    char c;
    _AH=0;
    geninterrupt(0x16);
    c=_AL;                        //AL 中存储的是字符的 ASCII 码
    printf("%c\n", c);
    return 0;
}
```

常用的视频 BIOS 调用的功能号及参数设置见附录 A,BIOS 磁盘服务、键盘服务及其他服务请参阅有关书籍。

9.4 DOS 调用

MS DOS 操作系统为程序设计者提供了若干可以直接调用的软中断处理程序,每一个中断处理程序完成一个特定的功能操作,程序员可根据需要调用它们。

DOS 的中断处理程序主要功能如下：

(1) 磁盘的读/写控制。

(2) 内存管理、文件操作和目录管理。

(3) 基本输入输出(对键盘、打印机和显示器等)控制,日期、时间管理等。

9.4.1 DOS 调用简介

DOS 调用的方法与 BIOS 调用的方法基本相同,但功能不完全相同。BIOS 只是提

供了一些最基本的输入输出服务，没有提供对文件、目录和内存的管理；而 DOS 调用的主要目的是文件管理，它提供的是一些以文件形式进行输入输出的高层管理功能。

注意：有些 DOS 中断服务和 BIOS 具有看似相同实则不同的功能。例如，BIOS 和 DOS 都可以读写磁盘，但操作方式却不相同：BIOS 是直接对磁盘扇区进行读写；而 DOS 却用文件形式对磁盘读写，用户不需要知道系统内部对扇区是怎样操作的。再如，BIOS 的 INT 10H 的 0AH 功能调用和 DOS 的 INT 21H 的 02 和 09H 功能调用都是在屏幕上显示字符，但 BIOS 仅限于文本方式下，而 DOS 在图形方式下也同样可用。又如，DOS 也提供了标准输入输出设备，但这些设备可以重定向，而 BIOS 却不能。

实际上有些 DOS 调用本身就是通过调用 BIOS 的功能来实现自己的功能的，因此 DOS 调用速度低于 BIOS 调用。但 DOS 调用比 BIOS 调用更灵活，可移植性更好。

BIOS 功能调用不受任何操作系统的约束，而 DOS 的中断功能仅在 DOS 环境下适用。另外，对有些功能(如对显示器的操作)，BIOS 调用提供的功能比 DOS 调用更丰富。如果某些工作使用 DOS 调用无法实现，就需要使用 BIOS 调用。

表 9-2 是部分 DOS 软中断的功能，其中的 INT 22H、INT 23H 和 INT 24H 不允许用户直接调用。INT 20H 的作用是终止正在运行的程序，返回 DOS 或父进程，该终止程序仅适用于扩展名为 COM 的命令文件，而不能用于扩展名为 EXE 的可执行文件。

表 9-2 部分 DOS 软中断的功能

软中断	功 能
INT 20H	终止当前程序返回(仅对.com 命令文件有效)
INT 21H	DOS 系统服务
INT 22H	终止地址(不允许直接调用)
INT 23H	Ctrl+Break 处理程序(不允许直接调用)
INT 24H	出错处理(不允许直接调用)
INT 25H	读磁盘
INT 26H	写磁盘

表中的 INT 21H 软中断是一个具有几十种功能(子程序)的大型中断服务程序，这些功能(子程序)所对应的编号称为功能号。每个功能子程序完成一种特定的操作和处理。附录 B 列出了常用的 INT 21H 中断的功能、功能号和参数情况。

9.4.2 DOS 调用的方法和例子

对 INT 21H 软中断指令对应的功能子程序的调用称为 DOS 系统功能调用。调用系统功能子程序时，程序员不必了解所使用设备的物理特性、接口方式及内存分配等，也不必编写烦琐的控制程序，直接按下面的方法调用即可。

1. DOS 系统功能的调用方法

INT 21H 系统功能调用的步骤如下：

(1) 入口参数送指定的寄存器或内存。

(2) 功能号送 AH 中。

(3) 执行 INT 21H 软中断指令。

有少数子功能程序不需要入口参数,但大部分需要把参数送入指定位置。

2. DOS 系统功能调用的例子

下面介绍的是常用的几个 DOS 系统功能调用,更多的功能请参阅附录 B。

例 9.2 1 号功能调用(键盘输入一个字符,有回显)。

功能:该调用的功能是,对按下的任何键,都将其对应字符的 ASCII 码送入 AL 中,并自动在屏幕上显示刚输入的字符。如果按下的是 Ctrl+Break 组合键,则终止程序执行。1 号功能调用无须入口参数,出口参数在 AL 中。

```
#include <stdio.h>
#include <dos.h>
int main()
{
    char c;
    _AH=1;
    geninterrupt(0x21);
    c=_AL;                      //AL 中存储的是字符的 ASCII 码
    printf("%c\n", c);
    return 0;
}
```

说明:还有个 8 号功能调用,功能与 1 号调用类似,区别是输入的字符不在屏幕上显示,可用于输入密码。

例 9.3 2 号功能调用(屏幕显示一个字符)。

功能:将置入 DL 寄存器中的字符在屏幕上显示输出。

```
#include <stdio.h>
#include <dos.h>
int main()
{
    _DL='A';
    _AH=2;
    geninterrupt(0x21);
    return 0;
}
```

例 9.4 9 号功能调用(屏幕显示字符串)(注:需在小模式下运行)。

功能:在屏幕上显示字符串。

要求:

(1) 待显示的字符串必须先放在内存的一个数据区(DS 段)中,且以'$'符号作为结束标志。

(2) 将字符串首地址的段地址和偏移地址分别存入 DS 和 DX 寄存器中。

程序主要代码如下：

```
char *p="hello$ ";
_DX=(unsigned)p;
_AH=9;
geninterrupt(0x21);
```

想一想：本例为什么没有存段地址？

例 9.5 0AH 号功能调用(字符串输入)(注：在小模式下运行)。

功能：从键盘接收字符，并存放到内存缓冲区。

要求：

(1) 执行前先定义一个输入缓冲区，缓冲区的第一个字节存入一个整数，该整数决定着输入字符的最多个数，字符个数应包括键盘输入时最后的回车符 0DH 在内，不能为 0。第二个字节保留，程序执行完后会自动存入实际输入的字符个数(不含回车)。从第三个字节开始存储从键盘上接收的字符。若实际输入的字符个数大于定义的字符个数，多余的字符丢弃不用，且响铃示警，一直到输入回车键为止。整个缓冲区的长度等于最大字符个数再加 2。

(2) 将缓冲区首地址的段地址和偏移地址分别存入 DS 和 DX 寄存器中。

程序主要代码如下：

```
char s[20];
s[0]=18;            //算上回车符,最多能接收 18 个字符
_DX=(unsigned)s;
_AH=10;
geninterrupt(0x21);
```

若键盘输入 ABCD 并回车，则 s[0]～s[6]的值分别是 18,4,65,66,67,68,13。

例 9.6 0BH 号功能调用(检查键盘输入)。

功能：检查是否有键盘输入，若有键按下，则 AL＝FFH；若无键按下，则 AL＝00H。对于利用键盘操作退出循环或使程序结束之类的操作来说，这种调用是很方便实用的。

主要代码如下：

```
printf("Press any key to exit");
_AL=0;
while(!_AL) {
    _AH=0xB;
    geninterrupt(0x21);
}
```

例 9.7 2BH 号功能调用(设置系统日期)。

功能：设置有效的年、月、日。当 AL＝0 时，设置成功；当 AL＝FFH 时，设置失败。

要求：调用前要将年号放于 CX,月份放于 DH,日期放于 DL。

程序主要代码如下：

```
_CX=2012;
_DH=12;
_DL=26;
_AH=0x2b;
geninterrupt(0x21);
if(_AL==0)
    printf("设置成功!\n");
else
    printf("设置失败!\n");
```

DOS 的 2DH 号功能调用可用来设置系统时间,调用方法与此类似。

9.5 BIOS 和 DOS 系统调用函数

对于 BIOS 和 DOS 调用,除了前面介绍的方法外,还可以使用下面几个标准函数：int86()、int86x()、intdos()、intdosx()、intr(),大多数 C 语言编译器都支持这些函数。

9.5.1 int86()

该函数既可用于 BIOS 调用也可用于 DOS 调用,适用于 80x86 系列的 CPU,故称 int86()函数。其原型是

```
int int86(int intr_num,union REGS * inregs,union REGS * outregs);
```

其中第一个参数表示中断调用的类型号。第二和第三个参数都是指针变量,指向共用体变量,前者用于存放“调用前功能号和入口参数所存放位置的地址”,后者用来存放“调用后出口参数所存放位置的地址”。函数返回值在 AX 中。

共用体类型 REGS 是在 dos.h 中定义的,定义如下：

```
struct WORDREGS{
    unsigned int ax, bx, cx, dx, si, di, cflag, flags;
};
struct BYTEREGS{
    unsigned char al, ah, bl, bh, cl, ch, dl, dh;
};
union REGS{
    struct WORDREGS x;
    struct BYTEREGS h;
};
```

其中结构体 WORDREGS 和 BYTEREGS 中的成员都是变量,不是寄存器,只不过在调用 int86()的过程中会将变量的值赋予同名的寄存器中。比如,成员 ax 的值将赋予寄存器 AX。

cflag 代表标志寄存器的进位标志位，调用后通过测试该标志位的值(0 或 1)可以知道调用成功(0)或失败(1)。

例 9.8 从键盘读入一个字符(同例 9.1)。

键盘 I/O 中断调用号是 16H，调用 0 号功能可读入字符。使用时必须将功能号放在 AH 中，出口参数是：AH＝扫描码，AL＝ASCII 码。

原来使用 BIOS 调用的 C 程序段见例 9.1。

现在用 int86()函数改写：

```
char  c;
union REGS  inregs, outregs;                //分别用来存入口参数和出口参数
inregs.h.ah=0 ;                             //使用 0 号功能
c=int86(0x16, &inregs, &outregs);           //返回 AX 的值
printf("%c\n", c);
```

其中 c＝int86(0x16,&inregs,&outregs)；一行也可以写成如下两行：

```
int86(0x16, &inregs, &outregs);
c=outregs.h.al;
```

例 9.9 设计一个函数，可以将光标定位到(x,y)坐标处。

光标定位是 INT 10H 中功能号为 2 的显示中断调用。使用时 DH 存放的应是行号，DL 是列号，BH 为显示光标的页号，选 0。出口参数无。

程序如下：

```
void movetoxy(int x, int y)
{
    union REGS regs;
    regs.h.ah=2;
    regs. h.dh=y;
    regs. h.dl=x;
    regs. h.bh=0;
    int86(0x10, &regs, &regs);
}
int main()
{
    clrscr();
    putchar('A');
    movetoxy(10,10);
    putchar('B');
    movetoxy(5,5);
    putchar('C');
    return 0;
}
```

注意：通过 int86()进行 BIOS 或 DOS 功能调用时，段地址必须是固定的。若使

用远指针进行跨段调用,则应使用下面的 int86x()函数。

9.5.2 int86x()

函数原型如下:

```
int int86x(int intr_num,union REGS * inregs,union REGS * outregs,struct SREGS *
segregs);
```

与 int86 函数相比,int86x()多了最后一个参数 segregs,它是一个 SREGS 类型的指针变量,用来指明段地址存储的位置。

SREGS 在 dos.h 中的定义如下:

```
struct SREGS{
    unsigned int es;
    unsigned int cs;
    unsigned int ss;
    unsigned int ds;
};
```

在 int86x()函数中,实际上只用到 ds 和 es。调用前,应先把要设置的新段值赋给 ds 和 es 这两个成员。在 int86x()执行过程中,int86x()会先把 DS 和 ES 的原值保存,然后换成设置的新值。调用后,再自动恢复成原来的值。

例 9.10 键盘输入一个文件名(含路径,不要打两条斜线"\\"),查看其属性(设需要改变段值)。

本例使用的是 DOS 功能调用,功能号 43H,读取文件属性的入口参数是:AL=0。若成功,文件属性保存在 CL 中。

文件属性是一个字节,每位的含义如下:

位 0:是否只读。

位 1:是否隐含。

位 2:是否系统文件。

位 3:卷标。

位 4:子目录。

位 5:更改标志。

位 6:0。

位 7:0。

当所有位都是 0 时,表示可读可写。

程序如下:

```
#include<dos.h>
#include<stdio.h>
int main(void)
{
```

```
    char far filename[80];
    union REGS inregs, outregs;
    struct SREGS segregs;
    printf("Enter filename: ");
    gets(filename);                        //可含盘符、路径,不要打两条斜线"\\"
    inregs.h.ah=0x43;
    inregs.h.al=0;
    inregs.x.dx=FP_OFF(filename);
    segregs.ds=FP_SEG(filename);
    int86x(0x21, &inregs, &outregs, &segregs);
    printf("File attribute: %X\n", outregs.h.cl);
    return 0;
}
```

9.5.3 intdos()

intdos()函数的原型如下：

```
int intdos(union REGS * inregs,union REGS * outregs);
```

该函数用于DOS系统功能调用(INT 21H)。inregs用来存储入口参数所在处的地址,outregs用来存储出口参数所存处的地址。函数调用后,若cflag为0表示调用成功,返回值在outregs的ax中;若cflag为1表示调用出错,ax中为错误代码。

例9.11 键盘输入一个文件名(含路径),删除该文件(小模式编译)。

该功能要求调用前将文件名的段地址和偏移地址分别送DS和DX。若不改变段值,则只需送偏移地址。

```
#include<dos.h>
#include<stdio.h>
int delete_file(char near * filename)
{
    union REGS regs;
    int ret;
    regs.h.ah=0x41;                     //功能号 41H,删除文件
    regs.x.dx=(unsigned) filename;      //dx 置偏移地址
    ret=intdos(&regs, &regs);
    return (regs.x.cflag ? ret : 0);
}
```

主函数代码请参阅配套资料。

9.5.4 intdosx()

intdosx()函数的原型如下：

```
int intdosx(union REGS * inregs,union REGS * outregs,struct SREGS * segregs);
```

该函数适用于需要跨段操作的情况，它与 intdos()的区别等同于 int86x()与 int86()的区别。

例 9.12 键盘输入一个文件名(含路径)，删除该文件(设需要改变段值)。

```
#include<dos.h>
#include<stdio.h>
int delete_file(char far * filename)
{
    union REGS regs;
    struct SREGS sregs;
    int ret;
    regs.h.ah=0x41;
    regs.x.dx=FP_OFF(filename);
    sregs.ds=FP_SEG(filename);
    ret=intdosx(&regs, &regs, &sregs);
    return (regs.x.cflag ? ret : 0);
}
```

主函数请参阅源代码。

9.5.5 intr()

函数原型如下：

```
void intr(int int_num,struct REGPACK * preg);
```

其中结构体 REGPACK 在 dos.h 中的定义如下：

```
struct REGPACK{
    unsigned r_ax,r_bx,r_cx,r_dx;
    unsigned r_bp,r_si,r_di,r_ds,r_es,r_flags;
};
```

该函数可用于 BIOS 或 DOS 调用，第一个参数是中断调用号，第二个参数是指针变量，调用前入口参数应存到该指针变量所指的结构体变量中，调用后指针变量所指的结构体变量中存的是出口参数。

例 9.13 将例 9.8 改为用 intr()实现。

```
#include <dos.h>
int main()
{
    char c;
    struct REGPACK p;
    p.r_ds=_DS;
    p.r_es=_ES;
```

```
    p.r_ax=0x0000;          //AH置0
    intr(0x16, &p);
    c=p.r_ax;
    printf("%c\n", c);
    return 0;
}
```

习 题 9

1. 简述什么是中断和中断向量表。

2. BIOS 和 DOS 调用的主要用途是什么？各有什么特点？

3. BIOS 和 DOS 调用的方法是什么？

4. DOS 功能 AH＝1、7、8 的调用都是从键盘输入一个字符，有什么不同？

5. 用 21H 中断的功能 A 输入字符串时应注意些什么？

6. int86()和 int86x()函数的区别是什么？可用来进行哪些调用？请用 int86x()函数对例 9.1 进行改写。

7. intdos()和 intdosx()可进行什么调用？有何区别？请分别用这两个函数对例 9.2 进行改写。

8. intr()函数的作用是什么？将例 9.3 用 intr()函数改写。

第10章 chapter 10

I/O 接口的输入输出

本章内容提要：

- I/O 接口；
- I/O 端口的编址；
- I/O 接口的输入输出函数；
- I/O 接口输入输出举例。

微机的外部设备多种多样，工作原理、驱动方式、信息格式、工作速度等差别很大，它们不能与CPU直接相连，必须经过中间电路，这部分中间电路就叫I/O接口电路。

I/O接口电路位于系统和外设之间，用来协助完成数据传送和控制任务。PC系统板的可编程接口芯片、I/O总线插槽的电路板(适配器)都是接口电路。

本章介绍如何在C语言中实现I/O接口的输入输出。

10.1 I/O 端口地址及编址方式

10.1.1 I/O 端口的地址

每个I/O接口实际上都会包含若干个I/O端口。从CPU的角度看，和I/O设备打交道实际就是和I/O端口打交道。每个I/O端口都有一个编号，称为端口地址，简称口地址。与访问存储单元类似，CPU与I/O端口交换信息时总是要先给出端口地址，被选中的端口才可以和CPU进行信息交换。

有几个概念需要明确：

(1) 一个接口电路可以有多个I/O端口(I/O地址)。

(2) I/O端口对应着I/O接口的各种寄存器。

(3) I/O端口可分为输入端口和输出端口。

(4) 一个I/O地址可以既作为输入端口，又作为输出端口，即输入端口、输出端口可以使用同一个I/O地址。

10.1.2 I/O 端口的编址

对于不同的微机系统，I/O端口的地址编排有两种不同的方式：存储器统一编址和

I/O 独立编址。

1. 存储器统一编址

这种编址方式下,I/O 端口和内存单元统一编址,即把 I/O 端口当作内存的一部分来对待:从整个内存空间编码中划出一块给 I/O 端口,每一个 I/O 端口分配一个地址码(如图 10-1 所示),用访问内存的指令对 I/O 端口进行操作。

这种编址方式的优点如下:

(1) I/O 端口的数目几乎不受限制。

(2) 用访问内存的指令即可访问 I/O 端口,不需要专门的 I/O 访问指令。

(3) CPU 无须产生用来区别内存操作和 I/O 操作的控制信号,从而可减少引脚。

其缺点如下:

(1) 程序中 I/O 操作不清晰,难以区分程序中的操作是对端口还是对内存。

(2) I/O 端口占用了一部分内存的地址区间。

(3) I/O 端口地址译码电路较复杂(因为内存的地址位数较多)。

2. I/O 端口单独编址

这种编址方式下,I/O 端口的编址和存储器的编址相互独立,互不影响,如图 10-2 所示。采用这种编址方式,对 I/O 端口的操作需要使用单独的 I/O 指令。

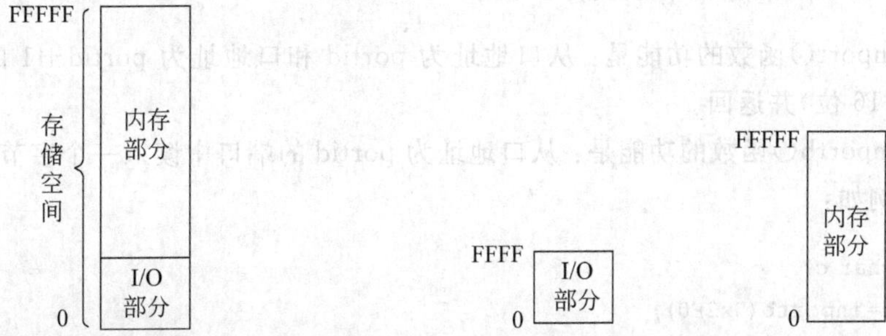

图 10-1 I/O 端口与存储器统一编址示意图

图 10-2 I/O 端口独立编址示意图

I/O 独立编址的优点如下:

(1) 不占用内存的地址区间。

(2) 使用 I/O 指令,程序清晰,很容易看出是 I/O 操作还是存储器操作。

(3) 译码电路比较简单(因为 I/O 端口的地址空间一般较小,所用地址线也就较少)。

其缺点是:只能用专门的 I/O 指令,访问端口的方法不如访问存储器的方法多。

上面两种编址方式各有优缺点,究竟采用哪种方式取决于系统的总体设计。也可以在一个系统中同时使用两种方式,前提是系统要支持 I/O 独立编址。

Intel 的 80x86 微处理器都支持 I/O 独立编址,因为它们的指令系统中都有 I/O 指令,并设置了可以区分 I/O 访问和存储器访问的控制信号引脚。而一些微处理器或单片机,为了减少引脚,从而减少芯片占用面积,不支持 I/O 独立编址,只能采用存储器统一编址的方式。

10.2 C语言用于I/O接口输入输出的函数

TC在dos.h中定义了一些函数用于对I/O接口进行输入输出，有下面几个：

```
int inp(int portid);
int inport(int portid);
int inportb(int portid);

void outp(int portid, int value);
void outport(int portid, int value);
void outportb(int portid, int value);
```

其中，inp()是一个宏，等价于inport()，outp()也是一个等价于outport()的宏，因此这里仅介绍其他4个函数。

10.2.1 接口输入函数

用于接口输入的函数有

```
int inport(int portid);
int inportb(int portid);
```

inport()函数的功能是：从口地址为portid和口地址为portid+1的端口中读入一个字(16位)并返回。

inportb()函数的功能是：从口地址为portid的端口中读入一个字节(8位)并返回。

例如：

```
char c;
c=inportb(0x2F0);
```

将从2F0H端口读取一个字节的数赋值给变量c。

又如：

```
int n;
n=inport(0x2F0);
```

将从2F0H和2F1H端口各读取一个字节，组合成两个字节赋值给变量n，相当于执行了两次inportb()函数。

10.2.2 接口输出函数

用于接口输出的函数有

```
void outport(int portid, int value);
void outportb(int portid, int value);
```

outport()的功能是：将 16 位的数据 value 输出到口地址为 portid 和 portid+1 的端口中去。其中低字节送 portid，高字节送 portid+1。

outportb()的功能是：将 8 位的数据 value 输出到口地址为 portid 的端口中去。

10.3 I/O 接口输入输出举例

本节介绍一种通过 I/O 接口输入输出函数控制 PC 扬声器发声的方法。

PC 主板上装有一块 8253 芯片用于定时和计数，还有一块 8255 可编程并行接口芯片，由它们组成的硬件电路可用来驱动 PC 喇叭发声(80286 之后的 PC 上这些芯片被集成在外围电路芯片上)。

8253 内部有 3 个定时器(计数器)，分别是定时器 0、定时器 1 和定时器 2，它们的机构完全相同，每个计数器内都有一个 16 位的计数寄存器 CR 和其他部件，3 个计数器的用途如表 10-1 所示。

表 10-1　8253 定时器及控制寄存器

名称	口地址	用　途
定时器 0	40H	系统计时
定时器 1	41H	DRAM 刷新
定时器 2	42H	用户使用(如驱动 PC 喇叭等)
控制寄存器	43H	设置定时器模式及输入格式

3 个定时器中，定时器 0、1 都有固定用途，所以只剩定时器 2 可用于发声，其发声的频率取决于定时器(计数器)的初始设置值。定时器会将计数值从初始值开始递减到 0，然后将计数值复原为初始值，再次递减……如此循环。每循环一次产生一个信号，产生信号的频率就是 PC 喇叭的发声频率。

计数值的递减由频率为 1 193 180Hz 的石英振荡器控制着，该频率值在所有 PC 家族的计算机中是固定的。振荡器每产生一个脉冲，计数值就减 1。

由此可知，发声频率和定时器初始值的关系是：声音频率=1193180/初始值。

控制寄存器决定着使用哪个定时器等信息。选择定时器 2 的方法是向该寄存器写入：0xB6。

说明：0xB6 即 10110110，每一位的作用如下：

第 0 位是 0，表示写入的是二进制数。

第 1～3 位代表定时器的运行方式，011 代表用的是方波发生器方式。

第 4～5 位代表 0x40～0x42 端口读写数据的方式，11 代表先读写低 8 位，再读写高 8 位(CR 是 16 位的寄存器)。

第 6～7 位代表要选择的定时器，10 代表选择定时器 2，即 0x42 端口。

讲到这里，似乎就可以让扬声器发声了，其实不然。扬声器是否发声，还取决于 8255 芯片的门控信号和送数信号，两者分别对应 8255 芯片中 PB 口的第 0 位和第 1 位，若两者都为1则允许发声,为0则禁止发声。

PB口地址是0x61,因此,可用下面的代码允许发声:

```
char bits;
bits=inportb(0x61);
outportb(0x61, bits|3);
```

注意:这段代码只是改变了PB口的最后两位,并未改变其他位的设置。

若要禁止发声,只需向0x61端口写入bits&0xfc即可:

```
outportb(0x61, bits&0xfc);
```

例 10.1 下面是一个发声的程序,其功能是让PC喇叭不断发出不同频率(随机)的声音,按任意键结束。为了使声音柔和,把发声频率限定在8000之内。

下面是完整的程序:

```
#include <stdio.h>
#include <dos.h>
int main()
{
    void mysound(unsigned int);
    unsigned int freq;
    do {
        freq=rand()%8000+1;     //不加1则有可能是0,不能作除数
        mysound(freq);
    }while(!kbhit());           //有按键时kbhit返回键值,否则返回0
    return 0;
}

void mysound(unsigned int freq)
{
    union{
        int divisor;
        char c[2];
    }count;
    char bits;
    count.divisor=1193180/freq;
    outportb(0x43, 0xb6);
    outportb(0x42, count.c[0]);          //先写低8位
    outportb(0x42, count.c[1]);          //再写高8位
    bits=inportb(0x61);                  //备份原值
    outportb(0x61, bits|3);              //打开发声
    delay(5000);                         //延时,可自行调整参数大小
    outportb(0x61, bits&0xfc);           //关闭发声
    outportb(0x61, bits);                //恢复原值
}
```

说明：delay()函数不是一个精确的延时函数，它延时的长短与计算机的配置有关，计算机性能越好，延时越短。即使在同一台计算机上，它的延时也时快时慢，当计算机忙时，延时就长。

例 10.2 编程演奏《城南旧事》插曲《送别》的前 8 小节。

原曲是降 E 调(1=^{b}E 4/4)，为简化编程，本例用 C 调演奏，并且先不考虑休止符和附点"."。

C 调中音的音阶频率如表 10-2 所示。

表 10-2 C 调中音音阶频率

音阶	1	2	3	4	5	6	7
频率/Hz	262	294	330	349	392	440	494

低音音符频率相当于中音频率的 1/2，高音则相当于中音的两倍。例如，低音 1 频率为 131Hz，而高音 1 频率为 523Hz。

程序中，把中音 7 个音符的频率存储到数组 freq[8]中(freq[0]闲置不用)。

曲子的简谱存为两个数组，数组 song[]存储要演奏的每个音符名，最后存一个 0 表示结束(注意：对于有休止符的曲子不能用 0)。用 1～7 表示中音的 7 个音符，高音用 8～14 表示(8 代表高音 1，9 代表高音 2……)，低音用−1～−7 表示(−1 代表低音 1)，因此中音音符的频率就是 freq[song[i]]，高音的频率可用 freq[song[i]%7]＊2 计算得出，低音频率可用 freq[-song[i]]/2 得出。

数组 div[]存储几分音符的"几"。比如，若为 8 分音符，则存储 8；若为 4 分音符，则存储 4；全音符则存储 1。

实际演奏时，可以降 8 度演奏(将频率减为原来的 1/2)，声音更低沉。

程序如下：

```
#include<stdio.h>
#include<dos.h>
void mysound(unsigned int freq, int times)
                              //times 是音符演奏时间相比十六分音符的倍数
{
    int i;
    union {
        int divisor;
        char c[2];
    }count;
    char bits;
    count.divisor=1193180/freq;
    outportb(0x43, 0xb6);
    outportb(0x42, count.c[0]);
    outportb(0x42, count.c[1]);
    bits=inportb(0x61);
    outportb(0x61, bits|3);
```

```
    for(i=0; i<times; i++)
        delay(25000);
    outportb(0x61, bits&0xfc);
    outportb(0x61, bits);
}
int main()
{
    int freq[8]={0,262,294,330,349,392,440,494};
    int song[]={5,3,5,8,6,8,6,5,5,1,2,3,2,1,2,
                5,3,5,8,8,7,6,8,5,5,2,3,4,4,-7,1, 0};
    int div[]={4,8,8,2,4,8,8,2,4,8,8,4,8,8,1,
               4,8,8,4,8,8,4,4,2,4,8,8,4,8,8,1,0};    //几分音符
    unsigned int f;
    int times, i;
    for(i=0; song[i] ; i++){
        if(song[i]<0)
            f=freq[-song[i]]/2;
        else
            if(song[i]>7)
                f=freq[song[i]%7] * 2;
            else
                f=freq[song[i]];
        times=16/div[i];        //演奏时间相比十六分音符的倍数
        mysound(f,times);       //若频率为 f/2,是降 8 度演奏
    }
    return 0;
}
```

例 10.3 对例 10.2 的修改。

考虑到实际谱子中有休止符,还有附点“.”,故将 div 数组改为 float 型,数组中的 4.5 表示 4 分音符再延长 0.5 倍时间,共 1 拍半,其他情况类似。再考虑到如果相邻的两个音符相同,那么在演奏时两者之间应该有一个小的间隔,故对程序又做了一些修改,修改后的曲子改用降 E 调演奏(每个音符的频率乘上 $1.0594631^3=1.189207$),共演奏 16 小节。

程序代码请参阅配套资源。

习 题 10

1. 什么是端口地址?

2. I/O 端口的两种编址方式有什么优缺点?

3. 编程:设 a、b、c 都是变量,存储的是端口地址。从地址分别是 a 和 b 的两个端口各读取一个字节组成一个字,写到地址为 c 和 c+1 的端口中去。

第 11 章 chapter 11

中断服务程序

本章内容提要：

- 中断服务程序的编写；
- 中断服务程序的安装；
- 中端服务程序的激活。

本章介绍中断服务程序的编写、安装和激活的方法，并给出硬中断和软中断两个实例。

11.1 硬中断和软中断

PC 有两种类型的中断：硬中断和软中断，不论是硬中断还是软中断，每种中断都有一个类型号。

11.1.1 硬中断

由硬件引起的中断称为硬中断（或外中断）。80x86 CPU 有两条中断请求引脚 INTR 和 NMI，用于传送外部设备送来的中断请求信号，引脚 INTR 上引发的中断为可屏蔽中断，引脚 NMI 上引发的中断为非屏蔽中断。

1. 可屏蔽中断

可屏蔽中断（INTR）受标志寄存器的中断标志位 IF（Interrupt Flag）控制，当 IF 为 1 时，允许 CPU 响应中断；IF 为 0 时，可屏蔽中断的请求被禁止，CPU 不响应中断。TC 中，中断标志位 IF 可由函数 enable()置为 1 或由函数 disable()置为 0，它们的原型是

```
void enable();
void disable(),
```

上面两个函数的定义都在头文件 dos. h 中。

2. 非屏蔽中断

非屏蔽中断（NMI）不受中断标志位 IF 的影响，是不可屏蔽的。非屏蔽中断一般用

来处理系统的重大故障,用户通常不能使用。

11.1.2 软中断

由于执行指令而引起的中断称为软中断,能引起软中断的情况有几种,TC 中的 geninterrupt()函数便可引起软中断。

11.2 中断向量表的写入

中断向量是指中断服务程序的入口地址(包括段基址和偏移量),每个中断向量占据 4 字节的空间,低位的两字节存储偏移量,高位的两字节存储段地址。

中断向量表是中断服务程序的入口地址表,占据系统内存中最低端 1KB(00000H～003FFH)空间,按照中断类型号从小到大的顺序存储对应的中断向量,总共存储 256(00H～FFH)个中断向量。

在计算机启动的时候,BIOS 将基本的中断向量填入中断向量表,包括 0～7FH 一段。待 BIOS 引导 DOS 到内存后,DOS 得到系统控制权,它又要将一些中断向量填入表中,还要修改一部分 BIOS 的中断向量。

表中的一些中断向量,用户可用在自己的程序中,比如 60～67H 号中断。另外,180～19FH 一段是专门为用户保留的,可用作用户的软中断。其方法是:若用户想使用 60H 号软中断,则首先要编好中断服务程序,然后在中断向量表的 180H(4 * 60H＝180H)和 181H 处填入中断服务程序的偏移地址,在 182H 和 183H 处填入段地址,最后在程序中调用函数 geninterrupt(0x60),便可执行用户编写的中断服务程序。

11.3 中断服务的实现

用 TC 实现中断服务的方法可分 3 步:编写中断服务程序,安装中断服务程序,激活中断服务程序。

11.3.1 中断服务程序的编写

中断服务程序的目的是:当产生中断、脱离被中断的程序后,去执行中断服务程序,从而完成某项工作。

由于产生中断时,必须保存被中断的程序在中断时的一些现场数据(这些值都在寄存器中,若不保存,当中断服务程序用到这些寄存器时,它们的值将被改变),以便恢复中断时使这些值复原,继续执行原来中断了的程序,所以 TC 专门提供了一种新的函数类型:interrupt。该类型的函数执行前会首先保存参数所对应的各寄存器的值,而在该函数结束,即中断恢复时,再复原它们的值。因此,用户的中断服务程序必须定义成这种类型的函数。假设中断服务程序名为 myp,则必须将这个函数说明成下面的样子:

```
void interrupt myp(unsigned bp, unsigned di, unsigned si, unsigned ds, unsigned
es, unsigned dx, unsigned cx, unsigned bx, unsigned ax, unsigned ip, unsigned cs,
unsigned flags);
```

注意：interrupt 是函数类型，不是返回值类型，该类型函数的返回值类型是 void。

若程序在小模式下运行，只占用一个段，在中断服务程序中用户就可以像使用无符号整型变量一样来使用这些寄存器。

若在中断服务程序中不使用上述寄存器，也就不会改变这些寄存器原来的值，因而也就不需保存它们，这样，在定义这种中断类型的函数时，可不写这些寄存器参数，而写成

```
void interrupt myp()
{
    …
}
```

说明：参数的个数由实际情况决定，需要保存几个寄存器的值，就写几个参数。

注意：对于硬中断，在中断服务程序结束前，要送中断结束命令字给系统的中断控制寄存器，其口地址为 0x20，中断结束命令字也为 0x20，即

```
outportb(0x20,0x20);
```

在中断服务程序中，若不允许别的优先级较高的中断打断它，则要禁止中断，可用函数 disable()来关闭中断，若允许中断，则可用开中断函数 enable()来打开中断。

11.3.2 中断服务程序的安装

定义了用于中断服务的函数后，还需将这个函数的入口地址填入中断向量表中，以便产生中断时程序能转入中断服务程序去执行。为了防止正在改写中断向量表时又产生别的中断而导致程序混乱，应先关闭中断，当改写完成后，再开放中断。一般定义一个安装函数来实现这些操作，例如：

```
void install(void interrupt (* faddr)(),int inum)
{
    disable();
    setvect(inum,faddr);
    enable();
}
```

其中 faddr 是中断服务程序的入口地址，即中断服务程序函数名，inum 表示中断类型号。setvect()是 dos. h 中定义的一个函数，setvect(inum,faddr)会使第 inum 号中断向量指向 faddr()函数，当然，faddr()必须是一个 interrupt 类型的函数。上述定义的 install()函数可以把中断服务程序入口地址填入到 inum 号中断向量中去。

dos.h 中还定义了一个函数 getvect(),getvect(inum)会返回第 inum 号中断向量,即 inum 号中断服务程序的入口地址(4B 的 far 地址)。getvect()使用的方式为

```
ivect=getvect(intnum);
```

其中 ivect 是一个指向函数的指针变量,其定义应是 void interrupt (*ivect)()。

setvect()和 getvect()的原型分别是

```
void setvect(int inum, void interrupt (*p)()));
void interrupt (*getvect(int inum))();
```

11.3.3 中断服务程序的激活

安装完中断服务程序之后,如何产生中断,从而执行这个中断服务程序?

对硬件中断,需要在相应的中断请求线(IRQi,i=0,1,2,…,7)产生一个由低到高的中断请求电平以便产生中断,这个工作需要由接口电路完成,可通过发命令(outportb(口地址,命令))来实现。

对于软中断,有如下几种调用方法。

1. 使用库函数 geninterrupt(中断类型号)

在主函数中适当的地方,用 setvect()函数将中断服务程序的地址写入中断向量表中,然后在需要调用的地方用 geninterrupt()函数调用。

2. 直接调用

若已用 setvect(类型号,myp)设置了中断向量值,则可直接调用

`myp();` 或 `(*myp)();`

3. 在 TC 程序中插入汇编语句的方法来调用

```
setvect (inum,myp)
...
asm int inum;
...
```

这种方法在生成执行程序时比较麻烦。

实现中断服务通常分为上面介绍的 3 步,但有些情况下,比如用户改写了系统已定义过的中断向量,用新的中断服务程序代替了原来的中断服务程序,为了在主程序结束后恢复原来的中断向量以指向原中断服务程序,通常要在主程序开始时存下原中断向量的内容,当主程序要结束时,再恢复原来的中断服务入口地址。

例如,DOS 已定义了 0x1c 中断的服务程序入口地址,但它是一条无作用的中断服务,因而可以利用 0x1c 中断来完成一些用户想执行的操作:

```
…
//存储原来的中断向量
void interrupt (* ivect)();
ivect=getvect(0xlc);
//设置新的中断向量
setvect(0xlc,myp);          //myp是用户编写的中断服务程序
…
//恢复系统原来的中断向量表
setvect(0xlc,ivect);
…
```

最后简要说明一下DOS系统重入问题。DOS是单用户单任务操作系统。如果程序在执行的过程中被打断，程序当时的运行环境就有可能被后面的程序所破坏。

当产生中断时，CPU立即中止当前的程序去执行中断服务程序，如果在中断服务程序中又有对DOS中断的调用(如DOS的INT 21H中断)，就会重写环境全局变量(例如程序段前缀PSP就会被改成正在执行的中断程序的PSP)，这样原来的环境就会被破坏，原来的程序也就无法正确执行，当中断调用完成并返回后，用户得到的结果是出乎意料的。所以在编写中断服务程序时应该避免DOS系统功能调用，在C语言的中断服务程序中不应该出现malloc()、printf()、sprintf()等函数。

11.4 中断服务程序举例

例11.1 类似秒表的硬中断演示程序。

我们知道PC系统以每秒18.2次的频率进行时钟硬中断，这个中断周而复始地进行着，在它的中断服务程序中除了进行时钟计数和磁盘驱动器超时检测控制外，还要进行一次0xlc的软中断调用。0xlc软中断只有一条返回指令，不做什么事情，因而我们可以改写它的内容，使其变为一个有用的软中断服务程序。

本例中，将中断0xlc对应的中断服务程序改为自编的程序，使之每秒被调用18.2次。在软中断服务程序中，对中断的次数进行计数，每到18次时，在屏幕的右上角开一个小窗口，在窗口的中间位置依次显示0～9十个数字(只显示0～9)，频率接近于秒表数(计时并不准确)。

```
#include "stdio.h"
#include "conio.h"
#include "dos.h"

unsigned intsp, intss;
unsigned ss;

void interrupt (* oldtimer)();
void interrupt newtimer();
void install();
void on_timer();
```

```
void goxy();
void prt();
int main()
{
    char ch;
    clrscr();
    printf("\nPlease select:\n");
    printf("0-----old interrupt\n");      //按 0 停表,保持原值
    printf("1-----new interrupt\n");      //按 1 开始或继续走表
    printf("q-----quit\n");               //按 q 退出程序
    on_timer();
    while(1) {
      ch=getch();
      switch(ch) {
        case '0':
                install(oldtimer);
                break;
        case '1':
                install(newtimer);
                break;
        case 'q':
                install(oldtimer);
                system("cls");          //清屏,不能用 clrscr();
                exit(1);
        default:
                printf("%c",ch);
      }
    }
    return 0;
}
void on_timer()
{
    ss=_SS;                              //保存 SS 寄存器数据
    oldtimer=getvect(0x1c);              //获取原 0x1c 中断向量
}

void install(void interrupt(* faddr)())
{
    disable();
    setvect(0x1c,faddr);                 //设置新中断向量
    enable();
}
```

```
void interrupt newtimer()
{
    static int n=0, sec=0;                  //n 记录中断次数,sec 是要显示的秒数
    (*oldtimer)();                          //执行原来的软中断程序
    disable();
    intsp=_SP;                              //保存 SP 和 SS 原值
    intss=_SS;
    _SP=1500*16;                            //设置 SP 和 SS 为新值
    _SS=ss;
    enable();
    window(50, 1, 54, 3);
    textcolor(YELLOW);
    textbackground(RED);
    n+=1;                                   //次数加 1
    if(n==18){                              //满 18 次,显示秒数
        sec++;                              //秒数加 1
        if(sec>9)                           //超过 9,显示 0
            sec=0;
    n=0;                                    //中断次数重新开始计数
    clrscr();
        gotoxy(3, 2);
        prt(sec+48);                        //显示数字字符,传递 ASCII 码
    }
    disable();
    _SP=intsp;                              //恢复 sp、ss 的原值
    _SS=intss;
    enable();
}

void goxy(int x, int y)                     //移动光标
{
    union REGS rg;
    rg.h.ah=2;
    rg.h.dl=y;
    rg.h.dh=x;
    rg.h.bh=0;
    int86(0x10, &rg, &rg);
}

void prt(char c)                            //显示字符
{
    union REGS rg;
    rg.h.al=c;
    rg.h.ah=14;
```

```
    int86(0x10, &rg, &rg);
}
```

这是一个利用硬中断自动产生软中断的例子,因此在程序中没有使用 geninterrupt(0x1c)显式地激活软中断。

例 11.2 用 geninterrupt()函数产生中断。

本例中编写了一个 beep()中断服务程序用来发声,然后在程序中通过 geninterrupt()函数调用该中断程序产生软中断。

```
#include <dos.h>
#include "stdio.h"
#include "conio.h"
int main()
{
    void interrupt beep();
    void install();
    void testbeep();
    char ch;
    install(beep,0x0a);
    testbeep(0x0a);
    return 0;
}

void interrupt beep(unsigned bp, unsigned di, unsigned si, unsigned ds, unsigned
es, unsigned dx, unsigned cx, unsigned bx, unsigned ax)
{
    int i, j;
    char bits;
    outportb(0x43, 0xb6);
    outportb(0x42, 132);        //送低 8 位 10000100
    outportb(0x42, 3);          //送高 8 位 00000011 两字节值: 910,频率 131
    bits=inportb(0x61);
    outportb(0x61, bits|3);
    getch();
    outportb(0x61, bits&0xfc);
    outportb(0x61, bits);
}

void install(void interrupt(* faddr)(), int inum)
{
    disable();
    setvect(inum, faddr);
    enable();
}
```

```
void testbeep(int inum)
{
    clrscr();
    printf("Press any key to exit\n");
    geninterrupt(inum);
}
```

习 题 11

1. 要实现中断服务，通常需要做哪些工作？
2. 中断服务程序定义的一般格式是什么？
3. 如何允许或关闭中断？
4. 怎样安装中断？如何得到一个中断号的中断向量？
5. 怎样激活中断？TC中通常用哪种方法？

第12章 chapter 12

C作图与图形处理

本章内容提要：

- 图形初始化；
- 图形编程函数；
- 动画效果的实现；
- VRAM的读写。

TC具有丰富的作图功能。本章介绍图形方式编程的程序框架、基本图形的绘制、图形方式下的文本输出、VRAM的读写以及在图形方式下动画效果的实现等内容。

12.1 图形系统的初始化及基本框架

显示器实际上有两种工作方式：文本方式和图形方式(作图方式)。文本方式是默认的工作方式，用来显示文字，以字符为单位；图形方式用来显示图形，以像素为单位(1像素即屏幕上的一个点)。两种方式可以互相转换。

编写作图程序前，通常都要把屏幕设置为图形方式，当然，在作图程序结束时都要把显示器恢复成原来的显示方式——文本方式。

12.1.1 初始化图形系统

初始化图形系统实际上就是对显示适配器(显卡)进行初始化，使之工作在图形方式。所用的初始化函数是initgraph()，其原型是

```
void initgraph(int * gdriver, int * gmode, char * driver_path);
```

该函数在头文件graphics.h中定义，因此编写作图程序必须包含这个头文件，该文件包含了所有绘图函数的定义以及相关的数据结构和常量。

initgraph()函数的前两个参数是整型指针变量，它们分别对应显示适配器的类型和显示方式，目前绝大多数显示适配器的类型都是VGA，它支持的模式和分辨率如表12-1所示。

表 12-1 VGA的显示模式和分辨率

显示模式	分辨率	颜色数	标识符
0	640×200	16	VGALO
1	640×350	16	VGAMED
2	640×480	16	VGAHI

initgraph()函数的第3个参数用来指明显示驱动程序所存储的路径，指向驱动程序的路径名可以是全路径名，也可以是空字符串。若是空字符串则表示驱动程序就在当前目录下。现在常用的显示适配器的类型基本都是VGA，在TC中，其驱动程序是EGAVGA.BGI。若该驱动程序不在当前目录中，则应在第3个参数中显式地把驱动程序的位置写出来，如

```
initgraph(&gdriver, &gmode, "C:\\TC");
```

作图时，常用下面的代码对显示适配器进行初始化：

```
int gdriver, gmode;
gdriver=VGA;
gmode=VGAHI;
initgraph(&gdriver, &gmode, "");          //初始化图形系统
```

或者

```
int gdriver,gmode;
gdriver=DETECT;                           //设置为自检模式
initgraph(&gdriver, &gmode, "");          //初始化图形系统
```

上面代码中 gdriver=DETECT;的作用是让系统自动检测显示适配器的类型，并将分辨率置为最高。

注意：程序最后形成的可执行文件(exe文件)如果要复制到别的计算机上运行，必须保证该计算机有显示驱动程序存在，且在程序指定的目录中。

12.1.2 图形系统的关闭以及两种显示方式的转换

作图之前要将显示适配器初始化为作图方式，而在作图之后则要关闭作图方式以便使显示器恢复成文本方式，这个工作由函数 closegraph()完成，其调用方式是

```
closegraph();
```

作图程序中，initgraph()和 closegraph()两个函数总是成对出现的。

说明：还有一个函数 restorecrtmode()也可以使显示方式变回文本方式，与closegraph()不同的是，它并不释放内存中的显示驱动程序和字符集，仅仅是暂时回到文本方式，随时可用 setgraphmode()函数重新回到作图方式；而 closegraph()则是释放驱动程序和字符集，需要作图时必须重新用 initgraph()函数载入。

restorecrtmode()和 setgraphmode()的原型是

```
void far restorecrtmode();
void far setgraphmode(int mode);        //mode 一般取 VGAHI
```

后者在转回作图方式的同时还具有清屏功能。

顺便介绍一下清屏函数,其原型是

```
void far cleardevice();
```

12.1.3 程序的基本框架及实例

下面的代码就是一个最简单、最基本的绘图程序框架:

```
#include<graphics.h>     //包含绘图头文件
int main()
{
    int gdriver=DETECT;
    int gmode;
    initgraph(&gdriver, &gmode, "");
    cleardevice();           //本行可省略
    /***********************************/
    /*                                 */
    /*        此处加入绘图代码           */
    /*                                 */
    /***********************************/
    closegraph();
    return 0;
}
```

这是绘图程序的基本框架,每个作图程序基本上都要写这些代码。

例 12.1 下面的绘图程序是一个实例,完成了一个圆的绘制。和上面的框架所不同的是,它添加了错误检测功能。图形程序中最常犯的错误是找不到显示驱动程序。函数 graphresult()的返回值可以用来判断是否完成了图形的初始化。

```
#include <graphics.h>
int main()
{
    int gmode, gdriver=DETECT;
    int gerror;
    initgraph(&gdriver,&gmode,"");
    gerror=graphresult();
    if(gerror<0){              //如果出错,打印错误信息
        printf("Graphics initialization error.");
        printf("%s", grapherrormsg(gerror));
        return 1 ;
```

```
    }
    setcolor(RED);              //设置颜色
    circle(320, 240, 50);       //画圆
    getch();                    //等待用户按一个键后继续
    closegraph();
    return 0;
}
```

12.2 图形系统中的像素与坐标

12.2.1 像素及坐标

在图形方式下，屏幕的基本单位是像素。像素可以看作屏幕上能看到的一个个"点"，它们用坐标进行定位，坐标原点位于屏幕的左上角，屏幕的横向为 X 轴，纵向为 Y 轴，如图 12-1 所示。通常情况下，横向有 80 字节(640 个位)，纵向有 25 个字符行(每字符行有 8 行扫描线)。屏幕分辨率不同时，以上的值也会不同。

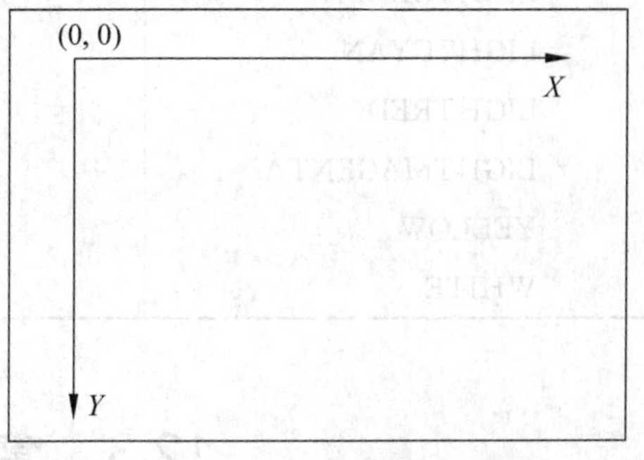

图 12-1　作图方式下显示器的坐标系

作图方式下，可以使用 getmaxx()和 getmaxy()两个函数获得坐标系中 X、Y 两个方向坐标的最大值。它们的函数原型为

```
int far getmaxx(void);
int far getmaxy(void);
```

12.2.2 像素函数及像素的颜色

像素是图形的基本元素，其他图形比如线、矩形、圆、表、纹理等都是由像素组成的。TC 中有两个函数可对像素进行操作，这便是 putpixel()和 getpixel()。putpixel()可以在指定位置用指定颜色显示一个像素，而 getpixel()用来返回屏幕上指定位置像素的当前颜色。这两个函数的原型分别是

```
void far putpixel(int x, int y, int color);
int far getpixel(int x, int y);
```

作图所用颜色定义如表 12-2 所示。

使用函数时，颜色 color 既可用符号常量(即颜色名)表示，也可用数值表示，下面两行代码是等价的：

```
putpixel(100, 200, BLUE);
putpixel(100, 200, 1);
```

表 12-2 作图所用颜色符号常量及数值

符号常量	数值	含义
BLACK	0	黑色
BLUE	1	蓝色
GREEN	2	绿色
CYAN	3	青色
RED	4	红色
MAGENTA	5	洋红色
BROWN	6	棕色
LIGHTGRAY	7	淡灰色
DARKGRAY	8	深灰色
LIGHTBLUE	9	淡蓝色
LIGHTGREEN	10	淡绿色
LIGHTCYAN	11	淡青色
LIGHTRED	12	淡红色
LIGHTMAGENTA	13	淡洋红色
YELLOW	14	黄色
WHITE	15	白色

12.3 常用图形函数

12.3.1 画点函数

画点和取某点颜色的函数：

```
void far putpixel(int x, int y, int color);        //在指定位置按指定颜色画一个点
int far getpixel(int x, int y);                    //返回指定像素的颜色值
```

12.3.2 有关画图坐标位置的函数

在纸上画线，画笔要放在开始画图的位置，并经常要抬笔移动，以便到另一位置再做画图动作。在屏幕上画图时，其实也有一个无形的画笔，编程时经常需要控制它的定位、移动。控制画笔移动的函数有以下几个。

1. 移动画笔到指定的(x,y)位置

```
void far moveto(int x, int y);
```

2. 移动画笔从现行位置(x,y)到某一位置增量处(x+dx,y+dy)

```
void far moverel(int dx, int dy);
```

3, 得到当前画笔的 *X* 坐标

```
int far getx();
```

4. 得到当前画笔的 *Y* 坐标

```
int far gety();
```

12.3.3 画线函数

下面几个函数都是用来画直线的。

1. 两点之间画线

```
void far line(int x1, int y1, int x2, int y2);
```

从(x1,y1)到(x2,y2)画一直线。

2. 从画笔位置到某点画线

```
void far lineto(int x, int y);
```

从画笔当前位置到(x,y)处画一直线。

3. 从画笔位置到某一增量位置画线

```
void far linerel(int dx, int dy);
```

从画笔当前位置到位置增量处画一条直线。若画笔原来位置是(x,y),则直线将从(x,y)画到(x+dx,y+dy)。

说明:3 个画线函数与画笔当前位置的关系如下:

(1) 函数 line()与画笔当前位置无关,并且画线后不改变画笔原来的位置。

(2) 函数 lineto()和 linerel()与画笔当前位置有关:①以画线前画笔的位置作为直线的起点;②画线后画笔的位置变成了当前位置。

12.3.4 画圆、椭圆和扇形函数

1. 画圆

```
void far circle(int x, int y, int radius);
```

以(x,y)为圆心、radius 为半径画一个圆。

2. 画椭圆

```
void far ellipse(int x,int y,int stangle,int endangle,int xradius,int yradius);
```

以(x,y)为中心、xradius 和 yradius 为 X 轴和 Y 轴半径,从起始角 stangle 开始到终止角 endangle 结束,画一椭圆线。若 stangle=0,endangle=360,则画完整椭圆。

3. 画圆弧

```
void far arc(int x, int y, int stangle, int endangle, int radius);
```

以(x,y)为中心、radius 为半径,从起始角 stangle 到终止角 endangle 画一圆弧。

4. 画扇形图

```
void far pieslice(int x, int y, int stangle, int endangle, int radius);
```

以(x,y)为中心、radius 为半径,从起始角 stangle 到终止角 endangle 画一个扇形图。若不指定填充模式和填充颜色,则以默认模式进行。指定填充模式和填充颜色的方法见 12.3.8 节中的介绍。

12.3.5 画矩形和条形图函数

1. 画矩形

```
void far rectangle(int x1, int y1, int x2, int y2);
```

以(x1,y1)为左上角,以(x2,y2)为右下角画一个矩形。

2. 画条形图

```
void bar(int x1, int y1, int x2, int y2);
```

以(x1,y1)为左上角,以(x2,y2)为右下角画一个实形条状图,没有边框,图的颜色和填充模式可以设定,若不设定则使用默认模式。

12.3.6 颜色控制函数

1. 设置前景色

```
void far setcolor(int color);
```

以所选的 color 为前景色(显示点、线、面所用的颜色),默认的前景色是白色。关于 color 的取值可参阅 12.2 节中的表 12-2。

2. 设置背景色

```
void far setbkcolor(int color);
```

以所选的 color 为背景色(衬托点、线、面背景的颜色),默认的背景色是黑色。

3. 返回当前绘图颜色

```
int far getcolor(void);
```

4. 返回当前背景颜色

```
int far getbkcolor(void);
```

12.3.7 线形控制函数

画线、圆和框时,可设定线的形状和粗细,所用函数是

```
void far setlinestyle(int linestyle,unsigned upattern,int thickness);
```

函数的第一个参数 linestyle 用来指定线的形状,可取值及含义如表 12-3 所示。

表 12-3 线形可取的数据

符号常量名	值	含 义
SOLID_LINE	0	实线
DOTTED_LINE	1	点线
CENTER_LINE	2	中心线
DASHED_LINE	3	点画线
USERBIT_LINE	4	用户自定义线

函数的第 3 个参数 thickness 用来指定线的宽度,可取值见表 12-4。

表 12-4 线宽可取的数据

符号常量名	值	含 义
NORM_WIDTH	1	1 个像素宽
THICK_WIDTH	3	3 个像素宽

函数的第二个参数 upattern 只有在用户取自定义线形时才起作用。

当参数 linestyle 不是 USERBIT_LINE(即 4)时,upattern 取 0 值。当 linestyle 是 USERBIT_LINE(即 4)时,upattern 通常是一个非 0 值(16 位),表示一条 16 像素线段的形状,若 upattern 某一位的二进制数是 1,则该线段上与之对应的像素用前景色显示,若为 0 则不显示。该线段便是此后画线的线形。

例如,若 upattern 值为 0xE4E4,则线段如图 12-2 所示。

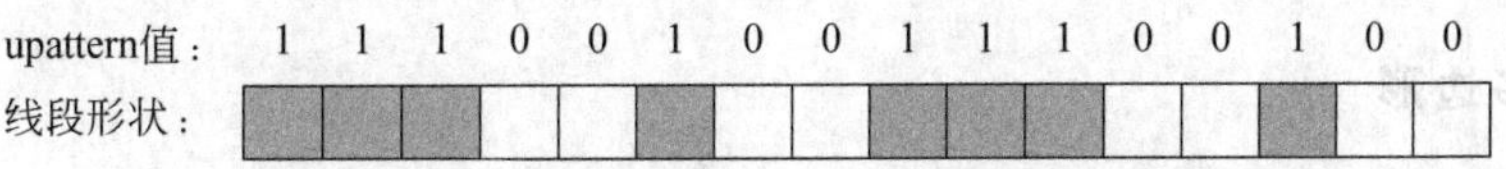

图 12-2 用 setlinestyle(4,0xE4E4,1)设置的线形

12.3.8 填充函数以及与填充有关的函数

1. 设置填充模式和填充颜色

```
void far setfillstyle(int pattern, int color);
```

可指定填充图形时所用的填充模式和颜色。可取的填充模式值为0～12,代表不同的填充形状(点、横线、竖线、斜线、网格线等),可取的颜色值为0～15。

2. 填充任意封闭区域

```
void far floodfill(int x, int y, int border);
```

将对点(x,y)所在的、以border为边界色的封闭区域用事先设置或默认的填充模式和颜色进行填充。

注意：该函数执行时有可能出现下列情况：

(1) 若(x,y)在边界上,则区域得不到填充。

(2) 若图形不封闭,则填充会扩大到别的地方,即染料会溢出。

(3) 若(x,y)在封闭区之外,则会对封闭区外进行填充,对内不填充。

(4) border指定的颜色若与图形实际的边界颜色不一致,则燃料也会溢出。

后面的5个函数是与填充有关的作图函数,用它们作图时会自动填充作图区域。

3. 画条形图

```
void bar(int x1, int y1, int x2, int y2);
```

4. 画三维条形图

```
void far bar3d(int left, int top, int right, int bottom, int depth, int topflag);
```

topflag=0时,不画顶盖;topflag非0时,画出顶盖。参数depth的含义是三维的深度,见图12-3。

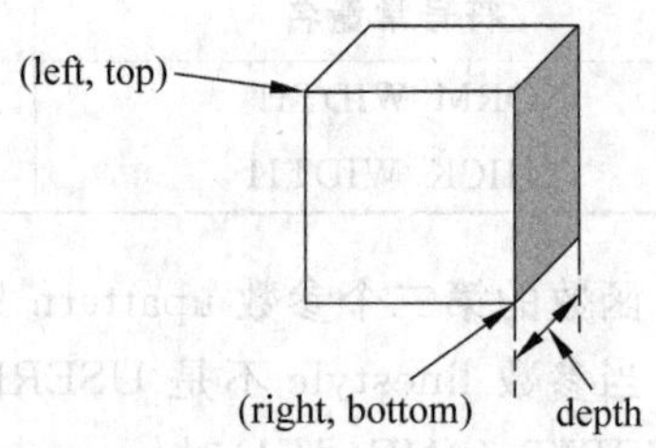

图12-3 bar3d函数topflag非0时各参数的含义

5. 画扇形图并填充

```
void far pieslice(int x, int y, int stangle,
int endangle, int radius);
```

6. 画椭圆扇区并填充

```
void far sector(int x, int y, int stangle, int
endangle, int xradius, int yradius);
```

7. 画多边形

```
void far fillpoly(int numpoints, int far *polipoints);
```

参数numpoints代表多边形的顶点数,各顶点的坐标由polypoints给出,它所指的区域存有 numpoints 对坐标。

若起始点和终止点数据相同，则多边形边数等于 numpoints −1。

例如，画一个四边形，并用红色填充，可用下面的代码：

```
int d[]={50,300, 200,100, 350,60, 500,350,50,300};
setfillstyle(1, RED);
fillpoly(5, d);
```

12.4 图形方式下的文本输出函数

TC 提供了一些专门用在图形方式下的文本输出函数。它们可用于设置输出位置、输出字型、字体大小及输出方向等。

1. 当前位置文本输出

```
void far outtext(char far * textstring);
```

该函数在当前位置输出由字符指针 textstring 所确定的字符串，函数参数可以是指针，也可以是字符串常量，如 outtext("hello")。

2. 定位文本输出

```
void far outtextxy(int x, int y, char far * textstring);
```

该函数在指定位置(x,y)处输出字符串。

3. 文本属性设置

```
void far settextstyle (int font, int direction, char size);
```

其中 font 为字体，可取值见表 12-5。

表 12-5 可选的 font 值

符号常量名	值	含 义
DEFAULT_FONT	0	8×8 点阵字符
TRIPLEX_FONT	1	三倍笔画体
SMALL_FONT	2	小字笔画体
SANSSERIF_FONT	3	无衬线笔画体
GOTHIC_FONT	4	黑体笔画体

direction 为字符的排列方向：0 代表横向排列，1 代表竖向排列。

size 用来指定字体大小，可用整数做参数，实际输出的字体点阵数是 $x\times x$，其中 $x=$ size×8。

4. 设置文本输出位置

```
void far settextjustify(int horiz, int vert);
```

该函数为图形函数设置文本的对齐方式。其中 horiz 为水平方向对齐方式,可取的常量是 LEFT_TEXT、CENTER_TEXT、RIGHT_TEXT,可以用 0～2 代替;vert 为竖直方向对齐方式:对应的常量是 BOTTOM_TEXT、CENTER_TEXT、TOP_TEXT,也可以用 0～2 代替。

12.5 屏幕操作函数及动画基本知识

程序设计中经常使用动画。动画设计的原理与电影类似,利用了人视觉暂留的特点,即人眼对动态图像仅能分辨出时间间隔为 1/24s 左右的变化,如果图像变化太快,则人眼无法分辨。利用这个特点,在程序设计中可以在屏幕上画出一幅图像,然后将该图像一张张快速呈现在屏幕不同的地方,从视觉效果上看,这些画面就如同在连续变化一样,给人以移动的感觉。

12.5.1 常用的屏幕操作函数

1. 存屏幕图像到内存区

```
void far getimage(int x1, int y1, int x2, int y2, void far * bitmap);
```

该函数的功能是把屏幕上以(x1,y1)为左上角、(x2,y2)为右下角的矩形区域内的图像保存到指针 bitmap 所指的内存区域中。

2. 测定图像所占字节数

```
unsigned far imagesize(int x1, int y1, int x2, int y2);
```

该函数用来测试以(x1,y1)为左上角、(x2,y2)为右下角的矩形区域内的图像存到内存中所需空间的大小。

3. 将所存图像进行处理后显示到屏幕指定区域

```
void far putimage(int x1, int y1, void far * bitmap, int op);
```

该函数把指针 bitmap 所指内存中所装的图像与屏幕现有的以(x1,y1)为左上角、与内存中图像同样大小的图像进行 op 所规定的操作,然后显示在屏幕上。op 操作及含义如表 12-6 所示。

表 12-6 可用的 op 操作

符号名	值	含 义
COPY_PUT	0	复制
XOR_PUT	1	进行“异或”操作
OR_PUT	2	进行“或”操作
AND_PUT	3	进行“与”操作
NOT_PUT	4	进行“非”操作

4. 图视口设置

```
void far setviewport(int x1, int y1, int x2, int y2, int clipflag);
```

该函数用来设置一个图视口,(x1,y1)为图视口的左上角,(x2,y2)为右下角,它们都以屏幕的物理坐标为基准点。clipflag 参数若为非 0,则所画图形超过图视口的部分将被裁剪而不显示;若 clipflag 为 0,则超出图视口的部分仍将显示出来,不被裁剪。

注意:

① 设置图视口后,在图视口中作图时,坐标原点是图视口的左上角。

② 若设置多个图视口,则只有最后设置的图视口有效,即任何时刻屏幕上都只能有一个图视口。

5. 图视口图像清除

```
void far clearviewport();
```

该函数用来清除当前图视口内的图像(图视口还在)。

6. 取图视口信息

```
void far getviewsettings(struct viewporttype far * viewport);
```

该函数取得当前设置的图视口的信息,并存于由结构体 viewporttype 定义的变量中(viewport 指向该变量)。结构体 viewporttype 定义如下:

```
struct viewporttype{
    int left;
    int top;
    int right;
    int bottom;
    int clipflag;
};
```

7. 清屏

```
void far cleardevice();
```

画图前一般需清屏,使屏幕如同一张白纸。该函数作用范围为整个屏幕。

8. 时间延迟

```
void delay(unsigned milliseconds);
```

其功能是将程序的执行暂停一段时间(单位:毫秒)。

```
void sleep(unsigned seconds);
```

其功能是将程序的执行暂停一段时间(单位:秒)。

12.5.2 C语言动画设计的常用方法

1. 利用动态开辟图视口的方法

在图视口中画一个图形,然后让图视口位置变化,这样呈现在观察者面前的就好像图像在动态变化一样。

2. 利用显示页和编辑页的交替变化

VRAM通常可以存储要显示的图像的几个页(一幅满屏的图像为一页)。对于VGA的VGALO和VGAMED两种模式,TC只支持2页,而对VGAHI模式,仅支持1页。

当前的显示页和编辑页可以是同一页,也可以是不同的页。如果编辑页不是显示页,则在编辑页上所作的图不会显示出来,直到将它设置为显示页时才会显示;而如果编辑页同时又是显示页,则所作的图会马上显示出来。

设置编辑页和显示页的函数分别是

```
void far setactivepage(int pagenum);
void far setvisualpage(int pagenum);
```

其中pagenum是页号,从0开始计数。

利用显示页和编辑页可以分开操作的特点,可以呈现动画效果,其方法是:在编辑页上画好图形,立即令该页变为显示页,然后把上次的显示页设置成编辑页,进行画图,画好后,再使之变为显示页……如此反复,在观察者的视觉上就出现了动画效果。

3. 利用画面存储再重放的方法

先画好图像并用getimage()函数将图像存储到内存中,然后用putimage()把该图像按顺序依次显示到屏幕的不同位置,于是就出现了动画效果。这种方法比前两种方法都快。

4. 直接对图像动态存储器进行操作

利用显示适配器上控制图像显示的各种寄存器和图像存储器VRAM,对显示适配器进行直接操作和控制,从而可以高效快速地实现动画效果。

12.5.3 动画示例

例12.2 利用图视口设置技术实现一个立方体不断变换颜色并从左向右移动的动画效果。

```
#include <graphics.h>
#include <dos.h>
int main()
```

```
{
    int i, gdriver, gmode;
    gdriver=DETECT;
    initgraph(&gdriver, &gmode,"");
    cleardevice();
    do{
        for(i=0; i<50; i++){
            setfillstyle(1, i%15+1);
            setviewport(i*10, 200, i*10+100, 280, 1);
            setcolor(1);
            bar3d(10, 30, 60, 60,20,1);
            floodfill(50, 25, 1);
            floodfill(70, 50, 1);
            delay(500);
            clearviewport();
        }
    }while(!kbhit());
    closegraph();
    return 0;
}
```

例 12.3 利用屏幕图像存储重放技术实现一个圆从左到右移动的效果。

```
#include <graphics.h>
#include <dos.h>
#include <stdlib.h>
int main()
{
    int i, gdriver, gmode;
    void *p;
    unsigned int size;
    gdriver=DETECT;
    initgraph(&gdriver, &gmode,"");
    cleardevice();
    setfillstyle(1, 5);
    setcolor(1);
    circle(300, 200, 30);
    floodfill(300, 200, 1);
    size=imagesize(270, 170, 330, 230);
    p=malloc(size);
    if(p==NULL){
        closegraph();
        return 0;
    }
    getimage(270, 170, 330, 230, p);
    do{
        for(i=0; i<50; i++){
            cleardevice();
```

```
            putimage(10+i*10, 200, p, COPY_PUT);
            delay(500);
        }
    }while(!kbhit());
    free(p);
    closegraph();
    return 0;
}
```

12.6 VRAM的读写

在图形方式下,经常需要将屏幕上的图像暂时保存到磁盘上,让屏幕显示别的图形,待需要时再把原来的图像重新显示出来,这种技术非常重要,也非常实用。但是TC没有提供这样的函数,需要程序员自己编写。本节就介绍这方面的知识。

12.6.1 屏幕图形与VRAM的关系

PC显示时,正在显示的内容(字符或图像)都是以二进制方式存储在视频存储器(VRAM)中的。之所以能看到图像,是因为显示适配器上的一些部件把这些二进制信息转变成了模拟信号并且发送到显示器上。

由此可知,屏幕上显示的图像是由VRAM中的二进制数据决定的,因此,要存储图像只需把VRAM中的数据存储到文件中即可。存储这些数据等同于存储图像。当需要重新显示原来的图像时,打开文件把数据读出来重新写入VRAM,屏幕便会显示原来的图像。

VRAM是微机内存的一部分,它和内存统一编址,占用系统内存的一段地址区间。对于目前常用的VGA显示适配器,其VRAM的地址始于0xa000:0x0000。

12.6.2 VGA视频存储器的位面结构

VGA显示适配器的VRAM采用位面结构,即:将256KB的VRAM平均分成4个部分,每部分64KB,称作一个位面。这4个位面(位面0~3)使用相同的地址,总共占用64KB的地址区间。因此,VRAM中的一个地址实际上对应着4字节(每个位面1字节)。

VRAM的一个地址,在4个位面上各对应着1字节,所以,总共决定着屏幕上8个点的显示颜色。例如,假设地址0xa000:0x0000所对应的4个位面上的4字节的内容如图12-4所示,则屏幕最上面一行最左边的8个像素的颜色分别是蓝、绿、红、黄、白、白、白、黑。

其中4个位面上的D7位(分别是0、0、0、1)决定了第1个像素的颜色是蓝色,D6位上的数据(0010)决定了第2个像素的颜色是绿色……。VGA显示适配器用4位二进制数表示一种颜色,最多能显示16种颜色。

在0xa000:0x0000对应的这8个点之后,则是由0xa000:0x0001所对应的4字节决定的另外8个点,以此类推,直至屏幕右下角。

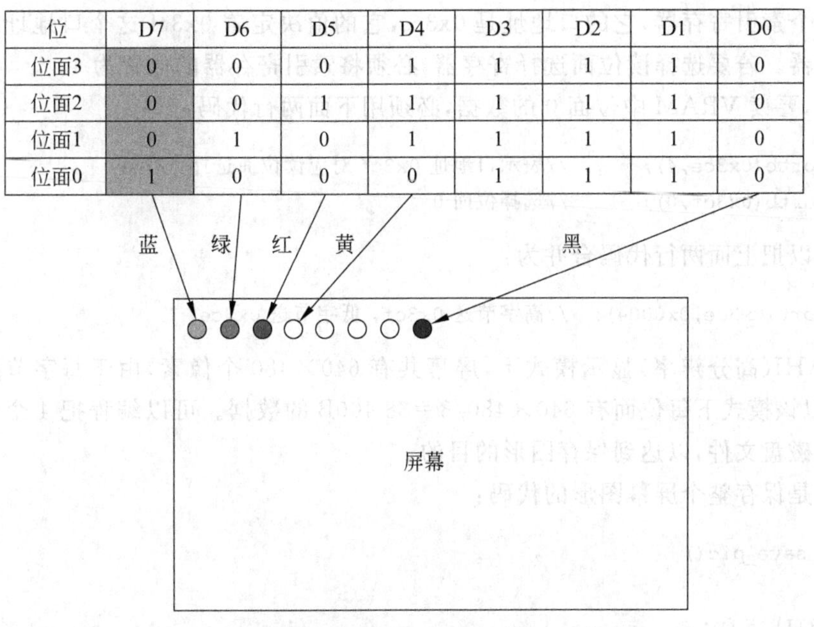

图 12-4 0xa000:0x0000 处数据对应的 8 个像素

12.6.3 将 VRAM 位面信息存入文件

由于 VGA 的 VRAM 采用位面结构，要存储屏幕图像就必须把 4 个位面的数据都写到文件中，但是一次只能读取一个位面上的数据，那如何选择要操作的位面？

在 VGA 图形适配器上有一个图形控制器，它含有许多内部寄存器，其中一个寄存器用作读位面选择寄存器，其口地址是 0x3cf，通过给它不同的数值，可以实现对位面的选择。例如，用代码 outportb(0x3cf,0)将读位面选择寄存器的值置为 0，就表示要读位面 0；若置为 1，则表示要读取位面 1……

但是，读位面选择寄存器是和其他 8 个寄存器共用一个口地址的（见表 12-7），如何让系统知道 outportb(0x3cf,0)是将 0 送入读位面选择寄存器而不是别的寄存器？这还

表 12-7 索引寄存器的值与寄存器的对应关系

索引寄存器的值（口地址 0x3ce）	对应的寄存器（口地址都是 0x3cf）
0	设置/清除寄存器
1	设置/清除允许寄存器
2	颜色比较寄存器
3	数据旋转移动与功能选择寄存器
4	读位面选择寄存器
5	方式寄存器
6	混合寄存器
7	颜色无关寄存器
8	位屏蔽寄存器

要用到一个索引寄存器,它的口地址是 0x3ce,它的值决定着 0x3cf 这个口地址对应的是哪个寄存器。若要选择读位面选择寄存器,必须将索引寄存器的值置为 4。

因此,要读 VRAM 中位面 0 的数据,必须用下面两行代码:

```
outportb(0x3ce,4);      //表示口地址 0x3cf 对应读位面选择寄存器
outportb(0x3cf,0);      //选择位面 0
```

也可以把上面两行代码合并为:

```
outport(0x3ce,0x0004);  //高字节送 0x3cf,低字节送 0x3ce
```

VGAHI(高分辨率)显示模式下,屏幕共有 640×480 个像素,由于每字节决定 8 个像素,所以该模式下每位面有 640×480/8=38 400B 的数据。可以编程把 4 个位面的数据都存入磁盘文件,以达到保存图形的目的。

下面是保存整个屏幕图形的代码:

```
void save_pic()
{
    FILE * fp;
    int i;
    long j;
    char far * p;
    fp=fopen("pic.dat","wb");
    for(i=0; i<4; i++){
        outportb(0x3ce, 4);
        outportb(0x3cf, i);
        p=(char far*)0xa0000000L;
        for(j=0; j<38400L; j++){
            fputc(*p, fp);
            p++;
        }
    }
    fclose(fp);
    outportb(0x3cf, 0);
}
```

最后一行 outportb(0x3cf,0)的作用是将读位面选择寄存器恢复成初始状态。

12.6.4 将文件图像信息写入 VRAM 位面

要将存储在文件中的图像重新显示到屏幕上,只需要将文件中的数据恢复到 VRAM 的 4 个位面上即可。

与读位面的操作相似,写 VRAM 时,也要先选择要操作的位面。而写哪些位面是由颜色位面写允许寄存器决定的。

VGA 显示适配器中的定序器中有 5 个寄存器共用一个口地址 0x3c5,颜色位面写允

许寄存器是其中的一个。选择该寄存器的方法是向索引寄存器(口地址 0x3c4)中送入一个索引值,表 12-8 所列是索引值与寄存器的对应关系。

表 12-8 索引寄存器的值与寄存器的对应关系

索引寄存器的值(口地址 0x3c4)	所对应的寄存器(口地址都是 0x3c5)
0	复位寄存器
1	时钟模式寄存器
2	颜色位面写允许寄存器
3	字符发生器选择寄存器
4	存储器模式寄存器

我们要用的是颜色位面写允许寄存器,应向索引寄存器送入 2:

```
outportb(0x3c4, 2);
```

然后将位面号送入颜色位面写允许寄存器(口地址 0x3c5)。

颜色位面写允许寄存器的低 4 位决定着 4 个位面是否可写,如表 12-9 所示,当某一位为 1 时表示它所对应的位面可写,为 0 时则不可写。

表 12-9 颜色位面写允许寄存器低 4 位的值以及含义

位	3	2	1	0
数值	1	0	1	1
含义	位面 3 可写	位面 2 不可写	位面 1 可写	位面 0 可写

下面是读取图像文件并写入 VRAM 的代码:

```
void load_pic()
{
    FILE * fp;
    int i, k=1;
    long j;
    char far * p;
    fp=fopen("pic.dat", "rb");
    for(i=0; i<4; i++){
        outportb(0x3c4, 2);
        outportb(0x3c5, k);
        p=(char far*)0xa0000000L;
        for(j=0; j<38400; j++){
            *p=getc(fp);
            p++;
        }
        k*=2;
    }
    fclose(fp);
```

```
    outportb(0x3c5, 0xf);
}
```

最后一行 outportb(0x3c5,0xf)的作用是将颜色位面写允许寄存器恢复成初始状态。

例 12.4 在屏幕中心画一个圆,调用函数 save_pic()将图像保存到文件,清屏后调用函数 load_pic()将图像重新恢复到屏幕上。

前面已经给出了 save_pic()和 load_pic()两个函数的代码,故这里仅给出主函数:

```
#include <stdio.h>
#include <graphics.h>
void save_pic();
void load_pic();
int main()
{
    int i, k, graphdriver=DETECT, graphmode;
    initgraph(&graphdriver, &graphmode,"");
    circle(320, 240, 50);
    save_pic();
    getch();
    cleardevice();
    getch();
    load_pic();
    getch();
    closegraph();
    return 0;
}
```

习 题 12

1. 在屏幕上画一条正弦曲线。

2. 在屏幕上模拟满天星的效果。要求:有的星星时明时灭(眨眼),有些星星消失后不再出现,不断有新星星出现。

3. 从键盘输入 10 个同学的考试成绩(math、english、computer),用直方图画出总分前三名的各科成绩,用圆饼图画出平均分在各分数段(不及格,60~69,70~79,80~89,90~100)的比例,要求有图例,有坐标轴,坐标轴上有刻度。

4. 利用动画技术在屏幕上模拟显示两个球相向运动,碰撞后分开,到边缘后返回继续相向运动直至碰撞,然后再分开……如此反复。

5. 利用动画技术模拟乒乓球在桌面上不断跳动直至静止的过程。说明:乒乓球在运动过程中速度是变化的,每次与桌面碰撞时会损失一些能量。

第13章 chapter 13

键盘和鼠标操作

本章内容提要：

- 键盘工作原理和键盘处理函数；
- 鼠标中断及处理函数。

几乎每个程序都要以某种方式使用键盘或鼠标，因此程序员必须掌握一些键盘和鼠标的处理知识。

本章简单介绍键盘和鼠标的常用处理方法和处理函数。

13.1 键盘操作

13.1.1 键盘的工作原理

键盘内有一个微处理器，它用来扫描和检测每个键的按下和抬起状态。当按下（或抬起）键盘上某键时，便会产生一个中断（INT 9），并将该键的扫描码（一个字节）送入计算机，由ROM中BIOS的键盘中断处理程序去处理。

说明：有些特殊键（如PrintScreen等）不产生扫描码，而是直接引起中断调用。

扫描码的0～6位标识了每个键在键盘上的位置，最高位标识按键的状态：0表示该键被按下，1表示抬起。

扫描码仅能区别键的位置以及状态（按下或抬起），并不能直接区分大小写字母（大小写字母的扫描码是相同的），键盘中断处理程序在区分大小写时，会参照其他按键的状态（Caps Lock和Shift键）。

由于扫描码的一个字节仅有256种状态，不能包括PC键盘上的全部按键情况，因此键盘中断处理程序对一个字节的扫描码进行了扩充，先在AX寄存器中将其扩充成两个字节，然后送入键盘缓冲区中，这两个字节是：

(1) 对于字符键，低位字节（AL）存储ASCII码，高位字节（AH）存储扫描码。

(2) 对于功能键或组合键，低位字节存0，高位字节存储扫描码。

扩充的键盘扫描码（简称扩充码）的存放格式如表13-1所示。

表 13-1 扩充的键盘扫描码的存放格式

按键	AH	AL
字符键	扫描码	ASCII 码
功能键/组合键	扫描码	0

13.1.2 键盘缓冲区

由于按下某键产生中断和其他程序接收键盘输入不能同时进行，而键盘输入的信息是要即刻消失的，因此系统在内存中定义了一个 32 字节的缓冲区，用来存储键盘输入。这 32 字节的缓冲区能有效使用的仅 30 字节，故最多可以存 15 个键的扩充码。当键盘上的按键超过 15 个时，扬声器会鸣响示警。

13.1.3 键盘处理函数

对于键盘操作，可以使用前面讲过的 DOS 和 BIOS 调用(INT 21H 的功能 1、6、7、0AH、0BH、3FH 等，INT 16H 的功能 0、2、10H、11H、12H 等)或 int86()函数，也可以使用 TC 提供的键盘操作函数 bioskey()。

TC 在 bios.h 中定义了 bioskey()函数，其原型是

```
int bioskey(int cmd);
```

其中，cmd 可取以下值：

0：bioskey(0)返回按键的键值(即扩充码)，并将缓冲区中的键值删除。该值是 2 个字节的整数。若没有键按下，则该函数一直等待，直到有键按下。

1：bioskey(1)返回按键的键值，但不删除缓冲区中的键值，若缓冲区为空，则返回 0。它常用来查询是否有键按下(与 conio.h 中的 kbhit()用法相仿)。

2：bioskey(2)返回一些控制键是否被按过的信息，按过的状态由返回值的低 8 位表示，见表 13-2。

表 13-2 按键信息中的位与控制键的关系

位	含 义	位	含 义
0	若为 1，表示右边的 Shift 键被按下	4	若为 1，表示 Scroll Lock 已打开
1	若为 1，表示左边的 Shift 键被按下	5	若为 1，表示 Num Lock 已打开
2	若为 1，表示 Ctrl 键被按下	6	若为 1，表示 Caps Lock 已打开
3	若为 1，表示 Alt 键被按下	7	若为 1，表示 Insert 已打开

例如：

```
char key;
key=bioskey(2);
```

若 key 的值为 0x04，则表示 Ctrl 键被按下；若 key 的值为 0x09，则表示 Alt 键和右

边的 Shift 键同时被按下。

例 13.1 编程,显示用户在键盘上所按键的扫描码、ASCII 码和字符(若按下的是非字符键,只显示扫描码),同时显示 Caps Lock、Shift 和 Alt 的按键情况。按 Esc 键(扫描码为 1)结束程序。

```
#include <bios.h>
#include <stdio.h>
int main()
{
   int key;
   char flag;
   union{
      int key;
      char c[2];
   }u;
   u.key=bioskey(0);                   //读取键值,并删除缓冲区中的键值
   while(u.c[1] !=1) {                 //扫描码不是 1(即不是 Esc 键)则循环
      printf("code:0x%x", u.c[1]);     //输出扫描码
      if(u.c[0] !=0)                   //低字节不是 0,是 ASCII 码字符
         printf("ASCII:%d   char:%c", u.c[0], u.c[0]);
      printf("\n");
      key=bioskey(2);                  //取按键状态
      if(key & 64)
         printf("Caps Lock On\n");
      else
         printf("Caps Lock Off\n");
      if(key & 1 || key & 2)
         printf("Use Shift\n");
      else
         printf("Not use Shift\n");
      if(key & 8)
         printf("Use Alt\n");
      else
         printf("Not use Alt\n");
      u.key=bioskey(0);
   }
   return 0;
}
```

提示:可以用这个程序查看键盘上每个按键(或组合键)的扫描码。

13.2 鼠标操作

DOS 操作系统本身并不能直接支持鼠标操作,要想在 DOS 下使用鼠标,必须先安装相应的鼠标驱动程序。通常都是在 CONFIG. SYS 文件中加入一行信息:DEVICE=

MOUSE.SYS,使得DOS在启动时将鼠标驱动程序装入内存。也可直接运行mouse.com程序,使其驻留内存。

安装好鼠标驱动程序并进行初始化后,鼠标驱动程序便会管理鼠标的各种操作。鼠标驱动程序将INT 33H中断作为鼠标的操作中断,每当移动一下鼠标或者按动一下鼠标的按钮,就会产生一次INT 33H中断。

13.2.1 鼠标的INT 33H功能调用

Microsoft鼠标驱动程序共提供了30多个功能调用,用户可以通过INT 33H中断调用,选用不同的入口参数,来实现相应的功能调用,这些功能号和对应的功能如表13-3所示。

表13-3 INT 33H中断调用功能号及所对应的功能

功能号	功能简介	功能号	功能简介
0	鼠标复位及取状态	20	交换中断程序
1	显示鼠标光标	21	取驱动程序存储要求
2	鼠标光标不显示	22	保存驱动程序状态
3	取鼠标键状态和鼠标位置	23	恢复驱动程序状态
4	设置鼠标光标位置	24	设辅助程序掩码和地址
5	取鼠标键压下状态	25	取用户程序地址
6	取鼠标键松开状态	26	设置分辨率
7	设置水平位置最大值	27	取分辨率
8	设置垂直位置最大值	28	设置中断速度
9	设置图形光标	29	设置显示器显示的页号
10	设置文本光标	30	取显示器显示的页号
11	取鼠标器移动的方向和距离	31	关闭驱动程序
12	设中断程序掩码和地址	32	打开驱动程序
13	打开光笔模拟	33	软件重置
14	关闭光笔模拟	34	选择语言
15	设置鼠标移动速度	35	取语言编号
16	条件关闭	36	取版本号及鼠标类型和中断号
19	设置速度加倍的下限	37	取鼠标驱动程序的有关信息

上述功能号中常用的功能调用及相应的入口参数、出口参数如表13-4所列。

表13-4 INT 33H中断常用功能调用及入口参数、出口参数

功能号	功能	入口参数	出口参数
0	鼠标复位及取状态	AX=0	AX=-1 鼠标安装成功 AX=0 鼠标安装失败 BX为鼠标键数目
1	显示鼠标光标	AX=1	无

续表

功能号	功　能	入口参数	出口参数
2	不显示鼠标光标	AX=2	无
3	取键状态和鼠标位置	AX=3	BX为各键状态* CX为鼠标横坐标 DX为鼠标纵坐标
4	设置鼠标光标位置	AX=4 CX为横坐标 DX为纵坐标	无
5	取键按下状态	AX=5 BX为键号，0为左键，1为右键	AX为各键状态* BX为自上次调用以来该键按下的次数 CX、DX为最后一次按下时的横、纵坐标
6	取键松开状态	AX=6 BX为键号，0为左键，1为右键	AX为键状态 BX为自上次调用以来该键被释放的次数 CX、DX为最后一次释放时的横、纵坐标
7	设置水平位置最大值	AX=7 CX为横坐标最小值 DX为横坐标最大值	无
8	设置竖直位置最大值	AX=8 CX为纵坐标最小值 DX为纵坐标最大值	无
11	取鼠标移动的方向和距离	AX=11	CX、DX：横、纵坐标方向上的移动距离
12	设中断程序掩码和地址	AX=12 CX为调用掩码** DX为程序地址	无

* 鼠标各键的状态由下面的信息格式提供：

位	等于0时	等于1时
0	左键未按下	左键被按下
1	右键未按下	右键被按下
2	中键未按下	中键被按下

** 当用功能12设置用户的鼠标中断服务程序时，其入口参数CX为调用掩码，该掩码决定着什么情况下才产生中断(即操作鼠标是否能产生中断要由掩码决定)，才会执行用户定义的中断服务程序。掩码位与鼠标操作之间的对应关系如下：

掩码位	鼠标操作
0	光标位置移动
1	左键按下
2	左键松开
3	右键按下
4	右键松开

掩码位上的值为1时，才会产生相应的中断。

13.2.2 鼠标主要操作函数

1. 检测鼠标驱动程序是否安装并显示鼠标按钮个数

```
#include<stdio.h>
#include<dos.h>
void mouse_test()
{
    _AX=0;                    //调用 0 号功能
    geninterrupt(0x33);
    if(_AX==-1)               //若已安装,返回-1,否则返回 0
        printf("mouse installed %d buttons\n", _BX);
    else
        printf("mouse not installed\n");
    getch();
}
```

2. 鼠标初始化

```
int init(int xmin, int xmax, int ymin, int ymax);
```

该函数通过调用 INT 33H 的 0 号功能调用对鼠标进行初始化,并调用 7 号和 8 号功能,设置 X 和 Y 位置的最小和最大值。这就为鼠标移动进行了初始化准备。当返回值为 0 时,表示未安装鼠标或未安装驱动程序。

```
#include<dos.h>
int init(int xmin, int xmax, int ymin, int ymax)
{
    _AX=0;
    geninterrupt(0x33);
    if(_AX==0)
        return 0;                     //返回 0 表示鼠标或鼠标驱动程序未安装
    _AX=7;
    _CX=xmin;
    _DX=xmax;
    geninterrupt(0x33);
    _AX=8;
    _CX=ymin;
    _DX=ymax;
    geninterrupt(0x33);
    return -1;                        //表示鼠标和驱动程序已安装
}
```

3. 打开和关闭鼠标光标

在图形界面程序设计中,鼠标光标的显示与关闭是经常要用到的操作。当进行菜单项选取或窗口移动等操作中，若不先关闭鼠标，则有可能在鼠标光标处留下残缺。因此，在作图、重显等操作时，可以暂时关闭鼠标光标，等操作完成后再重新打开光标，以保证图形界面的完美。下面的两个函数可以实现鼠标光标的开关。

```
#include<dos.h>
void cursor_on()              //显示鼠标光标
{
    union REGS r;
    struct SREGS s;
    r.x.ax=1;
    int86x(0x33, &r, &r, &s);
}
void cursor_off()             //关闭鼠标光标
{
    union REGS r;
    struct SREGS s;
    r.x.ax=2;
    int86x(0x33, &r, &r, &s);
}
```

4. 设定鼠标光标的位置

```
#include <dos.h>
void cursor_to_xy(unsigned int x, unsigned int y)
{
    union REGS r;
    struct SREG s;
    r.x.ax=4;                 //4号鼠标功能
    r.x.cx=x;
    r.x.dx=y;
    int86x(0x33, &r, &r, &s);
}
```

5. 读鼠标位置和按钮状态函数

```
#include <dos.h>
int read_mouse(int *mx, int *my, int *mbutton)
{
    union REGS regs;
    int x0=*mx, y0=*my, button0=*mbutton;
    int xnew, ynew;
    do{
        regs.x.ax=3;
        int86(0x33, &regs, &regs);
```

```
        xnew=regs.x.cx;
        ynew=regs.x.dx;
          * mbutton=regs.x.bx;
    }while(xnew==xx0 && ynew==yy0 && * mbutton==button0);
    * mx=xnew;
    * my=ynew;
    switch(* mbutton){
        case 0:   return 0;       //没有键被按下
        case 1:   return 1;       //左键按下
        case 2:   return 2;       //右键按下
        case 3:   return 3;       //左右键同时按下
        default: return 4;        //其他情况
    }
}
```

13.2.3 改变鼠标形状

初始图形状态下,鼠标驱动程序已经设定好了一组阵列来显示鼠标光标,但在应用中,可能需要根据光标的不同位置或不同功能甚至编程者的兴趣来修改光标形状,比如手形光标、双箭头光标、十字线、块状、箭头等,这一功能可用第 9 号功能实现。

在大多数图形状态下,鼠标光标都被定义为 16×16 像素的块。为改变鼠标光标,可以进行 9 号功能调用,并传 3 个参数给它。前两个参数定义光标的"热点"坐标,热点代表的是鼠标光标的坐标,其横坐标和纵坐标都是相对于 16×16 块的左上角而言的,取值为－16～16(可以为负,表示热点在光标之外,位于左上方)。例如,若前两个参数都是 0,表示以光标块的左上角作为热点坐标。第三个参数指定两个 16×16 位的、用于创建光标形状的屏蔽地址:屏幕屏蔽地址和光标屏蔽地址。当鼠标光标画好后,屏幕屏蔽像素与屏幕上的像素进行 AND 运算,其结果再与光标屏蔽地址进行 XOR 运算。这种有趣的组合可把光标变成背景色、白色、透明色或是背景色的相反色。适当设置屏蔽,可以在同一光标内得到这些颜色的任一组合。表 13-5 表示的是屏蔽组合如何起作用。

表 13-5　鼠标屏蔽的组合方法

屏幕屏蔽	光标屏蔽	结果颜色
0	0	背景色
0	1	白色
1	0	透明
1	1	前景反转,背景白色

屏幕屏蔽阵列与光标屏蔽阵列可用具有 32 个元素的 unsigned int 数组来表示,前 16 个元素是屏幕屏蔽,后 16 个元素代表光标屏蔽,每一个元素代表 16 个点(一个 unsigned int 具有 16 个位),所以整个阵列代表一个 16×32 的点像素阵列。

例如,下面阵列的前半部是屏幕屏蔽,后半部是光标屏蔽。可看出光标的样式为一个指向左上角的箭头，其热点可定义为(0,0)以代表左上角。

```
unsigned int pattern[32]={
    //屏幕掩码
    0x3FFF,  //0011111111111111
    0x1FFF,  //0001111111111111
    0x0FFF,  //0000111111111111
    0x07FF,  //0000011111111111
    0x03FF,  //0000001111111111
    0x01FF,  //0000000111111111
    0x00FF,  //0000000011111111
    0x007F,  //0000000001111111
    0x003F,  //0000000000111111
    0x001F,  //0000000000011111
    0x01FF,  //0000000111111111
    0x10FF,  //0001000011111111
    0x30FF,  //0011000011111111
    0xF87F,  //1111100001111111
    0xF87F,  //1111100001111111
    0xFC3F,  //1111110000111111
    //光标屏蔽
    0x0000,  //000000000000000
    0x4000,  //010000000000000
    0x6000,  //011000000000000
    0x7000,  //011100000000000
    0x7800,  //011110000000000
    0x7C00,  //011111000000000
    0x7E00,  //011111100000000
    0x7F00,  //011111110000000
    0x7F80,  //011111111000000
    0x7FC0,  //011111111100000
    0x6C00,  //011011000000000
    0x4600,  //010001100000000
    0x0600,  //000001100000000
    0x0300,  //000000110000000
    0x0300,  //000000110000000
    0x0180   //000000011000000
};
```

定义好屏蔽阵列后，便可用以下函数进行鼠标光标的设置：

```
void set_cursor(int x, int y, unsigned int far * pattern)
{
    union REGS r;
    struct SREGS s;
```

```
    r.x.ax=9;                    //9号功能
    r.x.bx=x;
    r.x.cx=y;
    r.x.dx=FP_OFF(pattern);
    s.es=FP_SEG(pattern);
    int86x(0x33, &r, &r, &s);
}
```

上面讲述的是图形方式下鼠标形状的定制，文本方式下定制鼠标的方法与此类似(需要用10号功能)。

13.2.4 鼠标操作举例

例13.2 通过调用INT 33H软中断的不同功能实现用鼠标作图(按住任意键移动画图)。

本例作图时要用到下列函数：

(1) init(int xmin,int xmax,int ymin,int ymax)；

(2) read_mouse(int * mx,int * my,int * mbutton)；

(3) cursor(int x,int y)；

该函数用画线函数line()画出一个十字形光标。

(4) newxy(int * mx,int * my,int * mbutton)；

该函数通过调用read_mouse()函数来判断是否有键按下，若按下，则调用cursor()函数在新位置画出一个十字光标。

光标的移动是这样实现的：先在光标原位置用背景色重新画一个光标使其消失，然后在新位置画一个新光标，看起来就是光标移动到新位置了。

当光标移动到quit上时，按任何键都可以终止程序。

运行程序时，按住鼠标任意键并移动，十字光标将随鼠标移动。当仅按下左键时，用圆圈在蓝色背景上画出移动的轨迹；仅按下右键时，用矩形；其他情况画点。

源代码如下：

```
#include <dos.h>
#include <stdio.h>
#include <graphics.h>
int init();
int read_mouse();
void cursor();
void newxy();
int main()
{
    int buttons, x, y;
    char str[100];
    int driver=VGA;
```

```
    int mode=VGAHI;
    initgraph(&driver, &mode, "");
    cleardevice();
    rectangle(0, 0, 639, 479);
    setfillstyle(SOLID_FILL, BLUE);
    bar(1, 1, 638, 478);
    outtextxy(3, 15, "move mouse using any button.");
    outtextxy(285, 15, "quit");
    setwritemode(XOR_PUT);              //设置画线的方式,见程序后面的说明
    if(init(2, 638, 8, 477)==0 ){       //调用 init 函数对鼠标初始化
        printf("Mouse or Driver Absent,Please install!");
        delay(5000);
        closegraph();
        exit(1);
    }
    x=320;
    y=240;
    cursor(x, y);                       //置十字光标在屏幕中心
    for( ; ; ){
        newxy(&x, &y, &buttons);
        //下面代码:在 quit 处按键时退出程序
        if(x>=280 && x<=330 && y>=12 && y<=33 && buttons){
            cleardevice();
            closegraph();
            exit(0);
        }
    }
}
//画十字光标函数
void cursor(int x, int y)
{
    int x1, x2, y1, y2;
    x1=x-4;
    x2=x+4;
    y1=y-3;
    y2=y+3;
    line(x1, y, x2, y);
    line(x, y1, x, y2);
}
//初始化函数
int init(int xmin, int xmax, int ymin, int ymax)
{
    union REGS regs;
    regs.x.ax=0;
```

```
    int86(51, &regs, &regs);
    if(regs.x.ax==0)
        return 0;                        //返回 0 表示鼠标或鼠标驱动程序未安装
    regs.x.ax=7;
    regs.x.cx=xmin;
    regs.x.dx=xmax;
    int86(51, &regs, &regs);
    regs.x.ax=8;
    regs.x.cx=ymin;
    regs.x.dx=ymax;
    int86(51, &regs, &regs);
    return -1;                           //表示鼠标和驱动程序已安装
}
int read_mouse(int *mx, int *my, int *mbutton)
{
    union REGS regs;
    int x0=*mx, y0=*my, button0=*mbutton;
    int xnew, ynew;
    do{regs.x.ax=3;
        int86(0x33, &regs, &regs);
        xnew=regs.x.cx;
        ynew=regs.x.dx;
        *mbutton=regs.x.bx;
    }while(xnew==x0 && ynew==y0 && *mbutton==button0);
    *mx=xnew;
    *my=ynew;
    switch(*mbutton){
        case 0:  return 0;           //没有键被按下
        case 1:  return 1;           //左键按下
        case 2:  return 2;           //右键按下
        case 3:  return 3;           //左右键同时按下
        default: return 4;           //其他情况
    }
}
void newxy(int *mx, int *my, int *mbutt)
{
    int ch, xx0=*mx, yy0=*my;
    int xm, ym;
    ch=read_mouse(&xm, &ym, mbutt);
    cursor(xx0, yy0);
    cursor(xm, ym);
    switch (ch) {
        case 0:
            break;
```

```
        case 1:
            circle(xm, ym, 6);
            break;
        case 2:
            rectangle(xm-6, ym-6, xm+6, ym+6);
            break;
        default:
            putpixel(xm, ym, 7);
            break;
    }
    *mx=xm;
    *my=ym;
}
```

说明：函数 setwritemode(int mode)中的参数 mode 有两种取值：COPY_PUT(即 0)和 XOR_PUT (即 1)，前者表示新画线的像素覆盖屏幕上原有的像素，后者表示新画线的像素与原有像素做一次 XOR 操作。

习 题 13

1. 写一个程序，监测键盘上'A'、空格键和回车键被按下的次数，按 Esc 键停止监测。

2. 在屏幕上画一个球，用键盘控制其上下左右移动，按 Esc 键时退出。

3. 在屏幕上画一个半径为 100 像素的圆。若鼠标在圆内，按下鼠标左键时鼠标形状变为一个"点"，并可用红色写字(铅笔的功能)；按下鼠标右键时其形状变为"小方块"，并可擦除圆内字迹(橡皮的功能)。若鼠标在圆外，只显示一个箭头。

4. 编程显示 3 页(3 屏)图形：第一页是一个正方形，第二页是一个圆，第三页是一个三维柱状图。要求：

(1) 每页都有 3 个按钮："前页(<)"、"后页(>)"、"退出(x)"，并显示鼠标。

(2) 可用键盘控制实现向前、向后翻页或退出程序。

(3) 可用鼠标单击相应的按钮进行翻页或退出。

(4) 当显示第一页时，"前页(<)"按钮呈灰色，表示不可用；当显示尾页时，"后页(>)"变灰不可用。

(5) 当鼠标移动到可用按钮上方时，按钮形状或按钮上的文字应有变化，以表示鼠标已进入有效区域，可以按下了；当鼠标离开该区域时，按钮恢复原状。

第 14 章 chapter 14

汉字的显示与放大

本章内容提要：

- 汉字的编码；
- 汉字显示与放大；
- 直接写屏显示汉字。

TC 是一个西文编辑平台，不能直接显示汉字，除非先安装中文操作系统（如 UCDOS）。但是安装中文操作系统会占用大量内存，有可能使 TC 无法加载或引起功能冲突，所以本章介绍一种在西文状态下显示和放大汉字的方法，采用这种方法，不需要安装中文系统，所需要的仅是一个或几个字库文件。

14.1 汉字的编码

要显示汉字，必须先了解汉字的以下编码：区位码、国标码、机内码、字形码和地址码。

14.1.1 区位码

汉字有数万个(《康熙字典》收录 47 000 多个)，但绝大多数都不常用。最常用的高频字仅约 100 个，常用字约 3000 个，次常用字约 4000 个，罕见字约 8000 个，其余都是死字。1981 年，我国公布了《通讯用汉字字符集(基本集)及其交换码标准》GB2312—80 方案，把高频字、常用字、次常用字汇集起来组成了汉字基本字符集(共 6763 个汉字)。在该字符集中又根据使用频度把汉字分为一级汉字(3755 个，按拼音排序)和二级汉字(3008 个，按部首排序)。除了这两级汉字，字符集还包括西文字符、数字、图形符号共 700 多个非汉字字符。

汉字基本字符集将两级汉字和 700 多个非汉字字符都汇集在一张表格中，该表格共有 94 行 94 列，每行称作一个“区”，每列称作一个“位”。前 15 区为非汉字字符，从 16 区开始才是汉字。

一个汉字(或符号)在表格中所处的行与列(即区和位)构成了一个汉字(或符号)的区位码。例如,汉字"啊"位于第16行第1列,故"啊"的区位码是1601;又比如"大"位于20区83位,其区位码便是2083。

14.1.2 国标码

计算机要处理汉字,必须给每个汉字一个唯一的编码,这些编码称作国标码。

英文字符是用一个字节进行编码的,即ASCII码,而汉字数量众多,需要用两个字节才足以完成编码,所以汉字的国标码是两个字节。

国标码的两个字节是这样来的:将汉字(包括前15区的符号)的区号和位号分别加上32并各用一个字节表示出来。

例如,"啊"的区号是16,位号是1,其国标码是00110000 00100001。又如,"大"的区号是20,位号是83,国标码是00110100 01110011。

提示:汉字的区号和位号最大是94,94 + 32=126,不超过127,因此国标码的两个字节最高位都是0。

14.1.3 机内码

1. 为什么要用机内码

每个汉字都有唯一的国标码,按说可以用计算机处理汉字了,但不幸的是,计算机不仅要处理汉字,还要处理英文字符,而汉字国标码和英文编码是存在冲突的。

汉字的国标码有两个字节,例如,"大"的国标码是00110100 01110011,如果把国标码的这两个字节直接存储到计算机中,则系统很可能把它们当做两个英文字符(字符'4'和字符'i'),因此计算机内部不能存储国标码。

为此,计算机内部存储汉字编码时,通常都是把国标码两个字节的最高位改为1,这样就由国标码变成了机内码(计算机内部实际存储的汉字编码)。如,"大"的国标码是00110100 01110011(0x3473),机内码是10110100 11110011(0xb4f3)。

注意:在内存中存储机内码时,总是把与区号相关的字节(如10110100)存储在低字节,而把与位号相关的字节(如11110011)存储在高字节。

2. 机内码和区位码的转换关系

机内码是在国标码的基础上将两字节最高位都变为1而得来的,相当于两个字节各加了128,而国标码是由区位码各加32而来的,所以机内码和区位码的转换关系是:

区号=机内码的低位字节-160

位号=机内码的高位字节-160

例如,下面的代码可以计算出"大"的区号和位号:

```
char c[3]="大";    //机内码占用两个字节,故定义为c[3]
int qh, wh;        //两个变量分别用来存储区号和位号
```

```
qh=c[0]-160;
wh=c[1]-160;
```

说明：程序中可用 char c[5]＝"大小"；或 strcpy(c,"大小")；两种方法将一个或几个汉字的机内码存到数组 c 中，这种存储是系统自动完成的，不需要程序员人工实现。

14.1.4 字形码

不同的汉字，其形状是不同的。为在计算机中显示汉字，通常都是先把每个汉字的形状记录下来形成字形码。

例如，16 点阵宋体字库中“大”字的字形码是这样来的。如图 14-1 所示，先画一个 16×16 的正方形表格，然后在上面写一个宋体“大”。接下来，从左上角的小方格开始记录“大”字的形状，若小方格被“大”字覆盖，则记为 1，否则记为 0。于是得到了 16 点阵宋体“大”字的字形码：

```
00000011   00000000
00000011   00000000
00000011   00000000
00000011   00000100
11111111   11111110
00000011   00000000
   ⋮          ⋮
11000000   00000100
```

图 14-1 “大”字的形状与字形码的关系

上面这些用来记录汉字形状的二进制数叫做字形码。

图 14-1 共 16×16＝256 小格，每 8 小格记成 1 个字节，所以 16 点阵字库中每个汉字的字形码都是 32 字节。

按照汉字(符号)在区位表中的排列顺序把每个汉字(符号)的字形码汇集起来存储到一个文件中，该文件便是字库文件(简称字库)。

字库中存有区位表中所有汉字(符号)的字形码。当需要显示某汉字时，必须先从字库中调出该汉字的字形码，而后才能在屏幕上把它显示出来。

根据点阵数目的不同和汉字字体的不同，字库又分为 16 点阵宋体字库、16 点阵楷体字库……，24 点阵宋体字库、24 点阵楷体字库……，48 点阵宋体字库等，点阵数越大，字体笔画越平滑；点阵越小，笔画锯齿越严重。

14.1.5 地址码

下面计算一下“大”字的字形码存储在字库的什么位置。

“大”字在区位表中处于 20 区 83 位，在它前面共有(20－1)×94 ＋ (83－1)个汉字(或符号)，由于 16 点阵字库中每个汉字(符号)的字形码都是 32 字节，所以“大”字的字形码在字库中的起始地址是((20－1)×94＋(83－1))×32(不需要加 1，因为文件中字节数从0开始计数)。

一个汉字的字形码在字库中的起始地址称为该汉字的地址码。

一个 S 点阵的字库中,任意一个汉字的地址码都可以用下面的式子计算出来:

$$((区号-1)\times 94+(位号-1))\times S\times S/8$$

14.2 用作图方式显示和放大汉字

了解了前面介绍的汉字编码,便可以来显示或放大汉字了。显示汉字的方法是:将字形码中的二进制数1还原为屏幕上对应的一个像素,使之成为一个可以看到的点,当字形码中所有的1所对应的点都显示出来时,呈现出的便是一个完整的汉字。

14.2.1 汉字的显示

这里介绍的是在西文状态下显示汉字字符串(多个汉字),其步骤如下:

(1) 在源程序中把要显示的汉字(一个或多个)存到内存中。

```
char  p[]="汉字显示技术";
```

或

```
char * p="汉字显示技术";
```

提示:这一步需要在支持中文的编辑软件中完成,比如写字板、记事本、WPS、Word等,但最后所存的源程序文件必须是纯文本文件,不能带有格式控制符。

(2) 从内存中取出一个汉字的机内码(两字节),用来计算区号 qh 和位号 wh。

```
qh= * p-160;                          //低字节对应区号
wh= * (p+1)-160;                      //高字节对应位号
```

(3) 计算该汉字的地址码:

```
offset=((qh-1) * 94+(wh-1)) * S * S/8;   //S是点阵数
```

(4) 打开字库,从 offset 处读出汉字的字形码(共 $S*S/8$ 字节)。

```
#define S 16                                   //设字库是16点阵
#define HZK "c:\\tc\\font\\hzk16f"             //字库的路径及文件名
char buffer[S * S/8];                          //用来存汉字的字形码
if((fp=fopen(HZK, "rb"))==NULL)
   exit(0);
fseek(fp, offset, 0);
fread(buffer, S * S/8, 1, fp);                 //读出字形码存入数组buffer
```

(5) 在屏幕的(x,y)处显示该汉字。

在已知字形码的情况下,如何在屏幕(x,y)处将汉字显示出来?

以16点阵字库为例,设想屏幕上有一个16×16像素的区域(左上角坐标为(x,y)),

如图 14-2 所示。

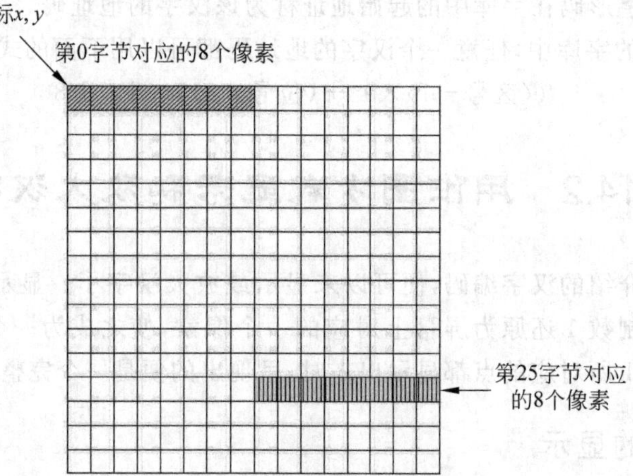

图 14-2　由字形码显示汉字

图中，第一行带阴影的 8 个像素由字形码的第 0 个字节决定，若第 0 个字节的 D7 位为 1，则在(x,y)处用指定颜色画一个点，若为 0，则不画，保持背景色。同样，若 D6 位为 1，则在($x+1$,y)处画点，否则不画……

第一行阴影右边的 8 个像素由字形码的第 1 个字节决定。

第二行由字形码的第 2、3 字节决定。以此类推。

可以算出：字形码的第 i 个字节，决定着以($x+(i\%(S/8))*8$, $y+i*8/S$)为起点的 8 个像素。所以，程序中要针对第 i 个字节的 8 个位依次进行判断，以决定 8 个像素中哪些需要显示，哪些不需要，下面是程序代码：

```
char mask[]={0x80,0x40,0x20,0x10,0x08,0x04,0x02,0x01};
for(j=0; j<=7; j++){
    if((buffer[i] & mask[j]) !=0)
        putpixel(x+(i%(S/8)*8+j, y+i*8/S, color);
}
```

上面的代码只处理了一个字节，S 点阵字库中的每个汉字字形码都有 $S*S/8$ 字节，故上面的操作要循环 $S*S/8$ 次。

(6) 继续显示下一个汉字，直到空字符为止。

程序中用“p+=2;”使之指向下一个汉字机内码的低字节，若 *p==0 则汉字显示结束，否则转步骤(2)继续。

例 14.1　用来显示汉字的函数代码。

```
#include "stdio.h"
#include "stdlib.h"
#include "graphics.h"
#define S 16                                    //S:汉字点阵数
#define HZK "G:\\tc\\hzk16f"                    //汉字字库路径及文件名
```

```
void disphz(int x, int y, char * p, int color)    //color: 颜色
{
int i, j;
    FILE * fp;
    char qh, wh;
    long offset;
    char buffer[S * S/8];
    char mask[]={0x80,0x40,0x20,0x10,0x08,0x04,0x02,0x01};
    if((fp=fopen(HZK,"rb"))==NULL)
        exit(0);
    while(* p !='\0'){
        qh= * p-0xa0;                              //计算区号
        p++;
        wh= * p-0xa0;                              //计算位号
        p++;
        offset=(94L * (qh-1)+wh-1) * S * S/8;      //计算地址码
        fseek(fp, offset, 0);
        fread(buffer, S * S/8, 1, fp);
        for(i=0; i<S * S/8 ; i++){
            for(j=0; j<=7; j++)
                if((buffer[i] & mask[j]) !=0)
                    putpixel(x+(i%(S/8)) * 8+j, y+i * 8/S, color);
        }
        x+=S+5;                                    //横向显示,字间距为5像素
    }
    fclose(fp);
}
```

上面的程序是针对字形码的每一个字节来进行循环的,其实也可以针对点阵图中的每一个像素来循环。

可以推算出:图中第 i 行第 j 列的像素由字形码的第($S/8*i+j/8$)字节决定,因此也可把循环写成(参看源代码 S14_1_2)如下的形式:

```
for(i=0; i<=S-1; i++){
    for(j=0; j<=S-1; j++)
        if(((buffer[S/8 * i+j/8]) & mask[j%8]) !=0)
            putpixel(x+j, y+i, color);
}
```

14.2.2 汉字的放大

汉字的放大实际上就是把一个像素变成几个像素。例如,若将汉字放大 2 倍,则汉字的宽度和高度都要变成 2 倍,原来的一个像素要变成 4 个像素。若要放大 m 倍,则要变成 m^2 个像素。

所以,在显示汉字的时候,当判断字形码的某一位为1时,就在屏幕上画出 $m \times m$ 个像素,这样便实现了汉字的放大显示。

相应的代码段如下:

```
for(i=0; i<=S-1; i++){
    for(j=0; j<=S-1; j++){
        if((buffer[S/8 * i+j/8] & mask[j%8]) !=0 )
            for(k=0; k<m; k++)
                for(n=0; n<m; n++)
                    putpixel(x+m * j+k, y+i * m+n, color);
    }
}
```

例 14.2 显示并放大汉字的完整程序。

```
#include "stdio.h"
#include "stdlib.h"
#include "graphics.h"
#define S 16                                           //S:汉字点阵数
#define HZK "G:\\tc\\hzk16f"                           //汉字字库路径及文件名
void disphz(int x, int y, char * p, int color, int m)  //m是放大倍数
{
    int i, j, n, k;
    FILE * fp;
    char qh,wh;
    long offset;
    char buffer[S * S/8];
    char mask[]={0x80,0x40,0x20,0x10,0x08,0x04,0x02,0x01};
    if((fp=fopen(HZK,"rb"))==NULL)
        exit(0);
    while(* p !='\0'){
        qh= * p-0xa0;                                  //计算区号
        p++;
        wh= * p-0xa0;                                  //计算位号
        p++;
        offset=(94L * (qh-1)+wh-1) * S * S/8;          //计算地址码
        fseek(fp, offset, 0);
        fread(buffer, S * S/8, 1, fp);
        for(i=0 ;i<S; i++){
            for(j=0; j<S; j++){
                if((buffer[S/8 * i+j/8] & mask[j%8]) !=0)
                    for(n=0; n<m; n++)
                        for(k=0; k<m; k++)
                            putpixel(x+j * m+n, y+i * m+k, color);
            }
```

```
            }
            x+=S*m+5;
        }
        fclose(fp);
}
int main()
{
        int device=VGA;
        int mode=VGAHI;
        char *p="汉字的放大";
        initgraph(&device,&mode,"");
        disphz(300,200,p,YELLOW,2);
        getch();
        closegraph();
        return 0;
}
```

14.3 直接写 VRAM 法显示汉字

通过 putpixel()函数显示像素点的方法来显示汉字虽然容易理解，但是显示速度较慢，对于那些对显示速度有更高要求的程序，不宜采用这种方法，而应该用“直接写屏”即直接写 VRAM 的方法。

直接写屏实际上就是把要显示的汉字点阵信息直接存入显卡的 VRAM 相应的位面上，写的过程就是显示的过程。下面介绍的便是直接写屏显示汉字的两种方法。

14.3.1 利用定序器直接写 VRAM

在第 12 章中已经对 VRAM 的位面结构做了介绍，同时还介绍了 VGA 显示适配器中的定序器中有 5 个寄存器共用一个口地址 0x3c5，选择其中一个寄存器进行操作的方法是向索引寄存器(口地址 0x3c4)中送入一个索引值，索引值与寄存器的对应关系见表 12-8。

我们要用的是“颜色位面写允许寄存器”，从表中看到，要选择颜色位面写允许寄存器，应向索引寄存器送入 2：

```
outportb(0x3c4, 2);
```

颜色位面写允许寄存器的值(低 4 位)决定着 VRAM 的 4 个位面是否可写(见表 12-9)。当某一位为 1 时表示它所对应的位面可写，为 0 时则不可写。在低 4 位的值为 1011 时，若将一个字节的数据写到 VRAM 中，则该数据将被同时写到位面 3、1、0 三个位面中，位面 2 不允许写入。

直接写 VRAM 显示汉字实际上就是通过颜色位面写允许寄存器的控制把字形码写

到指定位面上。

显示汉字时,可以把汉字的颜色写入这个寄存器:

```
outportb(0x3c5, color);
```

其作用是:有选择地把字形码写入一些位面,写入哪些位面由color决定。例如,若color为1(二进制值0001),则只写位面0,其余3个位面保持原来的数据(若背景是黑色,汉字将显示成蓝色);若color为15(二进制值1111),则4个位面都写入字形码,汉字将显示为白色。

代码如下:

```
#define S 16                                //汉字点阵数
void  disphz(int x, int y, char * buffer, int color)
{
    char far * p;
    int i, j;
    p=(char far * )(0xa0000000+80 * y+x/8);
    outportb(0x3c4, 2);
    outportb(0x3c5, color);
    for(i=0; i<S; i++)                      //一个汉字总共要显示S行像素
        for(j=0; j<S/8; j++)                //每行需要写S/8个字节
            * (p+80 * i+j)=buffer[S * i/8+j];
    outportb(0x3c5,0xf);
}
```

说明:上面的程序中,x、y是汉字显示位置的坐标,buffer是字形码首址。

这个函数仅在背景色为黑色的情况下能按指定颜色显示一个汉字,若背景色不是黑色,汉字显示的颜色就不是指定的颜色。若要在任意背景下都能把汉字显示成指定颜色,则4个位面的数据都应改写。

例如,若要把汉字显示成淡绿色(color值为10,二进制值1010),则:

(1) 对于位面3和位面1,若字形码是1,则应将1写入位面;若字形码是0,则保持原来的值(以便保持原色不变)。

(2) 而对于位面2、0,字形码为1时,这两个位面上的数据都应该写成0,这样才能保证汉字是淡绿色;字形码为0时,这两个位面上的数据都应该保持原值不变。

也就是说,对于字形码为1的情况,位面3、1要写成1,位面2、0要写成0;对于字形码为0的情况,所有位面上的值均不变。

为此,做这样的处理:

先用color分别和0x01、0x02、0x04、0x08做按位与的运算,以便获知要显示一个淡绿色的点哪些位面上的值应该是1。

```
char mask[]={0x01,0x02,0x04,0x08};
for(n=0; n<4; n++)
```

```
    if(color & mask[n] !=0)
        …
```

(1) 对于 color&mask[n] !=0 的位面，即位面 3 和位面 1，将位面上的原值与字形码做按位或运算，然后写回位面。例如：

字形码	01110010
原值	00100111
最终值	01110111

可以看出，字形码为 0 的位都没有发生变化，字形码为 1 的位都变成了 1。

(2) 对于 color&mask[n] ==0 的位面，即位面 2 和位面 0，将字形码取反后再与位面上的原值做按位与运算，然后写回位面。例如：

字形码	01110010
字形码取反	10001101
原值	00100111
最终值	00000101

可以看出，字形码为 1 的位都变成了 0，字形码为 0 的位都没有发生变化。

有了上面的讨论，便可以编写完整的程序了。

例 14.3 利用定序器直接写 VRAM 显示汉字的代码。

```
#include "stdio.h"
#include "stdlib.h"
#include "graphics.h"
#define S 16                                              //汉字点阵数
#define HZK "g:\\tc\\hzk16f"                              //汉字字库路径及文件名
void disphz(int x, int y, char * s, int color)            //s 是汉字地址
{
    char far * p;
    char mask[]={0x01,0x02,0x04,0x08};
    int i, j, n;
    FILE * fp;
    char qh,wh;
    long offset;
    char buffer[S * S/8];
    if((fp=fopen(HZK,"rb"))==NULL)
        exit(0);
    qh= * s-0xa0;                                         //计算区号
    wh= * (s+1)-0xa0;                                     //计算位号
    offset=(94L * (qh-1)+wh-1) * S * S/8;                 //计算地址码
    fseek(fp,offset,0);
    fread(buffer, S * S/8, 1, fp);
    fclose(fp);
    outportb(0x3ce, 4);                        //使口地址 0x3cf 对应读位面选择寄存器
```

```
    outportb(0x3c4, 2);                     //使口地址 0x3c5 对应颜色位面写允许寄存器
    p=(char far*)(0xa0000000+80*y+x/8);
    for(i=0; i<S; i++)
        for(j=0; j<S/8; j++)
            for(n=0; n<4; n++) {            //n 表示要操作的位面号
                outportb(0x3cf, n);         //使位面 n 可读
                outportb(0x3c5, mask[n]);   //仅使位面 n 可写
                if((color & mask[n]) !=0)
                    *(p+80*i+j) |=buffer[S*i/8+j];
                else
                    *(p+80*i+j) &=~(buffer[S*i/8+j]);
            }
    outportb(0x3cf, 0);
    outportb(0x3c5, 0xf);
}

int main()
{
    int device=VGA;
    int mode=VGAHI;
    char *s="大";
    initgraph(&device,&mode,"");            //初始化屏幕
    rectangle(250,180,350,280);             //画一个矩形
    setfillstyle(1, GREEN);                 //设置填充颜色,颜色可以改变
    floodfill(300,200,WHITE);               //填充一个以白色为边界的封闭区域
    disphz(300, 220, s, RED);               //在指定位置用指定颜色显示汉字
    getch();
    closegraph();
    return 0;
}
```

14.3.2 用方式寄存器和位屏蔽寄存器直接写 VRAM

VGA 显示适配器中的图形控制器中有 9 个寄存器共用一个口地址 0x3cf,选择其中一个寄存器进行操作的方法是向索引寄存器(口地址 0x3ce)中送入一个索引值,索引值与寄存器的对应关系见表 12-7。

本节要用的是方式寄存器和位屏蔽寄存器,下面介绍这两个寄存器的用法。

1. 方式寄存器

方式寄存器决定着读写 VRAM 的方式,这里只用到写,共有 3 种写方式,由寄存器最后两位决定,如表 14-1 所示。

表 14-1 方式寄存器写 VRAM 的 3 种方式

D1	D0	写 VRAM 的方式
0	1	用锁存器的内容写
1	**0**	将要写的 CPU 中数据的后 4 位(D3、D2、D1、D0)分别写到位面 3、位面 2、位面 1、位面 0 中。当位屏蔽寄存器中对应的位为 0 时,该位的数据被屏蔽
1	1	不用

说明:这里需要的是方式 2。

2. 位屏蔽寄存器

该寄存器对要写到 VRAM 中的数据位进行屏蔽,若位屏蔽寄存器某位为 1,则写到 VRAM 中该位的数据是 CPU 的数据,否则写进去的是锁存器的数据。

如果在进行写操作前先进行读操作,使锁存器备份一下原来的数据,然后再进行写操作,则相当于只把对应于位屏蔽寄存器中为"1"的数据改写了,而对应于"0"的数据是不变的。

例如,设位屏蔽寄存器的值为 **1 1** 0 0 0 0 **1** 0,锁存器中的数据(VRAM 某地址处 4 个位面的原数据)如下:

位面 3 原值　　0 1 1 0 1 0 1 1
位面 2 原值　　1 1 0 1 1 1 0 1
位面 1 原值　　0 1 0 1 0 1 0 1
位面 0 原值　　0 0 0 1 1 0 0 0

要写的数据是 * * * * 1 0 1 0,则向 VRAM 该处写一个字节的数据(* * * * 1 0 1 0)后,4 个位面的值变为

位面 3 值　　**1 1** 1 0 1 0 **1** 1
位面 2 值　　**0 0** 0 1 1 1 **0** 1
位面 1 值　　**1 1** 0 1 0 1 **1** 1
位面 0 值　　**0 0** 0 1 1 0 **0** 0

由于位屏蔽寄存器的 D7 位是 1,所以 D7 位上 4 个位面上的值分别是 1010(要写数据的后 4 位),D6、D1 位与此类似。而对于其他的 5 个位,由于位屏蔽寄存器的值为 0,所以这 5 个位置上的值保持不变。

可以发现,位屏蔽寄存器的位为 1 时,数据的后 4 位将分别写到 4 个位面上,这 4 位数据正好决定了一个像素的颜色。而对于位屏蔽寄存器为 0 的位,4 个位面保持原来的数据不变,意味着屏幕保持原来的颜色不变,这不正是我们所希望的?

因此,若要在屏幕上显示汉字,可将汉字颜色作为要写的数据,将字形码的每个字节分别送入位屏蔽寄存器,然后将颜色值写入 VRAM。对于字形码为 1 的位,像素变成了指定颜色;而对字形码为 0 的位,4 个位面的数据不变,颜色亦不变。

例 14.4 下面是用上述方法显示汉字的代码。

```
#include "stdlib.h"
#define S 16                                    //S为汉字点阵数
#define HZK "G:\\tc\\hzk16f"                    //汉字字库路径及文件名
void disphz(int x, int y, char * s, int color)
{
  char far * p;
    int i, j;
    FILE * fp;
    char qh,wh;
    long offset;
    char buffer[S * S/8];
    if((fp=fopen(HZK,"rb"))==NULL)
      exit(0);
    qh= * s-0xa0;                               //计算区号
    wh= * (s+1)-0xa0;                           //计算位号
    offset=(94L * (qh-1)+wh-1) * S * S/8;       //计算地址码
    fseek(fp, offset, 0);
    fread(buffer, S * S/8, 1, fp);
    fclose(fp);
    p=(char far * )(0xa0000000+80 * y+x/8);
    for(i=0; i<S; i++)
        for(j=0; j<S/8; j++){
            int t;
            t= * (p+80 * i+j);                  //读操作,使锁存器装入原数据
            outportb(0x3ce,5);
            outportb(0x3cf,2);
            outportb(0x3ce,8);
            outportb(0x3cf, buffer[S/8 * i+j]);
             * (p+80 * i+j)=color;
        }
    outport(0x3ce, 0x0005);                     //恢复写方式0,高字节送0x3cf寄存器
    outport(0x3ce, 0xff08);                     //位屏蔽寄存器不再屏蔽
}
```

如果需要显示带底色(替换背景色)的汉字,可以将循环部分的代码改为

```
for(i=0; i<S; i++)
    for(j=0; j<S/8; j++){
      int t;
        t= * (p+80 * i+j);
        outportb(0x3ce, 5);
        outportb(0x3cf, 2);
        outportb(0x3ce, 8);
        outportb(0x3cf, buffer[S/8 * i+j ]);
         * (p+80 * i+j)=color;
```

```
        //以下是新增代码
        t= * (p+80 * i+j);
        outportb(0x3ce, 8);
        outportb(0x3cf,  ~buffer[S/8 * i+j ]);
         * (p+80 * i+j)=bkcolor;       //bkcolor为背景色
        //以上是新增代码
}
```

其中粗体字是新增的代码。改写后的函数要增加一个虚参 int bkcolor(参看配套资源中的源代码 S14_4_2)。

习　题　14

1. 编程序,在图形状态下显示自己的姓名,然后再放大两倍显示。

2. 请针对打印字库修改例 14.1、例 14.2 和例 14.3 中的程序。说明:汉字字库分为显示字库和打印字库两种,区别是:①显示字库中每个字的字形码是按行存放的(先存第一行,再存第二行……),而打印字库中的字形码是按列存放的(先存第一列,再存第二列……);②打印字库去掉了 1～15 区的符号,从 1 区开始就是汉字,1 区即相当于显示字库的 16 区。

3. 将例 14.3 改写为能用打印字库输出汉字字符串的函数。

4. 将例 14.4 改写为能用打印字库或显示字库输出汉字字符串,并可以放大。

5. 将习题 12 第 3 题的题目修改如下:利用输入重定向从文件读入 10 名学生的姓名和成绩(数学、英语、计算机),画出总分前三名的直方图(标上姓名),用圆饼图画出平均分在各分数段的比例(不及格、60～69、70～79、80～89、90～100),图形中要有图例。

第 15 章 chapter 15

数据结构基础

本章内容提要：

- 顺序表和链表；
- 栈和队列。

N. Wirth 曾经给出这样一个公式："算法＋数据结构＝程序"，它表达了数据结构和程序之间的关系：程序离不开数据结构，要编程序必须知道数据的存储结构，程序是在数据的某些特定的结构和表示的基础上对算法的描述。

本章简单介绍在 C 程序中常用的一些数据结构的基本知识，包括顺序表、链表、栈及队列。

15.1 线 性 表

15.1.1 线性表的概念

线性表是一种最简单同时也是最常用的一种数据结构，它是 $n(n\geqslant 0)$ 个数据元素的有限序列，且满足下面的条件：

(1) 存在唯一的一个被称作"第一个"的数据元素。

(2) 存在唯一的一个被称作"最后一个"的数据元素。

(3) 除第一个元素外，其余元素均只有一个前趋；除最后一个元素外，其余元素均只有一个后继。

线性表是一种很灵活的数据结构，其长度可以根据需要增长或缩短，即可以对它进行插入或删除的操作。

15.1.2 线性表的存储结构

线性表可以采用顺序和链式两种结构存储。

所谓顺序存储，就是将元素按线性表中的顺序存储到一片连续的内存空间中，逻辑上相邻的两个元素在内存中的地址也是相邻的。顺序存储的线性表叫做**顺序表**。

而链式存储，不要求逻辑上相邻的两个元素在物理位置上也相邻（相邻也可以），所以必须通过增加指针的方法来表示元素之间的逻辑关系。链式存储的线性表又叫做**链表**。

15.2 顺序表的操作

15.2.1 空顺序表的建立

我们知道，数组元素也是顺序存放的，但数组的空间是定长的，不能扩展和缩短。要构建一个可变长的顺序表，应采用动态内存分配的方式来开辟数组，即用 malloc()分配内存，需要变长时，用 realloc()调整空间大小。

为了描述顺序表，先定义下面的结构：

```
#define ElemType int          //或者：typedef int ElemType;
typedef struct{
    ElemType * begin;         //顺序表的首地址
    int n;                    //表中已存元素的个数
    int size;                 //表的存储容量(总共可存多少个元素)
}LIST;
```

下面是建立空顺序表的函数，该函数返回空顺序表的首地址：

```
LIST * init_list(int  m)
{
    LIST *p;
    p=(LIST*)malloc(sizeof(LIST));
    if(p !=NULL){
        p->begin=(ElemType*)malloc(m*sizeof(ElemType));
        if(p->begin !=NULL){
            p->n=0;
            p->size=m;
            return p;
        }
        else
            free(p);
    }
    printf("Out of space!\n");
    return NULL;
}
```

15.2.2 求顺序表中某元素的序号

编写一个函数，可在顺序表中找到第一个值为 x 的元素，返回其下标序号，若返回

-1,表示该元素不存在。

```
int locate_list(LIST * p, ElemType x)
{
    int i;
    for(i=0; i<=p->n-1; i++)
        if(p->begin[i]==x)
            return i;
    return -1;
}
```

15.2.3 顺序表元素的插入

顺序表中插入元素的关键之处,是把插入点之后的所有元素都向后移动一个位置。下面的函数可在顺序表中下标序号为 k 的元素之前插入元素 x,插入成功返回 1,否则返回 0。

```
int  insert_list(LIST* p, int k, ElemType x)
{
    int i;
    if(p->n==p->size){
        printf("线性表已满, 插入失败\n");
        return 0;
    }
    if(k<0 || k>=p->n){
        printf("不存在序号为%d的元素, 插入失败\n", k);
        return 0;
    }
    for(i=p->n-1; i>=k; i--)
      p->begin[i+1]=p->begin[i];  //->和[]优先级相同,左结合性
    p->begin[k]=x;
    p->n++;                           //->比++优先级高
    return 1;
}
```

若要在某元素值(而不是序号)前面插入元素 x,可先用 locate_list()求出序号,再用上面的 insert_list()函数。

在第 k 个元素之后插入元素 x 的方法与此类似。

15.2.4 顺序表元素的删除

顺序表中删除一个元素,后面的每个元素都要前移一个位置,下面的函数可删除下标为 k 的元素,删除成功返回 1,否则返回 0。

```
int delete_list(LIST * p, int k)
```

```
{
    int i;
    if(k<0 || k>=p->n){
        printf("不存在序号为%d的元素，删除失败\n", k);
        return 0;
    }
    for(i=k; i<p->n-1; i++)
        p->begin[i]=p->begin[i+1];
    p->n--;              //->优先级高于--
    return 1;
}
```

15.3 链表及操作

线性表的链式存储结构(即链表)是用一组空间可以不连续的存储单元存储线性表的各个元素,而逻辑上相邻的两个元素之间的关系通常要通过指针来表示。

链表可分为线性链表和循环链表,而每一种又可分为单向和双向两种。

15.3.1 线性链表的表示

线性链表的每个结点都是一个结构体变量,图15-1所示的是一个含有4个结点的线性链表结构。为了表示每个结点与后继者之间的逻辑关系,每个结点除了要存储自身的数据之外,还要存储一个指示其后继的信息,即下一个结点的地址。因此,每个结点都包括两个域:数据域和指针域。数据域用于存储自身的数据(如学号和分数),指针域用于存储下一结点的地址。最后一个结点没有后继,它的指针域应存为NULL。

由于这种链表的每个结点只存储一个指针,所以称为**单链表或线性单链表**。

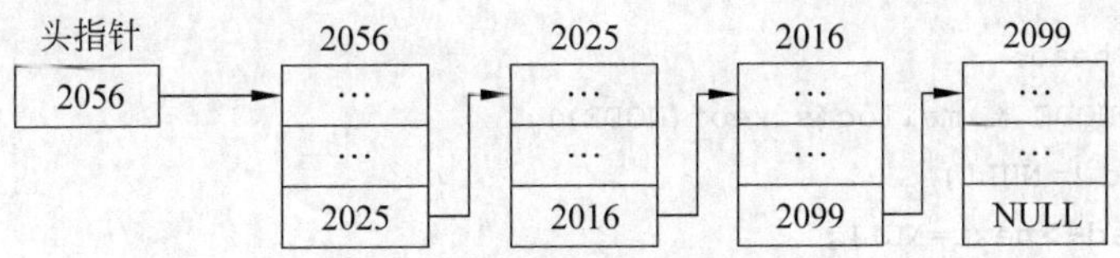

图15-1 线性链表的存储结构

图15-1所示链表的结点类型可这样定义:

```
typedef struct{
    unsigned int num;
    float score;
}DataType;
typedef struct Node{
    DataType info;
    struct Node *next;
```

```
}NODE;
```

线性链表的头指针(head)可存放在指针变量 head 中，其定义为 struct Node * head;，当链表为空时，头指针应存为 NULL。

有时候，为了处理方便，可以在线性链表的第一个结点之前另加一个结点，称为头结点。头结点的 info 域可以存放与整个链表有关的一些信息(比如元素个数)，也可以不存信息。头结点的 next 域用来存放链表第一个结点的位置，如图 15-2 所示。头结点的引入虽然需要额外增加一个结点的空间，但它使得所有链表(含空链表)的头指针都不为 NULL，还使得对线性链表的第一个结点的处理(插入、删除等)与其他结点的处理变得一致。

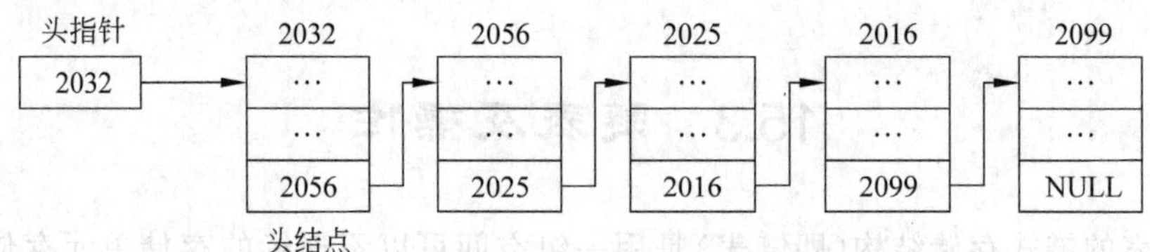

图 15-2 有头结点的线性链表结构

15.3.2 线性链表的操作

由于有头结点的线性链表结构处理起来更为方便，所以通常都采用这种结构，下面有关线性链表的操作都是针对这种结构来讲述的。

1. 创建空链表

这里所说的空链表是指只含有一个头结点的链表，创建空链表的函数代码如下：

```
NODE * createNullList()
{
    NODE * head;
    head= (NODE * )malloc(sizeof(NODE));
    if(head !=NULL)
        head->next=NULL;
    else
        printf("Out of space!\n");
    return head;
}
```

2. 判断线性链表是否为空

```
int isNullList(NODE * head)
{
    return head->next==NULL;
}
```

3. 求某结点的指针

例如,要查找链表中学号为 n 的结点的指针。查找过程要从链表的第一个结点开始,依次将每个结点的学号与 n 比较。若找到该同学,返回其地址;若找不到,则返回 NULL。

```
NODE * locate(NODE * head, int n)
{
    NODE * p;
    p=head->next;
    while(p !=NULL && p->info->num !=n)
        p=p->next;
    return p;
}
```

4. 求 p 所指结点的前趋结点

```
NODE* locatePre(NODE * head, NODE * p)
{
    NODE * ptemp;
    ptemp=head;
    while(ptemp !=NULL && ptemp->next !=p)
        ptemp=ptemp->next;
    return ptemp;
}
```

5. 线性链表结点的插入

p 所指的结点是链表中一个实际存在的结点,本操作的目的是在该结点之后插入一个新结点,其学号和分数分别是 n 和 score。若插入成功,返回 1,否则返回 0。

图 15-3 表示的是新结点插入前后的状态。

下面是插入操作所用的代码:

```
int insert(NODE * head, NODE * p, int n, float score)
{
    NODE * pnew=(NODE *)malloc(sizeof(NODE));
    if(pnew==NULL){
        printf("Out of space!\n");
        return 0;
    }
    pnew->num=n;
    pnew->score=score;
    pnew->next=p->next;
    p->next=pnew;
    return 1;
}
```

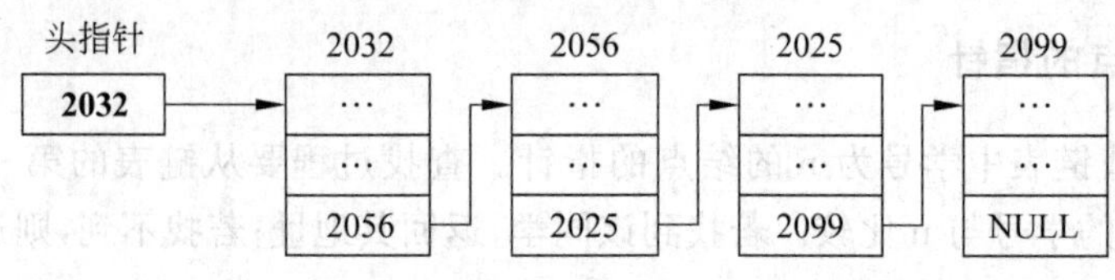

(a) 插入前的状态

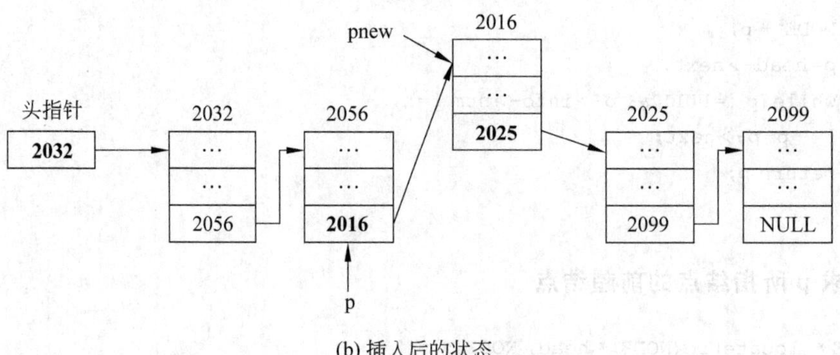

(b) 插入后的状态

图 15-3　线性链表结点的插入

如果是在 p 所指结点之前插入，则需要先用 locatePre()函数找到前一结点的指针，然后再调用上面的函数。

6. 线性链表结点的删除

本操作的目的是在链表中找到学号为 n 的结点并删除之，若删除成功返回 1，否则返回 0。

图 15-4 是结点删除前后的示意图。

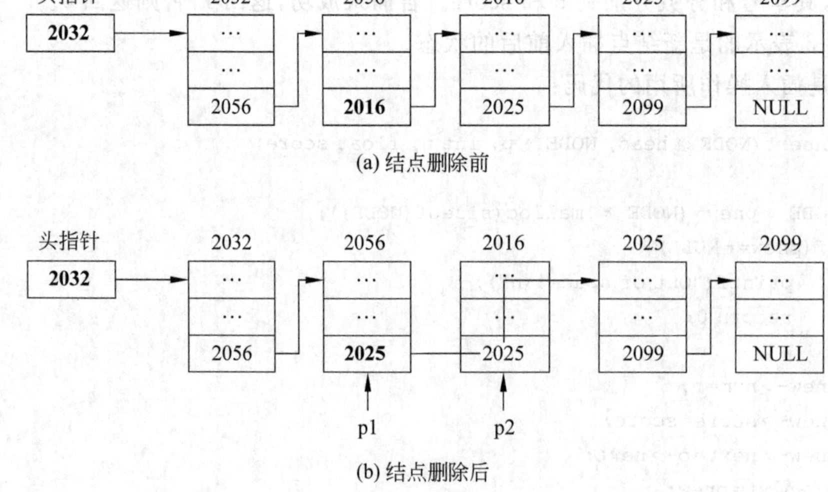

(b) 结点删除后

图 15-4　线性链表结点的删除

代码如下：

```
int delete(NODE * head, int n)
{
    NODE * p1, * p2;
    p1=head;
    //下面的循环用来查找 n 号结点的前趋
    while(p1->next !=NULL && p1->next->info->num !=n)
        p1=p1->next;
    if(p1->next==NULL){
        printf("Not exist!\n");
        return 0;
    }
    p2=p1->next;        //指向要删除的结点
    p1->next=p2->next;
    free(p2);
    return 1;
}
```

也可先调用 locate()函数找到该结点的位置，再调用 locatePre()函数找到其前趋结点，然后删除之。

15.3.3 循环链表

循环链表是另一种形式的链式存储结构。它的特点是：链表中最后一个结点的指针域(next)存储头结点的地址，使整个链表形成一个环。因此，从链表中任何一个结点出发都可以找到任何一个其他结点。图 15-5 表示的是一个单向的循环链表。

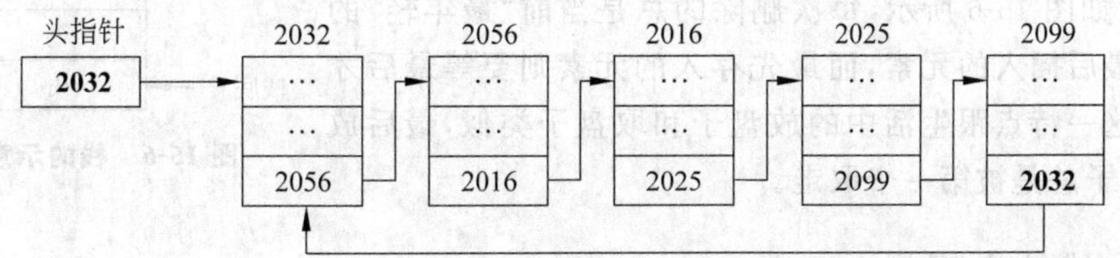

图 15-5 单循环链表

循环链表的操作和线性链表基本一样，差别在于：原来判断是否已到链尾的条件表达式是 p ==NULL，而现在是 p ==head，类似地，判断链表是否为空的条件表达式也应变为 head->next==head，建立链表时链尾的指针域要赋值为 head 而不是 NULL。

15.3.4 双向链表

前面讨论的线性链表(单链表)和循环链表的存储结构中都只有一个指针域，因此，从某个结点出发只能往后寻找其他结点，对于查找后继十分方便，但若要查找某结点的前趋则比较麻烦。为克服单向链表的这种缺点，可以将链表设计成双向链表。

顾名思义,在双向链表的结点中有两个指针域,其一指向前趋,另一个指向后继,每个结点的结构可用下面的结构体来描述:

```
struct Node{
    struct Node * pre;           //指向前趋
    DataType info;
    struct Node * next;          //指向后继
};
```

由于双向链表查找前趋比单向链表方便,所以双向链表的插入、删除等操作比单向链表简单。读者可参阅单向链表的操作自行写出双向链表的操作函数。

15.4 栈

栈和队列是两类特殊的线性表,其逻辑结构仍然是线性结构,但它们的运算受限,因此栈和队列又称为操作受限的线性表。栈和队列结构被广泛应用于各种程序设计中,本节及15.5节将讨论栈和队列的概念及简单操作。

15.4.1 栈的概念

栈是一类特殊的线性表,数据元素的插入和删除只能在表的一端进行。通常将允许插入和删除的一端称为**栈顶**,另一端称为**栈底**,将元素的插入称为**入栈**或**进栈**,将元素的删除称为**出栈**或**退栈**,不含元素的栈称为**空栈**。

栈是一种**后进先出**的线性表,简称 **LIFO**(Last In First Out)表。如图15-6所示,每次删除的总是当前"最年轻"的元素,即最后插入的元素,而最先存入的元素则要等最后才能删除,这一特点跟生活中的放盘子和取盘子类似,最后放上去的盘子总是被第一个取走。

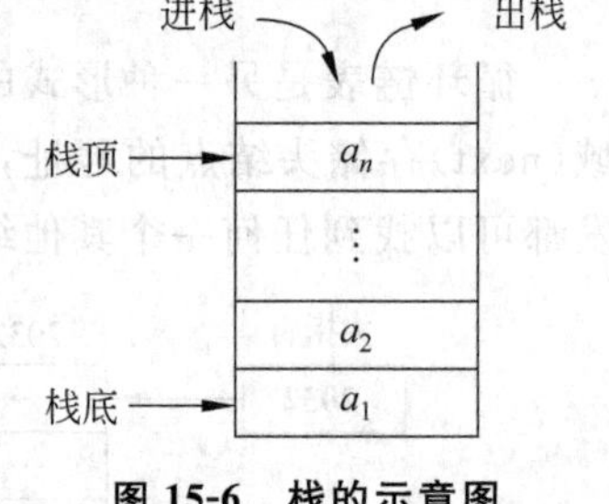

图15-6 栈的示意图

15.4.2 栈的实现

由于栈属于线性表,因此栈也有顺序存储和链式存储两种方式。

1. 顺序栈及操作

用顺序方式存储的栈叫**顺序栈**。它需要在内存中分配一块连续的存储区域用于存放元素,并用一个指针变量来记录这片存储区域的起始地址,即栈底。另外,栈还需要一个变量存放这片区域最多能存入的元素个数stacksize,还需要一个指针变量来记录当前栈顶的位置。因此,可定义顺序栈的数据类型为:

```
struct SqStack{
```

```
    SElemType *base;            //栈底指针
    SElemType *top;             //栈顶指针
    int stacksize;              //栈的最大容量
};
```

当顺序栈的元素已达上限时，若再进行入栈操作将导致溢出，通常称为**上溢**；而对空栈进行出栈操作也会产生溢出，通常称作**下溢**。为避免溢出，在对栈进行入栈或出栈操作前，应分别检测栈是否已满或已空。

对顺序栈的操作主要有以下几种。

1）初始化

初始化，即建立一个空栈，代码如下：

```
struct SqStack *initEmptyStack(int m)
{
    struct SqStack *p;
    p=(struct SqStack*)malloc(sizeof(struct SqStack));
    if(p !=NULL){
        p->base=(SElemType*)malloc(sizeof(SElemType)*m);
        if(p->base !=NULL){
            p->top=p->base;
            p->stacksize=m;
            return p;
        }
        else
            free(p);
    }
    printf("Out of space!\n");
    return NULL;
}
```

2）判断空栈

top 和 base 都指向栈底时栈为空，此时函数返回 1，否则返回 0。

```
int stackEmpty(struct SqStack *p)
{
    return p->base==p->top;
}
```

3）判断满栈

```
int stackFull(struct SqStack *p)
{
    return p->top-p->base==stacksize;
}
```

4) 入栈

成功返回1,否则返回0。

```
int push(struct SqStack * p, SElemType x)
{
    if(p->top-p->base<p->stacksize){
      * (p->top)=x;
      p->top++;
      return 1;
    }
    printf("Overflow!\n");
    return 0;
}
```

也可以这样设计:

```
void  push(struct SqStack * p, SElemType x)
{
     * (p->top)=x;
    p->top++;
}
```

两种设计的区别是:使用第一个push()前,不需要检查栈是否满,而用第二个push()前应该先用stackFull()检查。

5) 出栈

假设在执行出栈函数前已经用stackEmpty检查过,已知栈未空,数据直接出栈:

```
SElemType pop(struct SqStack * p)
{
    return * (--p->top);
}
```

6) 取栈顶元素

取栈顶元素与出栈的区别是,函数只返回栈顶元素的值,而栈顶并不移动。

```
SElemType getTop(struct SqStack * p)
{
    return * (p->top-1);
}
```

2. 链栈及操作

栈也可以用链式存储方式,即用线性链表的结构存储栈元素,这种栈称为**链栈**。当栈中元素的数目变化范围较大或不清楚栈元素的数目时,应该使用链栈。

由于栈的插入、删除操作只能在一端进行,而对于线性链表来说,在首端插入或删除结点要比在尾端容易一些,所以,将线性链表的首端作为栈顶端,即将头指针作为栈顶指针。

链栈通常用一个无头结点的线性链表表示，因为对栈来说，增加头结点会增加对栈操作的时间。

设链栈结点的类型定义如下：

```
struct Node{
    SElemType data;
    struct Node * next;
};
```

对于链栈来说，元素个数没有限制，栈底在何处也不重要，重要的只是栈顶，故可这样描述链栈：

```
struct Stack{
    struct Node * top;
};
```

对链栈的操作有以下几种。

1）创建空链栈

```
struct Stack * createEmptyStack()
{
    struct Stack * p;
    p=(struct Stack * )malloc(sizeof(struct Stack));
    if(p !=NULL)
        p->top=NULL;
    else
        printf("Out of space!\n");
    return p;
}
```

2）判断空栈

```
int stackEmpty(struct Stack * p)
{
    return p->top==NULL;
}
```

3）入栈

```
int push(struct Stack * p, SElemType x)
{
    struct Node * pnew;
    pnew=(struct Node * )malloc(sizeof(struct Node));
    if(pnew !=NULL){
        pnew->data=x;
        pnew->next=p->top;
```

```
        p->top=pnew;
        return 1;
    }
    printf("Out of space!\n");
    return 0;
}
```

4）出栈

设已检查栈非空，相应的出栈函数是

```
SElemType pop (struct Stack * p)
{
    SElemType x;
    struct Node * ptemp;
    x=p->top->data;
    ptemp=p->top;
    p->top=p->top->next;
    free(ptemp);
    return x;
}
```

5）取栈顶元素(栈非空情况下)

```
SElemType getTop (struct Stack * p)
{
    return p->top->data;
}
```

15.5 队　　列

15.5.1 队列的概念

队列(queue)也是一种运算受限的线性表。它只允许在表的一端进行插入，在另一端进行删除。允许删除的一端称为**队头**(front)，允许插入的一端称为**队尾**(rear)，当队列中没有数据元素时称为**空队列**。队列的插入操作通常称为**入队**，删除操作通常称为**出队**。

队列是一种与栈相反的结构，它也被称作**先进先出**的线性表，简称为FIFO(First In First Out)表，如图15-7所示。队列的含义与现实生活中排队购物相似，先进入队列的成员总是先离开队列。

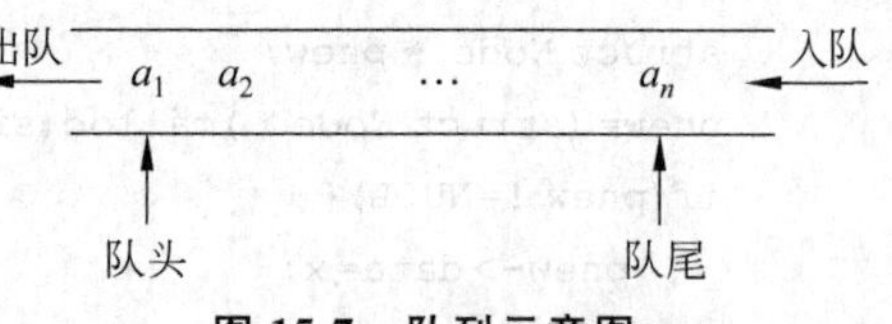

图 15-7　队列示意图

按照存储方式来分，队列可分为顺序存储和链式存储两种，其中顺序存储又可分为线性队列和循环队列。

15.5.2 队列的实现和操作

1. 顺序队列

用顺序存储结构表示队列时，要分配一块连续的存储区域来存放队列中的元素，并用两个变量分别表示队头和队尾的位置。为了方便表示算法，本书约定：队头就是实际队头的所在位置，而队尾是实际队尾的下一个位置。

因此，顺序队列的类型可用下面的结构体描述：

```
typedef struct{
    int MAXNUM;
    QElemType * q;
    int front;
    int rear;
}SQueue;
```

假设 x 是上面这种结构的变量，则 x. front 存放的是将要被删除元素的下标，该元素可表示为 x. q[x. front]；同理，x. rear 是将要插入的元素的位置，该元素可表示为 x. q[x. rear]。

初始化队列时，令 x. front 和 x. rear 都等于 0，当队列不为空时，队列元素个数可由 x. rear－x. front 得到，若 x. rear 与 x. front 相等，表示队列已空。

顺序队列同样存在溢出现象。当队列已满时，再进行入队操作将导致上溢；当队列已空时，再进行出队操作将导致下溢。

由于队列经常做入队和出队操作，而每进行一次插入或删除，x. rear 或 x. front 便增加 1，这就使得队列中的元素被删除后，其空间就永远不能使用了。

当 x. rear＝MAXNUM 时，再做插入操作就会产生溢出。实际上这时候队列前端还有许多可用的空间，因此这种溢出称为假溢出。

避免假溢出的方法是：把数组 q[MAXNUM]看成一个逻辑上的环，即认为 q[MAXNUM－1]的下一个元素是 q[0]，这样，该队列便成了一个环形队列或循环队列。

下面给出循环队列常用的几种运算的算法。

1）创建空队列

```
SQueue * initSQueue(int m)
{
   SQueue * p;
   p=(SQueue * )malloc(sizeof(SQueue));
   if(p !=NULL){
       p->q=(QElemType * )malloc(m * sizeof(QElemType));
       if(p->q !=NULL){
           p->front=0;
```

```
            p->rear=0;
            p->MAXNUM=m;
            return p;
        }
        else
            free(p);
    }
    printf("Out of space!\n");
    return NULL;
}
```

2）判断空队

```
int emptyQueue(SQueue *p)
{
    return p->front==p->rear ;
}
```

3）入队

```
void enQueue(SQueue *p, QElemType x)
{
    if((p->rear+1)%MAXNUM==p->front)
        printf("Full queue!\n");
    else{
        p->q[p->rear]=x;
        p->rear=(p->rear+1)%MAXNUM;
    }
}
```

4）出队

```
void deQueue(SQueue *p)
{
    if(p->front==p->rear)
        printf("Empty queue!\n");
    else
        p->front=(p->front+1)%MAXNUM;
}
```

2. 链式队列

链式队列实际上就是线性链表，链表头便是队头，链表尾便是队尾。插入的数据总是在链尾，删除的总是第一个结点。对于链式队列的操作可根据前面介绍的内容自行写出算法，这里就不讨论了。

习 题 15

1. 写一个插入函数,可在给定的顺序表中下标为 p 的元素之后插入一个元素 x,并返回插入成功与否的标志。

2. 编程删除线性表中所有值为 x 的元素。

3. 写一个函数,在带头结点的单链表 llist 中,插入一个新结点到 p 所指结点之前,并返回插入成功与否的标志。

4. 写一个函数,用来删除带头结点的单链表中 p 所指的结点,并返回删除成功与否标志。

5. 写一个函数,删除单链表中多余的结点,使每个结点的数据都不重复。

6. 写一个函数,求出循环链表结点的个数。

7. 写一个函数,将输入的十进制正整数化为二进制数输出。

8. 写一个函数,由队列创建一个栈,使队头为栈顶,队尾为栈底,队列保持不变。

9. 写一个函数,由栈创建队列,使栈顶为队头,栈底为队尾,最后栈为空栈。

第三篇

实 例 解 析

第16章 chapter 16

基本编程实例

本章汇集了一些典型的基本编程实例,包括选择、循环、数组、函数、指针等内容。

实例1　利用输入重定向从文件中读数据

D盘根目录中有文本文件stu_score.txt,其中存有20名学生的数据,格式如下:

```
学号  姓名  数学  英语  计算机(本行不是文件内容)
2     张三  69,   72,   80
8     李四  82,   90,   86
5     王五  96,   87,   92
3     赵六  72,   77,   83
9     钱七  65,   85,   70
…
```

不使用文件读写操作,利用DOS的输入重定向读取文件中的数据,求计算机成绩最高者的学号和分数。

实例解析:

这个实例用到的主要知识点有3个:

(1) 输入重定向。程序应在命令提示符下运行,指定从D:\ stu_score.txt中读取数据,而不是从键盘。

(2) 读取数据时,只读取学号和计算机成绩,中间要跳过3个数据,可在scanf()中用加%*d的方法实现。

(3) 文件中3个分数之间是用逗号“,”隔开的,因此scanf()的格式控制字符串中也应该在相应的位置加“,”。

程序代码:

```
#include<stdio.h>
int main()
{
    int m,max,score,i,k;
    //读取第一个人数据,作为擂主
```

```
    scanf("%d %*s %*d,%*d,%d",&m,&max);
    for(i=2; i<=20; i++){
        scanf("%d %*s %*d,%*d,%d",&k,&score);
        if(score>max){
            m=k;
            max=score;
        }
    }
    printf("%d,%d\n",m,max);
    return 0;
}
```

程序编译、连接后,形成文件 s16_1.exe。

运行程序前,要保证文本文件 D:\ stu_score.txt 存在,并且已写入正确的数据,然后在 DOS 命令提示符下输入如下命令并回车:

```
s16_1<d:\ stu_score.txt
```

实例2 火车托运费的计算

设乘坐火车托运行李时按下列式子收费:

$$应交费用\ y=\begin{cases}0 & (0<=x\leqslant 20)\\(x-20)\times 2 & (20<x\leqslant 40)\\(x-40)\times 5+40 & (x>40)\end{cases}$$

编一个程序用来计算应交金额。

实例解析:

这是第3章中的一个例题(当时是用 switch 处理的),是一个选择结构的实例,收费情况共分3种。

本例可以采用3种方法来编程:

(1) 用3个单独的 if 语句,每个 if 语句处理一种情况.

(2) 用嵌套的 if 语句处理,需两个 if 语句。

(3) 用 switch 语句。

方法一:用单独的 if 语句。

```
#include<stdio.h>
int main()
{
    int x,y;
    scanf("%d",&x);
    if(x<=20)
        y=0;
    if(x>20 && x<=40)
```

```
        y=(x-20)*2;
    if(x>40)
        y=(x-40)*5+40;
    printf("y=%d\n",y);
    return 0;
}
```

注意：if(x ＞ 40)一行不能写成 else，原因请参看 3.1.3 节中的 if 语句常见错误。

方法二：用嵌套的 if 语句。

```
#include<stdio.h>
int main()
{
    int x,y;
    scanf("%d",&x);
    if(x<=20)
        y=0;
    else if(x<=40)                          //在 x<=20 不成立的情况下，若 x<=40
            y=(x-20)*2;
      else                                  //在前面两个条件都不成立的情况下
            y=(x-40)*5+40;
    printf("y=%d\n",y);
    return 0;
}
```

方法三：用 switch 语句。

```
#include<stdio.h>
int main()
{
    int x,y;
    scanf("%d",&x);
    switch(x/20) {
        case 0:   y=0; break;
        case 1:   y=(x-20)*2; break;
        default: y=(x-40)*5+40;
    }
    printf("y=%d\n",y);
    return 0;
}
```

实例 3 找小偷

警察局抓了 a、b、c、d 共 4 名盗窃嫌疑人，但只有一人是小偷。审讯中，a 不承认自己是小偷，b 说 c 是小偷，c 指认 d 为小偷，d 说 c 冤枉他。已知 4 人中有 3 人说的是真话，请问谁是小偷?

实例解析:

本实例的目的是让读者学会把逻辑值当整数来使用。

C语言中的逻辑值要么为1,要么为0。将几个关系(或逻辑)表达式相加,由结果可以知道其中有几个表达式是成立的。

由题意知,4个人都是嫌疑人,所以定义一个变量x,使之分别取值1、2、3、4,分别代表a、b、c、d是小偷的4种情况。

对于x的每一个取值,判断下面的4个表达式有几个成立。

```
(1) x!=1                //小偷不是 a
(2) x==3                //小偷是 c
(3) x==4                //小偷是 d
(4) x!=4                //小偷不是 d
```

判断的方法是:将4个表达式的值相加,若等于3,表示3个人说的是真话,符合题意,输出结果;否则,不符合题意,跳过。

下面是程序代码:

```
#include<stdio.h>
int main()
{
    int x;
    for(x=1; x<=4; x++)
        if((x!=1)+(x==3)+(x==4)+(x!=4)==3)
            printf("%c是小偷! \n",x+96);
    return 0;
}
```

实例4 判断整数能被3、5、7中的哪些数整除

键盘输入一个整数,判断能被3、5、7中的几个数整除,并且指出这几个数。

实例解析:

这个题目可以用3个if语句分别检查能否被3、5、7整除,但这种最普通的算法效率较低。

这里介绍一种简单的方法,利用实例3所介绍的技巧:将几个关系表达式相加,可以知道有几个表达式是成立的。

求解 s=(x%3==0) + (x%5==0) + (x%7==0),则

(1) 若s为3,则x可同时被3个数整除。

(2) 若s为2,则只能同时被其中两个数整除。

(3) 若s为1,则只能被其中一个数整除。

(4) 若s为0,则不能被其中任何一个数整除。

但是，这样设计有一个问题，当 s=2 或 s=1 时，只知道 x 可以被几个数整除，但能被哪些数整除却不能确定。

为此，改为这样设计：用一个字节的后 3 位分别表示能否被 3、5、7 整除。若 x 能被 3 整除，让最后一位为 1；若能被 5 整除，让倒数第 2 位为 1；若能被 7 整除，让倒数第 3 位为 1。共有 8 种可能：

00000000

00000001

00000010

00000011

00000100

00000101

00000110

00000111

通过检查该字节的值，可以得到本实例所要的结论。

程序代码如下：

```
#include<stdio.h>
int main()
{
    int x;
    char s;
    scanf("%d",&x);
    s=(x%3==0)+(x%5==0)*2+(x%7==0)*4;
    switch(s){
        case 0:  printf("none\n");  break;
        case 1:  printf("3\n");     break;
        case 2:  printf("5\n");     break;
        case 3:  printf("3,5\n");   break;
        case 4:  printf("7\n");     break;
        case 5:  printf("3,7\n");   break;
        case 6:  printf("5,7\n");   break;
        case 7:  printf("3,5,7\n"); break;
        default:printf("error! \n");
    }
    return 0;
}
```

实例 5 找 假 货

有 5 箱产品，每箱 20 件，但其中有几箱里全是假货。已知正品每件 100g，假货比正品轻 10g，问能否用天平只称一次，找出所有装假货的箱子？

实例解析：

本例可以先这样考虑：每箱取出一件产品，共取5件，一起放在天平上称一次。如果总重490g，说明比正常情况少了10g，其中必定有一件是假货，推断出只有一箱假货；如果比正常少20g，则有两箱假货；如果少30克，有三箱假货……

但是，这样只能知道有几箱假货，不知道哪箱是假货。为此，给每个箱子加上权重，即每个箱子取出的产品数目不同。

可以在5个箱子中分别取1、2、3、4、5件产品，但这样的算法依然存在问题：当总重470g时，有可能1、2号箱是假货，还有可能3号箱是假货，还是不能确定哪些箱是假货。

正确的取法应该是：分别在5个箱子中取1、2、4、8、16件产品，这样就不会出现分辨不清的情况了。例如，若总重430g，少了70g，则一定是前3箱是假货。

下面是程序代码：

```
#include<stdio.h>
int main()
{
    int w[5]={100,90,100,90,90};              //5个箱子里一件产品的重量
    int sum=0,i,k=1,m;
    for(i=0; i<5; i++) {
        sum +=w[i] * k;
        k * =2;
    }
    m=(100 * 31 - sum)/10 ;                   //计算其中有多少件假货
    k=16;                                     //k先取第 5箱的权重
    for(i=5; i>=1; i--) {
        if(m>=k){
            printf("第%d箱是假货\n",i);
            m-=k;
        }
        k/=2;                                 //k变为下一个要处理的箱子的权重
    }
    return 0;
}
```

上面代码的最后一段也可以采用位操作来完成：

```
m=(100 * 31 - sum)/10 ;                       //计算其中有多少件假货
for(i=1; i<=5; i++) {
    if(m & 1)
        printf("第%d箱是假货\n",i);
    m>>=1;
}
```

实例6 计算某天是一年中的第几天

键盘输入一个年月日，计算该日期在该年中是第几天。

实例解析：

这也是第3章中的一个例题（参看例3.3），在例3.3中是用switch语句来编程的，这里用循环的方法。

程序设计思路是：用一个数组存放12个月份的天数（实际上第12月的数据无用），假设month＝5，则需要先把前4个月的天数（即下面数组的第1～4个元素）加起来，再加上5月份的日期（即day），若是闰年，再加1。

```
#include<stdio.h>
int main()
{
    int year,month,day;
    int m[13]={0,31,28,31,30,31,30,31,31,30,31,30,31};
    int i,n=0;
    scanf("%d%d%d",&year,&month,&day);
    for(i=1; i<month; i++)
        n +=m[i];
    n +=day;
    if((year%4==0&&year%100!=0||year%400==0)&&month>=3)
        n++;
    printf("%d\n",n);
    return 0;
}
```

实例7 国民生产总值多少年翻番

假设我国工农业总产值以每年9%的速度增长，问多少年翻一番？

实例解析：

翻一番意味着变为原来的两倍，而每年只能增加9%，相当于每年乘上一个1.09。可以在程序中不断地乘以1.09，并对此进行计数，若已经达到两倍，则计数器中的值便是需要经过的年数。

这是一个事先无法确定循环次数的循环。

```
#include<stdio.h>
int main()
{
    int n=0;
    float y=1;                        //设当年的产值为1,类型不能是int
```

```
    while(y<2.0){                       //以产值达到2作为结束循环的条件
        y*=1.09;
        n++;                            //每乘一次1.09就意味着过了一年
    }
    printf("%d\n",n);
    return 0;
}
```

这段程序用for循环也能实现：

```
#include<stdio.h>
int main()
{
    int n;
    float y=1;
    for(n=0; y<2.0; n++)                //循环条件不是由计数器控制的
        y*=1.09;
    printf("%d\n",n);
    return 0;
}
```

实例8 兑换硬币

一元钱人民币用1分、2分、5分的硬币兑换，共有多少种换法？

实例解析：

这其实是第3章中的一个例子，这里给出另一种解题思路。

一元钱若全用5分硬币兑换，则应该换20个；若全用2分硬币，则是50个；若全用1分硬币，则是100个。

假设用m个5分的，n个2分的，则这两个变量的取值范围分别是：0≤m≤20，0≤n≤50。m有21种取值，n有51种取值。

让代表“5分个数”的m和代表“2分个数”的n各自在范围内取一个值，若这两种硬币加起来超过100分(一元钱)，则这个m、n的组合是不可用的，若加起来不超过(小于等于)100，不足100的部分可以用1分的硬币补足，因此这个组合应为一种可用的兑换方法。

让m和n取遍所有可能的组合，便可知道共有多少兑换方法。

代码如下：

```
#include<stdio.h>
int main()
{
    int n,m,count=0;                    //count用来计数
    for(m=0; m<=20; m++)
```

```
        for(n=0; n<=50; n++)
            if(m*5+n*2<=100)
                count++;
    printf("共有%d种兑换法\n",count);
    return 0;
}
```

这与例3.10一样，也是用穷举法，但仅对m和n的取值穷举，所以较之例3.10少了一层循环，效率更高。

实例9 里程碑上的对称数

一辆汽车匀速行驶，清晨，司机看到里程碑上的数是一个对称数67576，两小时后他才又看到一个对称数，问汽车速度是多少？

实例解析：

要知道汽车速度，必须知道第二个对称数是多少。可用下面的方法找第二个对称数：用循环对67576之后的每一个数都判断一下，看是否对称数，如果是，则停止循环（用break）；若不是，则继续下一个数的判断。

这也是一个事先无法确定循环次数的循环，循环条件的写法有两种：

(1) 循环条件不写或写成1，在循环体中设置退出的条件。

(2) 事先设置一个变量作标志（值为0意味着未找到对称数，为1表示已找到），循环条件是该变量等于0。

代码有两种编写方法。

方法一：

```
#include<stdio.h>
int main()
{
    long i;                                  //超过32767,所以用long
    int a,b,c,d,e;                           //用来存储5个数字
    for(i=67577;    ;i++){                   //不写循环条件意味着条件始终成立
        a=i%10;                              //个位上的数字
        b=i/10%10;                           //十位上的数字
        d=i/1000%10;                         //千位上的数字
        e=i/10000;                           //万位上的数字
        if(a==e && b==d)                     //遇到对称数则退出循环
            break;
    }
    printf("汽车速度是：%5.2f\n",(i-67576)/2.);  //除以"2."
    return 0;
}
```

方法二：

```
#include<stdio.h>
int main()
{
    long i;                                    //超过 32767,所以用 long
    int a,b,c,d,e;                             //用来存储 5 个数字
    int flag=0;                                //用作是否找到对称数的标志
    for(i=67577; flag==0; i++){
        a=i%10;                                //个位上的数字
        b=i/10%10;                             //十位上的数字
        d=i/1000%10;                           //千位上的数字
        e=i/10000;                             //万位上的数字
        if(a==e && b==d)                       //遇到对称数
            flag=1;
    }
    printf("汽车速度是：%5.2f\n",(i-67576-1)/2.);
    return 0;
}
```

注意：方法二计算平均速度时，被除数要多减一个 1。

实例 10 辗转赋值法求表达式的值

求表达式：$1-\frac{1}{2}+\frac{2}{3}-\frac{3}{5}+\frac{5}{8}-\frac{8}{13}+\frac{13}{21}-\cdots$前 20 项的和，保留 3 位小数。

实例解析：

该表达式有两个特点：

(1) 从第二项开始，每一项的分子等于前一项的分母，而分母等于前一项分子分母之和。

(2) 一正一负，正负号交错。

对于第一个特点，采用前面介绍的辗转赋值的方法。这个程序需要用循环来求和，用变量 a、b 分别表示第一项的分子和分母，可用 a/b 计算出第一项值，之后，先用 b=a+b 计算下一项的分母，再用 a=b-a 使上一项的分母变成下一项的分子，然后进入下一次循环计算下一项的值。

对于第二个特点，可以设一个变量 sign=1，每循环一次，给 sign 乘以-1，这样 a/b * sign 便是需要合并到 sum 中的值，其符号恰好一正一负。

```
int main()
{
    float sum=0;
    int a=1,b=1,sign=1,i;
    for(i=1; i<=20; i++){
```

```
        sum += ((float)a/b) * sign;
        b=a+b;                              //计算下一项的分母
        a=b-a;                              //计算下一项的分子
        sign *=-1;                          //sign变号
    }
    printf("%5.3f\n",sum);
    return 0;
}
```

注意：程序中 sum +=((float)a/b) * sign;一行若不进行强制类型转换，则每一项结果都是 0，最终结果也是 0。

实例 11 随机数的生成

有 200 人，编号为 1～200，从中随机抽取 10 人获奖，请编程完成抽奖。

实例解析：

现实生活中很多时候需要随机生成一些数，比如随机抽奖、随机生成试卷等。程序中的随机数需要随机函数来生成，TC 中与随机数有关的函数有 rand()、srand()、random()和 randomize()，它们都是在 stdlib.h 中定义的，其原型及作用分别如下：

```
int rand();
```

作用：生成一个随机数，范围是 0～32 767。

```
void srand(unsigned seed);
```

作用：用 seed 作种子初始化随机数发生器，常用系统时间作种子，即 srand(time(NULL))。

```
int random(int num);
```

作用：生成一个随机数，范围是 0 到 num－1。

```
void randomize();
```

作用：用系统时间作种子初始化随机数发生器，需要包含 time.h 头文件。

本例要在 200 人中抽取获奖者，抽取的号码范围是 1～200，可以使用 rand()或 random()函数，下面两种方法都可以生成一个 1～200 的随机数：

```
rand()%200+1;
random(200)+1;
```

本例采用后一种方法。

如果仅仅使用 random(200)+1;生成随机数，每次运行程序生成的数都相同(但一次运行中多次调用 random()生成的数是不同的)。若要使每次运行生成的随机数不同，必须首先使用一次随机数种子函数：

```
randomize();                                      //需要头文件 time.h 支持
```

本例需要生成 10 个 1～200 的号码,循环 10 次即可：

```
int i,n[11];
randomize();
for(i=1; i<=10; i++)
    n[i]=random(200)+1;
```

但是这里有一个问题,就是生成的 10 个数有可能有重复的,如何才能避免重复?

可以采用这样的方法：循环过程中,每生成一个数,先存起来,然后与前面已经存在的每个数作比较,若有相同的,则重新生成一个新数,覆盖原来的数,直到与前面的数不重复为止。

```
int i,j,n[11];
randomize();
for(i=1; i<=10; i++){
    n[i]=random(200)+1;
    for(j=1; j<i; j++)
        if(n[i]==n[j]){
            i--;
            break;
        }
}
```

代码中 i－－的目的是,先使 i 减 1,待执行 i＋＋后,i 变回原值,这样下一次循环生成的随机数恰可以覆盖原来的数 n[i],这便是本算法的巧妙之处。

为了美观,随机数最好从小到大进行输出,故随机数生成之后还需要排序。

本实例完整的程序如下：

```
#include<stdio.h>
#include<stdlib.h>
#include<time.h>
int main()
{
    int i,j,n[11],k,t;
    randomize();
    for(i=1; i<=10; i++){
        n[i]=random(200)+1;
        for(j=1; j<i; j++)
            if(n[i]==n[j]){
                i--;
                break;
            }
    }
    //以下代码是选择法排序
```

```
        if(k==n)
            break;
        if(k>n)
            printf("\n不对,大了!");
        else
            printf("\n不对,小了!");
    }
    if(i<=5)                                //因 break 而退出
        printf("\n恭喜您,猜对了!答案正是%d\n",n);
    else                                    //循环自然退出
        printf("\n抱歉,没猜对!正确答案是%d\n",n);
    return 0;
}
```

实例 14 二维数组的排序输出

有 10 名学生,每名学生考试 3 门功课:数学、英语、计算机。键盘输入学号和成绩(学号和分数都是整数),按总分高低排序输出。

实例解析:

本例需要完成输入、排序和输出。由于每个学生有 5 项数据:学号、3 门课程的成绩和总分,存储 10 个人的数据需要一个二维数组:

```
int a[11][5];                               //第 0 行闲置不用
```

设计思路:

数组的第 0 列用来存学号,第 1～3 列存单科成绩,第 4 列存总分。

所有数据从键盘输入,用循环实现,循环的同时计算每个人的总分。

排序用选择法,与一维数组不同的是,这里的排序如果需要交换数据,那么交换的是两行的数据,而不是仅交换总分。

下面是程序代码:

```
#define NUMBER 10
int main()
{
    int a[NUMBER+1][5],i,j,k,t,n;
    for(i=1; i<=NUMBER; i++){
        printf("请输入第 %d 个学生的数据: ",i);
        scanf("%d,%d,%d,%d",&a[i][0],&a[i][1],
                                  &a[i][2],&a[i][3]);
        a[i][4]=a[i][1]+a[i][2]+a[i][3];
    }
    for(i=1; i<NUMBER; i++) {               //选择法排序
        k=i;
```

```
            for(j=i+1; j<=NUMBER; j++)
                if(a[j][4]>a[k][4])
                    k=j;
            for(n=0; n<=4; n++){                    //交换两行的5对数据
                t=a[i][n];
                a[i][n]=a[k][n];
                a[k][n]=t;
            }
        }
    printf("学号   数学   英语   计算机   总分   名次\n");
    for(i=1; i<=NUMBER; i++)
        for(j=0; j<=5; j++){
            if(j !=5)
                printf("  %3d  ",a[i][j]);
            else
                printf("  %3d  \n",i);        //输出名次
        }
    return 0;
}
```

实例15 寻找假币

80枚硬币中有一枚假币,假币比真币稍轻,请用天平称4次,将假币找出。

提示:天平两边都可以放硬币。

实例解析:

要用天平称4次找出假币,必须这样称:

(1) 将硬币分成3组:27、27、26,将前两组硬币分放在天平两侧称量,可以确定假币在某一组,假币范围缩小到27(或26)个硬币中。

(2) 将假币所在组再分3组9、9、9(或9、9、8),前两组放天平上称量,又可以确定假币在哪一小组,假币范围缩小为9(或8)个硬币之中。

(3) 继续分组3、3、3(或3、3、2),可确定假币在3(或2)个中。

(4) 继续分组1、1、1(或1、1、0),便能找出假币。

上面描述的是用天平找出假币的方法,但计算机不是天平,要用计算机编程解这个题,就需要用程序来模拟天平称量的过程,故必须先建立数学模型。

天平称重,其实是比较两边硬币的总重量是否相等。为了能计算总重量,可在程序中定义一个数组,每个元素存储一个硬币的重量,并使真币的重量为1,假币重量为0(只要比真币轻即可),然后按照上面的方法分组4次,称量4次。每次称完,都用k记录下假币所在小组中第一枚硬币的序号,以便下次分组从k开始。

下面为程序代码:

```
#include "time.h"
```

```
#include "stdlib.h"
int main()
{
    int i,j,k,m,s1,s2,c[81];
    for(i=1; i<=80; i++)                    //先将所有元素都置为1,都是真币
        c[i]=1;
    randomize();
    c[random(80)+1]=0;                      //随机设定一枚假币
    k=1;                                    //存储假币所在组中第一枚硬币的序号
    m=27;                                   //第一次称,每组27个硬币
    for(i=1; i<=4; i++){                    //循环4次,表示总共称4次
        s1=s2=0;                            //每次计算总重量前,都要先清零
        for(j=k; j<m+k; j++){               //计算左右两组的硬币总重量
            s1 +=c[j];
            s2 +=c[j+m];
        }
        if(s1>s2)                           //假币在第2组
            k +=m;
        if(s1==s2)                          //假币在第3组
            k +=2*m;
        m/=3;                               //继续分组,下次循环每组m/3个硬币
    }
    printf("假币的序号是: %d\n",k);
    return 0;
}
```

实例16 打印乘法口诀

编程打印九九乘法表。

实例解析：

九九乘法表共分9行，第一行都是1*□=□，第二行都是2*□=□，第一个数字总是等于行数，由此想到用循环变量i表示行数，i从1循环到9可输出9行。

在每一行中，表达式的个数总是等于i。例如，第3行有3个表达式：3*1=3　3*2=6　3*3=9，而且，第二个乘数取值总是从1开始递增，直到i。由此想到，可以再用一个小循环，循环变量为j，让j取值1、2、3、…、i，j每取一个值就输出一个表达式。

当一行打印完时，要输出一个换行符，即每次i++之前换行。

下面是程序代码：

```
int main()
{
    int i,j;
    for(i=1; i<=9; i++){
```

```
        for(j=1; j<=i; j++)
            printf("%d*%d=%-4d",i,j,i*j);      //%-4d是为了对齐
        printf("\n");                          //此行不能写在小循环中
    }
    getch();
}
```

实例17 计算矩阵相乘

编程序计算矩阵相乘：

$$A_{3\times 4} \times B_{4\times 2} = C_{3\times 2}$$

实例解析：

每个矩阵可用一个数组表示，数组c中每一项都是累加的结果，因此数组c中的数据必须先全部初始化为0。

数组c中的某一项c[i][j]的值由a的第i行和b的第j列相乘而得，即

c[i][j]=a[i][0]*b[0][j]+a[i][1]*b[1][j]+a[i][2]*b[2][j]+a[i][3]*b[3][j]

此式的计算可用循环实现：

```
for(k=0; k<=3; k++)
    c[i][j] +=a[i][k] * b[k][j];
```

上面只是求得数组c中的一项，利用循环可求出所有的数据。

程序代码：

```
#define M 3
#define K 4
#define N 2
int main()
{
    int a[M][K]={3,9,12,10,1,8,6,7,5,4,2,11};
    int b[K][N]={5,8,2,1,7,3,6,4},c[M][N]={0};
    int i,j,k;
    for(i=0; i<M; i++){
        for(j=0; j<N; j++){
            for(k=0; k<K; k++)
                c[i][j] +=a[i][k] * b[k][j];
            printf("%5d",c[i][j]);
        }
        printf("\n");
    }
    return 0;
}
```

实例 18　向排好序的数组中插入数据

数组中已按从小到大顺序存有 10 个整数，键盘输入一个整数插入到数组中，插入后的数据还是按顺序排列的。

实例解析：

解法一：

要向排好序的数据中插入一个数据 x，必须首先确定 x 应该插入到数组的何处，然后再行插入。

要确定 x 应插入到何处，需要将 x 依次与数组中的每个元素进行比较，若 x 小于某元素，则该元素的位置便是 x 应该插入的位置。这个过程可用下面的代码实现：

```
for(i=0; i<=9; i++)
    if(x<a[i])
        break;
```

循环结束后，i 的值便是 x 插入后的序号，即 a[i]应当存储 x。

但是，此时还不能将 x 存入 a[i]，因为这样做就把 a[i]原值覆盖了。正确的做法是，先把 a[i]后移，然后再存入 x。但是，如果 a[i]后移到 a[i+1]，就把 a[i+1]覆盖了，如何解决？

可以从数组最后一个数据开始向后移动，即先把最后一个后移，再把倒数第二个数据后移……

可用下面的代码实现：

```
k=i;            //用 k 记录下 i 的值，以便后面循环再用 i 作循环变量
for(i=9; i>=k; i--)
    a[i+1]=a[i];
```

完成这一步后，便可以把 x 插入到 a[k]了：

```
a[k]=x;
```

下面是完整的程序代码：

```
#include<stdio.h>
int main()
{
    int a[11]={-2,0,3,8,11,15,17,20,24,32};
    int x,i,k;
    scanf("%d",&x);
    for(i=0; i<=9; i++)
        if(x<a[i])
            break;
    k=i;
```

```
    for(i=9; i>=k; i--)          //自第 k 个数据之后的所有数据后移//
        a[i+1]=a[i];
    a[k]=x;                      //将 x 插入
    for(i=0; i<=10; i++)
        printf("%5d",a[i]);
    return 0;
}
```

解法二：

将数组的元素从最后一个开始依次与 x 比较，若数组元素大于 x，则后移，直到遇到一个不大于 x 的元素或所有元素都比较完了为止。

```
for(i=9; i>=0 && a[i]>x; i--)
    a[i+1]=a[i];
```

当循环结束时，存在两种情况：

(1) 遇到一个元素，使得 a[i]不大于 x，此时，x 应插入到 a[i+1]。

(2) 所有元素都比较完了，使得 x<0 退出循环，x 应插入到 a[0]，亦即 a[i+1]。

两种情况都可以用 a[i+1]=x;来完成插入。

解法二的主要代码如下：

```
for(i=9; i>=0 && a[i]>x; i--)
    a[i+1]=a[i];
a[i+1]=x;
```

实例 19　数组作计数器

一篇文章共有 10 行，每行最多 80 个字符，编程统计文章中 26 个英文字母分别出现的次数(不区分大小写)。

实例解析：

文章的内容可以通过键盘输入到一个二维数组中：

```
char s[10][81];
for(i=0; i<=9; i++)
    gets(s[i]);
```

下面的任务就是统计这个二维数组中的 26 个英文字母各自出现的次数。根据经验，要统计它们出现的次数，需要 26 个计数器，即需要 26 个变量。由于所用变量较多，自然地想到了数组。

定义一个数组 count[26]，用 count[0]统计字母 A 和 a 出现的次数，用 count[1]统计 B 和 b 出现的次数……用 count[25]统计 Z 和 z 出现的次数。

从头依次判断文章中的每个字母，并统计到 count 的某元素中。可以用 if 语句判断是哪个字母，也可以用 switch 语句，作用相同。

下面是用 if 语句的算法：

```
if(s[i][j]=='A' || s[i][j]=='a')
    count[0]++;
if(s[i][j]=='B' || s[i][j]=='b')
    count[1]++;
if(s[i][j]=='C' || s[i][j]=='c')
    count[2]++;
…
```

但是这样写的代码太麻烦。

下面介绍另一种简单的方法：可以发现，字母的 ASCII 码值与其计数器下标总是相差 65（或 97），利用这个规律，可以这样编程：

对大写字母，这样统计：

```
count[s[i][j]-65]++;
```

对小写字母，则这样统计：

```
count[s[i][j]-97]++;
```

完整的程序代码如下：

```
int main()
{
    char s[10][81];
    int i,j,count[26]={0};
    for(i=0; i<=9; i++)
        gets(s[i]);
    for(i=0; i<=9; i++)
        for(j=0; s[i][j] !=0; j++){
            if(s[i][j]>=65 && s[i][j]<=90)
                count[s[i][j]-65]++;
            if(s[i][j]>=97 && s[i][j]<=122)
                count[s[i][j]-97]++;
        }
    for(i=0; i<=25; i++)
        printf("%4d",count[i]);
    printf("\n");
    return 0;
}
```

实例 20　判断字符串是否回文

写一个函数，用来判断字符串是否回文。

实例解析：

所谓回文，是指顺读、倒读都相同，即左右对称，比如 abcba。

本实例要求写一个被调函数(而不是主函数)。被判断的字符串需要由主调函数传来,故所编函数应有一个参数。是否回文这个结论需要告知主调函数,故函数需要返回值。

判断是否回文可用循环,先测试字符串的有效长度,然后第0个字符和最后一个字符比较,第1个和倒数第二个比较……,若所有比较都相等,则是回文,只要有一对不相等,则不是回文。

```
#include<string.h>
int palindrome(char * p)
{
    int i,n;
    n=strlen(p);                    //测试字符串长度
    for(i=0; i<n/2; i++){
        if(* (p+i) != * (p+n-i-1))
            return 0;
    }
    return 1;
}
```

实例21　找　素　数

利用函数调用找出1000以内的所有素数。

实例解析:

根据题意,本例应该编写两个函数,一个主函数main(),一个被调函数prime()。可这样设计:被调函数prime()负责判断一个数是否素数;主函数利用循环在1～1000中找出素数,自然地,如果需要判断某数是否素数,则调用prime()。

prime()判断的数要由主函数给定,故prime()需要一个参数,当判断结束时,需要将结论告知主函数,故需要返回值。返回值可以是字符型(返回'Y'或'N'),也可以是整型(用1代表是素数,用0代表不是素数),这里采用整型。

```
#include<math.h>
int main()
{
    int prime(int);
    int i,count=0;
    for(i=1; i<=1000; i++)
        if(prime(i)==1)
            printf("%5d",i);
    printf("\n");
    return 0;
}
```

```
int prime(int m)
{
    int k,i;
    k=sqrt(m);
    for(i=2; i<=k; i++)
        if(m%i==0)
            return 0;
    return 1;
}
```

上面 prime()函数中,若某一个 i 的取值使得 m%i==0 成立,则直接返回 0,后面剩下的循环,包括 return 1,都将被跳过,所以 prime()不会返回两个值;若 i 所有的取值都不能使表达式为真,则结束循环后执行 return 1。

prime()函数也可以这样设计:

```
int prime(int m)
{
    int k,i;
    int flag=1;                    //先让 flag=1,表示是素数,若不是,再改为 0
    k=sqrt(m);
    for(i=2; i<=k; i++)
        if(m%i==0){
            flag=0;
            break;
        }
    return flag;
}
```

或将核心代码改成

```
for(i=2; i<=k && flag==1; i++)
    if(m%i==0)
        flag=0;
```

这两种设计都不如第一种方法简捷。

实例 22　字符串转换为实数

编写一个函数,用来把键盘输入的字符串(如 312.96)转换为实数。

实例解析:

键盘输入的应是一个字符串,函数将之转换为实型数据。方法是:从字符串的第一个字符开始逐个读取字符,并作相应的计算处理。其中对整数部分的处理和对小数部分的处理要用不同的方法。

(1) 对于整数部分,从左到右依次读取字符:先读取'3',实际上读出来的是'3'的ASCII码值51,减去48,得到数值3,然后将该值存入变量x,即x=3。

如果'3'后面没有数字了(比如字符串是"3"时),或者'3'后面是小数点(比如3.14),则整数部分就是3了。

对于字符串312.96这种情况,由于'3'后面既不是空字符也不是小数点,而是字符'1',故'3'应升级为"十位"上的数字,所以首先将x乘以10,然后将后面'1'读出来,减去48,合并到x中。即x=x*10+'1'- 48=31。

继续读取,读出第三个字符'2',使x=x*10+'2'-48=312。

同样的方法继续,直到小数点或空字符,则整数部分计算结束。

(2) 对于小数部分,从左到右读取,读取的第一个字符要减去48,然后除以10,再合并到x中。

对第二个字符,读取出来减去48,然后除以100,合并到x中。

对第三个字符,读取后减去48,再除以1000,合并到x中。

……

直到空字符为止。

程序代码:

```
float myatof(char *p)
{
    float x=0;
    while(*p !='\0' && *p !='.'){
        x=x*10+*p-48;
        p++;
    }
    if(*p=='.'){
        int k=10;
        p++;
        while(*p !='\0'){
            x +=(float)(*p-48)/k;
            k *=10;                 //为下一次循环做准备
            p++;
        }
    }
    return x;
}
//主函数
int main()
{
    char s[20];
    float x;
    gets(s);
    x=myatof(s);
```

```
    printf("%f\n",x);
    return 0;
}
```

实例23 任意进制数的转换

编写函数用于将任意无符号整数转换为 d(2～16)进制数。

实例解析：

设要转换的数为 n,转换为 d 进制后,将结果存入指定位置 s 处。

方法：用 n 一次次除以 d,直到 n 为 0 为止,每次都记录下余数,将余数倒排起来就是 n 的 d 进制数。

程序代码：

```
#define M sizeof(unsigned int) * 8
int trans(unsigned n,int d,char * s)
{
    char digits[]="0123456789ABCDEF";              //十六进制数字的字符
    char buf[M+1];                                 //用于存放余数字符
    int j,i=M;
    buf[i]='\0';
    do{
       buf[--i]=digits[n%d];
       n /=d;
    }while(n);
    for(j=0; buf[i] !='\0'; j++,i++)               //复制到指定位置 s 处
       s[j]=buf[i];
    s[j]='\0';
    return j;                                      //设计有返回值,但可以不用
}
```

附：主函数,用于测试 trans()函数。

```
int main()
{
    unsigned int num,d;
    char s[33];
    scanf("%d%d",&num,&d);
    trans(num,d,s);
    printf("%d=%s(%d)\n",num,s,d);
    return 0;
}
```

实例 24 利用位运算求整数的原码或补码

利用位运算求任意整数的原码或补码。

实例解析：

整数在内存中本来就是用补码存放的，若要求出补码，只需求出内存中的每一位二进制数即可。而原码，若是负数，则需要将补码减 1 然后取反(最高位不取反)。

程序代码：

```
#include "stdio.h"
int main()
{
    int n,i;
    char k;
    clrscr();
    scanf("%d",&n);
    printf("要转成什么? \n");
    printf("1.原码\n");
    printf("2.补码\n");
    do{
        k=getch();
    }while(k !='1' && k !='2');
    if(k=='1' && n<0){                          //若是求原码且 n 为负数
        n--;
        n^=~0;                                   //取反
        n|=1<<sizeof(int) * 8-1;                 //最高位还原为 1
    }
    for(i=sizeof(int) * 8-1; i>=0; i--)
        printf("%d",n>>i&1);
    printf("\n");
    return 0;
}
```

实例 25 字符串逆置

编写一个函数，可将字符串逆置。

实例解析：

函数的功能是将字符串逆置(头变成尾，尾变成头)，而不是把字符串倒序输出。例如，字符串本来是 ABCDE，逆置后内存中的字符串变为 EDCBA。

要将字符串逆置，需要将第一个字符与最后一个字符交换，第二个与倒数第二个交换……设字符串有效字符个数为 n，则这样的交换要进行 $n/2$ 次。

程序代码：

```
#include<string.h>
void reverse(char * p)
{
    int n,i,t;
    n=strlen(p);
    for(i=0; i<n/2; i++){
        t=p[i];
        p[i]=p[n-i-1];
        p[n-i-1]=t;
    }
}
```

实例 26　用递归法逆序输出字符串

编写一个函数，可将字符串逆序输出。

实例解析：

逆序输出，仅仅是倒着输出字符串，并不是要改变内存中字符串的存储状态。

可以这样设计递归过程：假设字符串为 abcd，函数先留下第一个字符 a，等待稍后输出，而将其余字符 bcd 交给下一个“自己”处理，待下一个“自己”逆序输出 bcd 后再输出字符'a'。

结束递归的条件是：给定的字符串是空串。

程序代码：

```
void reverse(char? * str)
{
    if(* str){                          //若第一个字符不是空字符
        reverse(str+1);                 //调用自己逆序输出除第一个字符之外的字符
        printf("%c", * str);            //输出第一个字符
    }
}
```

实例 27　用递归法对数组排序

编写一个函数，实现用递归法对整型数组排序。

实例解析：

用递归法排序不需要考虑所有的数，在函数中只需要把最大(最小)的数找出并交换到最前面，剩下数的排序由下一个“自己”去完成。当待排序的数据只剩一个时结束

递归。

程序代码：

```
void sort(int *p,int n)            //p用来存储数组首地址,n为数据个数
{
    int i,t,k;
    if(n>=2){                      //两个以上的数才需要排序
        k=0;                       //最前面的数当临时"擂主",它的序号为0
        for(i=1; i<n; i++)
            if(p[i]>p[k])          //若某一数大于"擂主"
                k=i;               //记录新"擂主"的序号
        t=*p;                      //本行及下面两行:将最大数交换到最前面
        *p=p[k];
        p[k]=t;
        sort(p+1,n-1);             //剩下数的排序工作调用"自己"完成
    }
}
```

附：主函数。

```
int main()
{
    int i,a[10]={3,7,1,9,0,6,2,4,8,5};
    sort(a,10);
    for(i=0; i<=9; i++)
        printf("%3d",a[i]);
    return 0;
}
```

实例28　向主调函数中的局部变量存数据

主函数中输入一个字符串,并定义了一个局部变量num用来统计字符串中字母的个数,请在被调函数中统计字母的个数并由被调函数存入num中。

实例解析：

(1) 被调函数要统计字母个数,需知道字符串的存放位置,故需将数组地址传递给被调函数。

(2) num是主调函数的局部变量,被调函数中不能直接访问,若要把统计结果存入num中,必须通过指针变量间接访问,因此又需要传递num的地址。

```
int main()
{
    void count(char*,int*);
    char s[80];
```

```
    int num;
    gets(s);
    count(s,&num);
    printf("%d\n",num);
    return 0;
}

void count(char * str,int * p)
{
    int i;
    * p=0;                         //相当于 num=0
    for(    ; * str !='\0'; str++)
        if(* str>=65 && * str<=90 || * str>=97 && * str<=122)
            (* p)++;
}
```

实例29 通过指针变量使函数“返回”两个值

编写一个函数,可用来求两个整数的平方差和平方和。

实例解析:

本例要求平方差和平方和两个值,却只允许编写“一个”函数,而一个函数只能返回一个值,所以必须借助于全局变量或指针变量完成。可以采用以下 4 种方法来实现:

(1) 设两个全局变量分别用来存储平方差和平方和,被调函数直接向全局变量存值,函数不需要返回值。

(2) 设一个全局变量和一个局部变量。被调函数将一个值直接存入全局变量,另一个值返回,由主调函数将返回值存入局部变量。

(3) 设两个局部变量,被调函数通过指针变量将值存入局部变量。

(4) 设两个局部变量,一个通过指针变量赋值,另一个通过返回值赋值。

对于全局变量,最好不用,这样就只能在后两种方法中选一种,鉴于方法(3)对两个变量的处理方法一致,编程相对简单,故选用方法(3)。

```
void sum_sub(int x,int y,int * p1,int * p2)
{
    * p1=x * x+y * y;
    * p2=x * x-y * y;
}
int main()
{
    void sum_sub(int,int,int * ,int * );
    int a,b,sum,sub;
    scanf("%d%d",&a,&b);
```

```
    sum_sub(a,b,&sum,&sub);
    printf("%d,%d\n",sum,sub);
    return 0;
}
```

本例借助于指针变量使得被调函数计算出的两个值存入了主调函数的两个变量中，但是这两个值不是返回的，而是在被调函数中存入的。

实例30　利用位运算对字母进行大小写转换

编程，用位运算实现字母大小写的转换：若是大写，转为小写；若为小写，则转为大写。

实例解析：

大写字母和小写字母的区别是：大写字母二进制ASCII码的第5位(最右边为第0位)是0，而小写字母的这一位则为1。例如，'A'的ASCII码是01000001，'a'的ASCII码则是01100001。要实现大写变为小写，只需把此位的0改为1，反之，则把1改为0。

将某位由0变1可使用位操作"|"，将某位由1变0则用"&"。

```
void change(char * p)
{
    if(* p>=65 && * p<=90)
        * p |=32;
    else if(* p>=97 && * p<=122)       //不能没有 else,也不能没有 if
        * p &=~32;
}
```

附：主函数。

```
int main()
{
    char s[20];
    int i;
    gets(s);
    for(i=0; i<strlen(s); i++)
        change(s+i);                   //s+i 相当于 &s[i]
    printf("%s\n",s);
    return 0;
}
```

利用位操作实现大小写转换比用c+=32或c-=32执行速度更快(只需要改变内存中的一位)，这也正是ASCII码表中将小写字母排在97之后而不是紧接着大写字母的原因。

本例还有一种更简单方法：直接与32异或。

```
void change(char * p)
{
    if( * p>=65 && * p<=90 || * p>=97 && * p<=122)
        * p^=32;
}
```

实例 31 用结构体处理学生成绩

编程,键盘输入学生的学号、姓名及三科成绩,按成绩高低输出每个人的数据。

实例解析:

由于学生的数据不都是相同类型的(姓名为字符串),故本例不能用二维数组。可定义一种结构体类型:

```
typedef struct {
    int num;
    char name[9];
    int english,math,computer,sum;
}STU;
```

每个学生的数据用一个 STU 类型的变量存储,全部学生的数据用结构体数组存储。

程序的输入、排序和输出用 3 个函数 input、sort、output 分别实现。

```
#define N 20                         //N代表人数
int main()
{
    void input(STU * ,int),output(STU * ,int),sort(STU * ,int);
    STU s[N];
    input(s,N);
    sort(s,N);
    output(s,N);
    return 0;
}

void input(STU * p,int n)
{
    int i;
    for(i=0; i<=n-1; i++){
        printf("请输入第 %d 个学生的数据: ",i+1);
        scanf("%d",&p[i].num);
        scanf("%s",p[i].name);
        scanf("%d",&p[i].english);
        scanf("%d",&p[i].math);
        scanf("%d",&p[i].computer);
```

```
        p[i].sum=p[i].english+p[i].math+p[i].computer;
    }
}

void sort(STU *p,int n)
{
    int i,j,k;
    STU t;
    for(i=0; i<n-1; i++){
        k=i;
        for(j=i+1; j<=n-1; j++)
            if(p[j].sum>p[k].sum)
                k=j;
        t=p[k];
        p[k]=p[i];
        p[i]=t;
    }
}

void output(STU*p,int n)
{
    int i;
    for(i=0; i<=n-1; i++)
        printf("%2d,%d,%8s,%2d,%2d,%2d,%3d\n",
            i+1,p[i].num,p[i].name,p[i].english,
            p[i].math,p[i].computer,p[i].sum);        //第一项为名次
}
```

实例32 报数游戏

n个小孩围成一圈,从1开始报数,报到k的人退出,其余人重新从1报数,仍是报到k退出,直到圈中只剩m个小孩,问最后剩下的是哪些人?

实例解析:

本例在这里借助于数组求解,用链表求解的方法放在第17章算法与数据结构实例中。

设计思路:用数组元素模拟小孩。定义一个数组,每个元素存入一个数值作为小孩的编号,然后从第一个元素开始报数,报到k的人将编号清零,表示已退出圈子。在报数的过程中,凡是编号为0的人不再参加报数。当数组所有元素都报数后,重新从数组头开始报数,周而复始,直到圈中只剩m个小孩。

```
#define N 100
int main()
```

```
{
    int a[N],n,m,k;
    int i,count,j;
    scanf("%d%d%d",&n,&k,&m);
    for(i=1; i<=n; i++)
        a[i]=i;
    j=n;                                //j:圈中剩余小孩数
    count=0;                            //为报数做准备,以便第一个小孩报 1
    i=1;                                //从数组的 1 号元素开始报数
    while(j>m){
        if(a[i] !=0){                   //若小孩未退出圈子
            count++;                    //参加报数
            if(count==k){               //若报到 k
                a[i]=0;                 //退出圈子
                count=0;                //清零,以便重新从 1 开始报数
                j--;                    //剩余人数减 1
            }
        }
        i++;                            //下一个小孩准备报数
        if(i>n)                         //若越过最后一个小孩
            i=1;                        //转到第一个小孩
    }
    for(i=1; i<=n; i++)
        if(a[i] !=0)
            printf("%4d",a[i]);
    return 0;
}
```

实例 33 带参数的 main 函数

编写一个程序,实现这样的功能:若在 DOS 命令行中输入程序名,然后输入 n 个正整数,则能将整数的和计算出来。

例如,若程序名为 prog,输入命令

```
prog  123  18  7  3218<Enter>
```

则显示结果为 3366。

实例解析:

这显然该编写一个带参数的 main()函数,目的是将参数求和。要注意的是,参数存入内存时,存的是字符串,而本例需要的是参数所代表的整数,因此程序中要进行字符串到数值的转化。

下面是程序代码:

```
int main(int n,char * p[])
{
    int i,j;
    long sum=0,s;
    for(i=1; i<n; i++){
        s=0;
        for(j=0; * (p[i]+j) !='\0'; j++)
            s=s * 10+ * (p[i]+j)-48;
        sum +=s;
    }
    printf("sum is %ld\n",sum);
    return 0;
}
```

若 sum 和 s 都定义为 int 型,则输入整数的总和不能超过 32 767。

实例 34 时钟程序

编写一个程序,显示系统时间,包括小时、分、秒,以及上下午,每秒刷新一次。

实例解析:

本实例需要用到与系统时间有关的一些函数。为方便程序员使用,TC 在 dos.h 中定义了两个结构体,专门用于时间和日期处理:

```
struct time{
    unsigned char ti_min;           //分
    unsigned char ti_hour;          //小时
    unsigned char ti_hund;          //百分秒
    unsigned char ti_sec;           //秒
};

struct date{
    int da_year;                    //自 1900 年以来的年数
    char da_day;                    //天数
    char da_mon;                    //月数
};
```

TC 还在 time.h 中提供了一些与时间有关的函数:

(1) char * ctime(const time_t * clock);

作用:把 clock 所指的时间换成如下格式的字符串:Mon Nov 21 11:31:54 2009\n\0。最后两个字符是换行符和空字符。

(2) char * asctime(const struct tm * t);

作用:把 t 所指的时间换成如下格式的字符串:Mon Nov 21 11:31:54 2009\n\0。

(3) double difftime(time_t time2,time_t time1);

作用：返回两个时间的差，单位：秒。

(4) struct tm *localtime(long *clock);

作用：把 clock 所指时间转换为当地标准时间并以 tm 结构指针的形式返回。

(5) long time(long *p);

作用：给出自 1970 年 1 月 1 日凌晨至今经过的秒数，并将该值写入 p 所指变量中。

(6) int stime(long *p);

作用：将 p 所指时间写入计算机中。

而在 dos.h 中提供了以下与时间有关的函数：

(1) void gettime(struct time *timep);

作用：将计算机系统内的时间写入 timep 所指的结构体变量中。

(2) settime(struct time *timep);

作用：将系统时间设为 timep 所指的时间。

本例中只用到函数 gettime()。

程序代码：

```
#include<dos.h>
#include<conio.h>
int main()
{
    struct time curtime;
    float cur_hour,cur_min,cur_sec;
    do{
        printf("The current time is:\n");
        gettime(&curtime);                          //得到当前时间
        if(curtime.ti_hour<12)
            printf("AM ");
        else{
            printf("PM ");
            if(curtime.ti_hour>=13)
                curtime.ti_hour -=12;
        }
        if(curtime.ti_hour<10)
            printf("0");
        printf("%d:",curtime.ti_hour);
        if(curtime.ti_min<10)
            printf("0");
        printf("%d:",curtime.ti_min);
        if(curtime.ti_sec<10)
            printf("0");
        printf("%d",curtime.ti_sec);
        sleep(1);                                   //需要 conio.h 头文件
        clrscr();
```

```
    }while(! kbhit());
    return 0;
}
```

实例35 简单的计算器(一)

编程,用来计算用户输入的四则运算表达式的值,算式中只含加减乘除,不含括号。

实例解析:

表达式中含有加减乘除,乘除的优先级别比加减高。

以键盘输入−3.12 + 2 * 3.5/4 + 8/2 − 3 * 6 为例来说明算法。

式子中的2 * 3.5/4、8/2 和3 * 6 要先算,算完之后整个表达式将只有4个数据项,剩下的问题就很简单了。为此可以把整个表达式分成4部分(4块),块与块之间必定是由加减号连接的,每块中间只有乘除,没有加减。

实际上,没有必要先把每块的值都计算出来,在计算表达式的过程中,每遇到一块,可以先把这一块的结果算出来,然后与前面的计算结果进行加减运算,后面块的值可以在用到的时候再计算。

具体的计算方法如下:

(1) 程序开始先定义一个变量 result,并初始化为0。

(2) 从头开始处理每一块:提取一个数据,如果数据后面是乘(除),则表示该块计算未结束,继续提取第二个数据并与第一个数据进行乘(除)运算,然后再看后面的运算符,如果还是'*'或'/',则继续提取数据并进行计算,直到遇到运算符'+'、'−'或空字符为止。

(3) 遇到运算符'+'、'−'或空字符,都表示该块的计算已经结束,可以将计算结果累加到 result 中了。

(4) 重复上面的方法,对每一块都作这样的处理,直到表达式结束。result 就是最后的结果。

程序代码:

```
#include "stdio.h"
#include "stdlib.h"
float get_num(char **);
int main()
{
    char a[80];
    int sign=1;             //对于表达式中的 '+',sign=1;对于'-',sign=-1
    float result=0;
    char * p;               //用来指向要处理的字符
    gets(a);
    p=a;
    if(* p=='-'){           //表达式第一个字符若是'-'
        sign=-1;            //存储符号
```

```
        p++;
    }
    while(*p !=0){                          //没有遇到空字符,则循环
        float m;                            //m用来存储某块的计算结果
        m=sign*get_num(&p);                 //get_num执行过程中,p会向后移动
        while(*p=='*' || *p=='/'){          //该循环求解某块的结果
            if(*p=='*'){
                p++;
                m *=get_num(&p);
            }
            else {
                int div;
                p++;
                div=get_num(&p);
                if(div==0 {
                    printf("错误! 除数为 0! \n");
                    exit(1);
                }
                else
                    m /=div;
            }
        }
        if(*p !='+' && *p !='-' && *p !=0){
            printf("错误! 遇到非法字符: %c\n",*p);
            exit(0);
        }
        result +=m;     //将上面计算出的某块的结果累加到 result 中
        if(*p=='+'){
            sign=1;
            p++;
        }
        else
            if(*p=='-') {
                sign=-1;
                p++;
            }
            else                            //遇到空字符,退出循环
                break;
    }
    printf("The result is %f\n",result);
    return 0;
}

float get_num(char **pp)                    //pp指向p
```

```
{
    float x=0,m=10;
    if(**pp !='.' && (**pp<'0' || **pp>'9')) {
        printf("错误! 运算符后面不是一个有效的数据\n");
        exit(1);
    }
    while(**pp>='0' && **pp<='9') {
        x=x*10+**pp-48;
        (*pp)++;
    }

    if(**pp=='.') {
        (*pp)++;
        while(**pp>='0' && **pp<='9') {
            x +=(**pp-48)/m;
            (*pp)++;
            m *=10;
        }
    }
    return x;
}
```

实例36 简单的计算器(二)

编程,用来计算用户输入的四则运算表达式的值,算式中含加减乘除和括号。

实例解析:

本实例与上例的区别在于表达式中有括号。其实每个括号中的内容都可以看作是一个单独的表达式(也可能又带括号),考虑到这一点,可以把程序写为递归调用的方式,遇到括号则调用自己计算括号中表达式的值。相应的程序代码如下:

```
#include "stdio.h"
#include "stdlib.h"
float get_num(char **);
float calculate(char **);
int main()
{
    char a[80];
    float result;
    char *p;
    gets(a);
    p=a;
    result=calculate(&p);
```

```
    printf("%f\n",result);
    return 0;
}

float calculate(char **p)
{
    float result=0;
    int sign=1;
    if(**p=='-') {
        sign=-1;
        (*p)++;
    }
    while(**p !=0 && **p !=')') {
        float m;
        if(**p=='(') {
            (*p)++;
            m=sign*calculate(p);        //遇到括号调用自己
        }
        else
            m=sign*get_num(p);
        while(**p=='*' || **p=='/') {
            if(**p=='*') {
                (*p)++;
                if(**p=='(') {
                    (*p)++;
                    m *=calculate(p);   //遇到括号调用自己
                }
                else
                    m *=get_num(p);
            }
            else {
                int div;
                (*p)++;
                if(**p=='(') {
                    (*p)++;
                    div=calculate(p);   //遇到括号调用自己
                }
                else
                    div=get_num(p);
                if(div==0) {
                    printf("除数为 0 错误!\n");
                    exit(1);
                }
```

```
                else
                    m /=div;
            }
        }
        if(**p !='+' && **p !='-' && **p !=0 && **p !=')'){
            printf("表达式含非法字符: %c\n",**p);
            exit(0);
        }
        result +=m;
        if(**p=='+') {
            sign=1;
            (*p)++;
        }
        else
            if(**p=='-') {
                sign=-1;
                (*p)++;
            }
            else
                if(**p==')') {              //遇到右括号,退出循环返回结果
                    (*p)++;
                    break;
                }
                else
                    break;
    }
    return result;
}

float get_num(char **p)
{
    float n=0,m=10;
    if(**p !='.' && (**p<'0' || **p>'9')) {
        printf("数据错误! \n");
        exit(1);
    }
    while(**p>='0' && **p<='9') {
        n=n*10+**p-48;
        (*p)++;
    }
    if(**p=='.') {
        (*p)++;
        while(**p>='0' && **p<='9') {
```

```
            n += (**p-48)/m;
            (*p)++;
            m *=10;
        }
    }
    return n;
}
```

第 17 章 chapter 17

算法与数据结构实例

本章汇集了一些典型的算法和数据结构实例，包括排序以及链表、堆栈、队列等结构的操作。

实例 1 冒泡法排序

数组中有 N 个整数，用冒泡法将它们从小到大(或从大到小)排序。

实例解析：

排序是非常重要且很常用的一种操作，有冒泡排序、选择排序、插入排序、希尔排序、快速排序、堆排序等多种方法。这里先简单介绍前 3 种排序算法和代码的实现，其余算法将在后续课程"数据结构"中学习到。

冒泡法排序是 C 语言教材中已经介绍过的排序方法，与其他排序方法比较起来，冒泡法效率是最低的，但因其算法简单，故也常被采用。其算法如下：

(1) 从第一个数开始，相邻两个数两两比较，将大的(或小的)交换到后面，然后继续比较第 2、3 个数……当比较完最后两个数的时候，最大数(或最小数)便排在最后了。此过程称为"一趟"。

(2) 将最大数排除在外，其余数重复步骤(1)。

(3) 重复步骤(2)，直到所有数都排好为止。

对于有 N 个数的排序，上面的过程总共需要进行 $N-1$ 趟。

下面是冒泡法排序的代码：

```
#include<stdio.h>
#define N 10
int main()
{
    int a[N]={3,5,2,9,7,4,8,1,0,6},i,j,t;
    for(i=0; i<N-1; i++){                    //共进行 N-1 趟
        for(j=0; j<N-i-1; j++)               //已排好的数据不参与比较
            if(a[j]>a[j+1]){
                t=a[j];
```

```
                a[j]=a[j+1];
                a[j+1]=t;
            }
    }
    for(i=0; i<=N-1; i++)
        printf("%3d",a[i]);
    printf("\n");
    return 0;
}
```

实例2 选择法排序

数组中有 N 个整数,用选择法将它们从小到大排序。

实例解析:

选择法是被较多地采用的一种排序方法,其效率比冒泡法高(交换数据的次数少),而算法却并未复杂多少。

选择法排序总的思路如下:

(1) 找出一个最小数,交换到最前面。

(2) 在剩下的数里面再找一个最小的,交换到剩下的数的最前面。

(3) 重复步骤(2),直到所有数都已排好。

显然,对于含有 N 个数的数组来说,其过程也要进行 $N-1$ 趟($0\leqslant i<N-1$)。

上面所述步骤中,"找出一个最小数,交换到最前面"的方法是:先将剩下数中的第一个数(序号是 i)作为擂主,用变量 k 记下其序号,后面的数依次与擂主(注意:擂主是 $a[k]$,不总是 $a[i]$)比较,若比擂主还小,则用 k 记下其序号(注意:此时不要交换),当所有数都与擂主比较后,k 中存放的就是最小数的序号,然后将它交换到最前面(现在才交换)。在上面的过程中,数据只交换了一次,即每趟只交换一次数据。

代码如下:

```
#include<stdio.h>
#define N 10
int main()
{
    int a[N]={3,5,2,9,7,4,8,1,0,6},i,j,k,t;
    for(i=0; i<N-1; i++){                   //共进行 N-1 趟
        //首先将最前面的数当作擂主,记录其序号
        k=i;                                //当进行第 i 趟时,最前面的数的序号是 i
        //后面的每一个数都与擂主进行比较,以便找出最小数
        for(j=i+1; j<=N-1; j++)
            if(a[j]<a[k])                   //擂主是 a[k],未必总是 a[i]
                k=j;                        //若比擂主还小,则记录其序号
        //将最小数交换到(剩下的数的)最前面
```

```
        t=a[k];
        a[k]=a[i];
        a[i]=t;
    }
    for(i=0; i<=N-1; i++)
        printf("%3d",a[i]);
    printf("\n");
    return 0;
}
```

实例3 插入排序

数组中有 N 个整数,用插入排序实现它们由小到大的排列。

实例解析:

插入排序也是常用的一种排序方法,效率较冒泡法高(一趟即可完成),但比选择法低(移动数据次数多)。其基本思想是:将数组分成两个区:前面是已排序的区域(有序区),后面是没有排序的区域(无序区)。每次都从无序区中取第一个数插入到有序区中的适当位置,直到所有数据插入完毕为止。

算法的具体描述是:待排序的数据存放在数组 $A[0,1,\cdots,N-1]$ 中,未排序前,$A[0]$ 自己是一个有序区,$A[1,2,\cdots,N-1]$ 是无序区。程序必须从 $i=1$ 开始,直到 $i=N-1$ 为止,每次将 $A[i]$ 插入到有序区中。

插入排序与打扑克摸牌时的理牌过程很相似。当摸来第一张牌时不需要排序,本身就是排好的(就一张);从第二张开始,每次摸来一张牌,必须插入到原来有序的扑克牌中的适当位置,而为了找到这个适当位置,需要将新摸来的牌与手中的牌进行比较。

(1) 基本的插入排序:

首先在有序区 $A[0,1,\cdots,i-1]$ 中查找 $A[i]$ 应该插入的位置 $k(0\leqslant k\leqslant i-1)$,然后将 $A[k,k+1,\cdots,i-1]$ 中的数据各自后移一个位置,腾出位置 k 插入 $A[i]$。

若有序区所有数据均小于 $A[i]$ 时,$A[i]$ 就应该在原位置不变,不需要插入。

(2) 改进后的插入排序:

将待插入的数据 $A[i]$ 自右至左依次与有序区的数据 $A[i-1,i-2,\cdots,0]$ 进行比较,若 $A[i]$ 小于某数据 $A[j]$,则 $A[j]$ 后移一个位置,继续与前面的数据比较……直到遇到比 $A[i]$ 小的数据或前面已没有数据,则插入位置确定。

若碰到一个数据 $A[j]$ 比 $A[i]$ 小,则 $A[i]$ 应插入到位置 $j+1$。

若 $A[i-1]$ 比 $A[i]$ 小,则 $A[i]$ 位置不变。

若所有数据都比 $A[i]$ 大,则 $A[i]$ 应插入到位置 0。

下面是改进后插入排序的代码:

```
#define N 10
#include<stdio.h>
```

```
int main()
{
    int a[N]={3,5,2,9,7,4,8,1,0,6},i,j,t;
    for(i=1; i<=N-1; i++){
        t=a[i];                              //保存 a[i],因 a[i]会被覆盖
        for(j=i-1; a[j]>t && j>=0; j--)      //a[j]>t 不能写成 a[j]>a[i]
            a[j+1]=a[j];
        a[j+1]=t;
    }
    for(i=0; i<=N-1; i++)
        printf("%3d",a[i]);
    printf("\n");
    return 0;
}
```

实例4 储油问题

一辆重型卡车的油耗是1L/km,载油能力为500L。今欲穿过1000km的沙漠,由于卡车一次过不了沙漠,因此司机必须在沿途设几个储油点。问:如何建立这些储油点,每一个储油点储存多少油,才能使卡车以最小油耗通过沙漠?

实例解析:

本例采用倒推法来解题。所谓倒推法,就是在不知初始值的情况下,通过某种递推关系,由最终值推算出初始值的方法。储油问题和猴子吃桃子问题等都是典型的倒退问题。

显然,卡车要通过沙漠,必须在离起点500km处存储500L油,如图17-1所示。

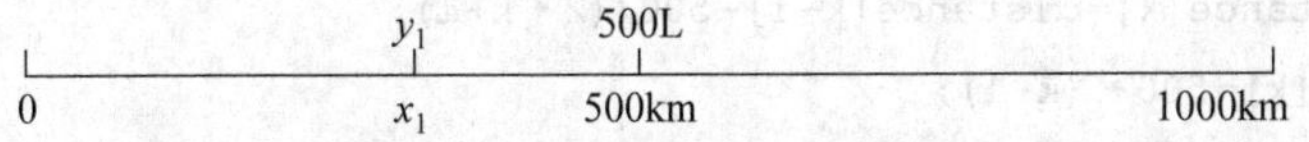

图17-1 储油点及储油量示意图

而要在500km处储油500L,需要卡车从某处(设离起点 x_1 公里处)向500km处运送 n 趟(最后一趟不需要返回),卡车往返总耗油是:$(2n-1)\times(500-x_1)\times1$,因此,$x_1$ 处储油量 y_1 应是 $y_1=(2n-1)\times(500-x_1)+500$,而这个储油量也是卡车 n 趟的总载油量,即 $y_1=500n$。

可以证明,卡车往返的总耗油 $(2n-1)\times(500-x_1)=500$ 时最为省油。故:$y_1=500+500=1000$,此时 $n=2$,即 x_1 处要储油1000L,其中的500L送往中点500km处,另外500km用来跑路(3个单程)。可以算出,x_1 的值为333km。

同样的道理,要在333km处储油1000L,需要在前面某点 x_2 处储油 $500L\times3=1500L$,其中500L用来跑路(耗油500L最省油),另外1000L运送到333km处,即 $y_2=(2\times3-1)\times(x_1-x_2)+500\times2=1500$。

继续前推,对下一个储油点有 $y_3=(2\times4-1)\times(x_2-x_3)+500\times3=2000$。

再下一个储油点: $y_4=(2\times5-1)\times(x_3-x_4)+500\times4=2500$。

……

可以得出一个通用公式:某储油点的储油量应为

$$y_k=(2\times(k+1)-1)\times(x_{k-1}-x_k)+500\times k=500\times(k+1)$$

初始值: $x_0=500,k=1$。

可以定义一个数组 distance[N]用来存储各储油点离起点的距离,其中 distance[0]=500。定义一个数组 oil[N]存储储油量,oil[0]=500。其他储油点的坐标和储油量数据由上面的通用公式求得,即:

$$x_k=x_{k-1}-500/(2k+1)$$

$$y_k=500\times(k+1)$$

注意:推导的过程中,x_k的值越来越小,当某次计算出的坐标 $x_k\leqslant0$ 时,意味着已经计算到起点了。若 $x_k=0$,意味着计算出的最经济的储油点正好位于起点,储油量按照上面的通用公式计算即可,即 $y_k=500\times(k+1)$。但若 $x_k<0$,意味着计算出的储油点是不实际的,实际储油量不需要公式计算的那么多,所以要根据实际距离重新计算。

下面是程序代码:

```
#include<stdio.h>
#define N 10
int main()
{
    int distance[N]={500},oil[N]={500};
    int k;
    for(k=1; distance[k-1]>0; k++){                     //坐标大于0则继续循环
        distance[k]=distance[k-1]-500/(2*k+1);
        oil[k]=500*(k+1);
    }
    k--;
    if(distance[k]<0){
        distance[k]=0;
        oil[k]=500*k+(2*k+1)*distance[k-1];
    }
    printf("\ndistance    oil\n\n");
    for(; k>=0; k--)
        printf("%5d,%8d\n",distance[k],oil[k]);
    return 0;
}
```

运行效果如图 17-2 所示。

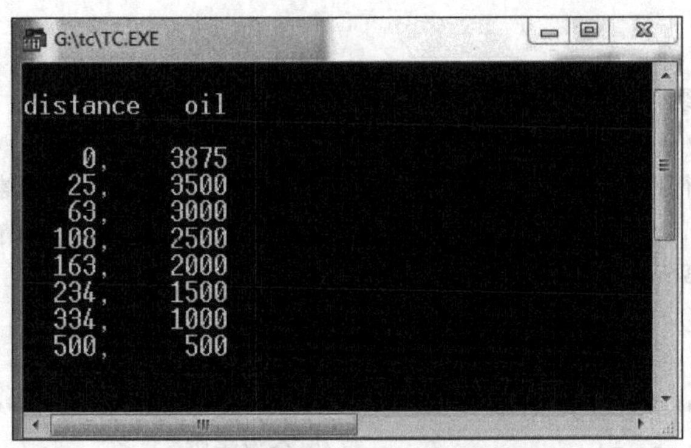

图 17-2 储油问题运行效果图

实例5 0-1背包问题

给定 n 种物品和一个背包，其中物品 i 的重量为 w_i，对应的价值为 v_i，背包可装物品的最大重量为 c。怎样选择物品，才能使装入背包的物品的价值最大?

实例解析：

在选择物品时，每个物品的选择都只有两种：选或者不选，因此这个问题叫做 0-1 背包问题。

采用动态规划的方法来解决这个问题。其基本思想是：将待解决的问题分成若干个子问题，先求子问题的解，然后从子问题的解中得出整个问题的解。

适用于动态规划的问题经分解后形成的子问题往往不是相互独立的，在求解过程中，如果能保存已解决的子问题的答案，以便在需要时加以利用，就可以避免大量重复计算。为了达到这个目的，可以用一个表来记录所有已解决的子问题的答案(不管有用无用，都保存)，这就是动态规划的主要思想。

本例中，定义 3 个数组来描述背包问题：

```
int value[N];                          //用来存储各物品的价值
int weight[N];                         //用来存储各物品的重量
int maxvalue[N][CONTENT+1];            //存储最优解
```

数组 maxvalue 用来存储动态规划过程中的最优解。例如，maxvalue[i][j]表示背包剩余容量为 j，还有第 $i,i+1,i+2,\cdots,N-1$ 件物品可选择时的最优解。

程序代码如下：

```
#define CONTENT 5
#define N 10
#include<stdio.h>
void knapsack(int v[N],int w[N],int c,int m[N][CONTENT+1])
{
    int n=N-1;
```

```
    int i,j;
    int jMax;
    /*初始化数组,只有最后一件物品n可选时*/
    /*********************************************************/
    /*对下面4行代码的说明:当剩余容量c<w[n]时,m数组对应的元素应为0,意即不能选该
    物品,c>=w[n]时,则为v[n],意即应该选择。比如,设w[n]=4,v[n]为9,背包最大容量为
    6,则m数组第n行的值应为:
    剩余容量:        0 1 2 3 4 5 6
    m[n][j]的值:     0 0 0 0 9 9 9                              */
    /*********************************************************/
    for(j=0; j<=c; j++)                //先全部清零
        m[n][j]=0;
    for(j=w[n]; j<=c; j++)             //对于c>=w[n]的情况,改为价值
        m[n][j]=v[n];
    //以下求解m[i][j]//
    for(i=n-1; i>=0; i--) {
        if(w[i]-1<c)                   //相当于w[i]<=c,物体重量小于等于背包容量
            jMax=w[i]-1;               //jMax是分界点
        else
            jMax=c;
        for(j=0; j<=jMax; j++)         //对于剩余容量<物体重量的情况
            m[i][j]=m[i+1][j];
        for(j=jMax+1; j<=c; j++){      //剩余容量>=物体重量时
            if(m[i+1][j]>=m[i+1][j-w[i]]+v[i])
              m[i][j]=m[i+1][j];
            else
              m[i][j]=m[i+1][j-w[i]]+v[i];
        }
    }
}

//下面函数用来推断哪些物品被选择,若被选,数组flag中对应的元素为1
void traceback(int flag[N],int w[N],int m[N][CONTENT+1])
{
    int n=N-1;
    int i;
    int c=CONTENT;                     //c表示背包剩余容量,初始时为CONTENT
    int j;
    for(i=0; i<=n-1; i++)
        if(m[i][c] !=m[i+1][c]){
            flag[i]=1;                 //若两种最优解不同,说明选取了第i件物品
            c -=w[i];                  //剩余容量减小
        }
    if(m[n][c]>0)                      //判断最后一种物品选择与否
```

```
        flag[n]=1;
}
void printResult(int flag[],int w[],int v[],int m[][CONTENT+1])
{
    int i;
    printf(" num weight value\n");
    for(i=0; i<=N-1; i++)
        if(flag[i]==1)
            printf("%3d%7d%5d\n",i,w[i],v[i]);
    printf("content is %d,",CONTENT);
    printf("the max value is: %d\n",m[0][CONTENT]);
}
int main()
{
    int value[N]={ 5,2,3,9,3,6,5,7,8,2};
    int weight[N]={2,1,3,5,7,3,6,2,6,3};
    int c=CONTENT;
    int maxvalue[N][CONTENT+1];
    int flag[N]={0};
    knapsack(value,weight,c,maxvalue);
    traceback(flag,weight,maxvalue);
    printResult(flag,weight,value,maxvalue);
    return 0;
}
```

上面的程序在调用函数 knapsack()之后,数组 maxvalue 中的值如表 17-1 所示。

表 17-1　maxvalue 的值(content=5)

i \ j	0	1	2	3	4	5
0	0	2	7	9	12	**14**
1	0	2	7	**9**	9	**13**
2	0	0	**7**	**7**	7	13
3	0	0	**7**	7	7	13
4	0	0	**7**	7	7	13
5	0	0	**7**	7	7	13
6	0	0	**7**	7	7	9
7	0	0	**7**	7	7	9
8	**7**	0	**7**	2	2	2
9	**7**	0	0	2	2	2

表中粗体字是在 traceback()函数中比较时需要用到的数据。

图 17-3 是程序分别在 CONTENT＝5,20 时两次运行的效果图。

```
 num  weight value
  0      2    5
  1      1    2
  7      2    7
content is 5,the max value is: 14
 num  weight value
  0      2    5
  1      1    2
  3      5    9
  5      3    6
  7      2    7
  8      6    8
content is 20,the max value is: 37
```

图 17-3　0-1 背包问题运行效果图

实例 6　顺序表的插入和删除

编程实现顺序表的初始化、插入结点、删除结点等操作。

实例解析：

顺序表是各种数据结构中最简单但应用却很广的一种形式。学生成绩序列或按顺序排列的多种产品属性的数据都可以看成顺序表。概括地说，顺序表就是一个广义的一维数组，其元素可以是基本类型的数据或者复杂类型的数据。

顺序表的元素在内存中是连续存放的，可以根据某元素在顺序表中的序号来直接访问该元素，因此顺序表是可以随机访问的。

下面是顺序表操作的程序代码：

```
#define ListSize 10                        //表中元素个数
#include<stdio.h>
#include<stdlib.h>
void Error(char * message)
{
    printf("Error:%s\n",message);
    exit(1);
}
//以下定义表结构
struct Seqlist{
    int data[ListSize];                    //data 用于存放各元素的数据
    int length;                            //当前的表长度
};
//初始化顺序表
void Initlist(struct Seqlist * L)
{
```

```
    L->length=0;
}
//将新结点 x 插入 L 所指的顺序表的第 i 个结点的位置上
void InsertList(struct Seqlist *L,int x,int i)
{
    int j;
    if(i<0 || i>L->length)
        Error("position error");        //非法位置,退出
    if(L->length>=ListSize)
        Error("overflow");
    for(j=L->length-1; j>=i; j--)
        L->data[j+1]=L->data[j];
    L->data[i]=x;
    L->length++;
}
//从 L 所指的顺序表中删除第 i 个结点
void DeleteList(struct Seqlist *L,int i)
{
    int j;
    if(i<0 || i>L->length-1)
        Error(" position error");
    for(j=i+1; j<L->length; j++)
        L->data[j-1]=L->data[j];        //结点前移
    L->length--;                        //表长减小
}
int main()
{
    struct Seqlist *SEQA;
    int i;
    SEQA=(struct Seqlist *)malloc(sizeof(struct Seqlist));
    if(! SEQA)
        Error("no space.\n");
    Initlist(SEQA);
    for(i=0; i<ListSize; i++){
        InsertList (SEQA,i*10,i);
        printf("%3d",SEQA->data[i]);
    }
    printf("\n");
    DeleteList(SEQA,9);                 //删除尾结点
    DeleteList(SEQA,0);                 //删除头结点
    DeleteList(SEQA,5);                 //删除中间某结点
    for(i=0; i<SEQA->length; i++)
        printf("%3d",SEQA->data[i]);
    printf("\n");
```

```
    InsertList(SEQA,1,0);                 //在开头插入
    InsertList(SEQA,2,3);                 //在中间插入
    InsertList(SEQA,3,9);                 //在最后插入
    for(i=0; i<SEQA->length; i++)
        printf("%3d",SEQA->data[i]);
    free(SEQA);
    return 0;
}
```

运行效果见图 17-4。

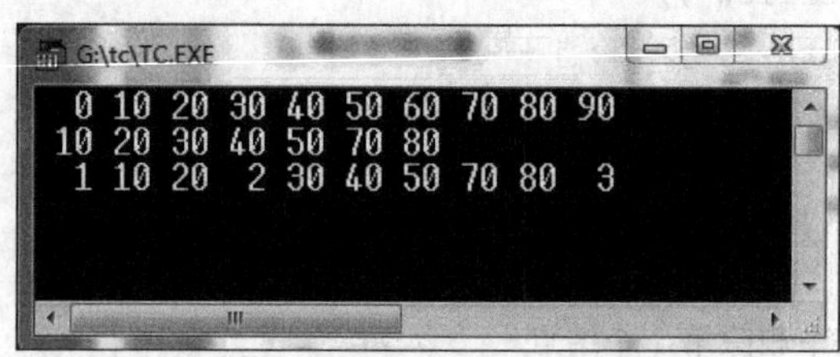

图 17-4 队列操作运行效果图

实例 7 链表操作(一)

编程实现链表的建立、插入结点(在链表头插入)、删除结点、数据输出等操作。

实例解析：

链表也是一种线性表，只不过结点的逻辑次序和物理次序未必相同。链表的运用很广泛，本例提供了链表建立、结点插入和删除以及数据输出等常用的操作函数。

```
#include<stdio.h>
#include<conio.h>
#define N 10
typedef struct node {
    char name[20];
    struct node * link;
}stud;
void del_list(stud * head);               //声明函数
//建立链表,带头结点
stud * create()
{
    stud * p, * h, * s;
    int i,n;
    puts("\nPlease input the number of linklist:");
    scanf("%d",&n);
    if((h=(stud * )malloc(sizeof(stud)))==NULL){
        printf("no space!");
```

```
        return NULL;
    }
    h->name[0]='\0';                        //头结点无数据
    h->link=NULL;
    p=h;                                    //p指向头结点
    for(i=0; i<n; i++) {
        if((s=(stud *)malloc(sizeof(stud)))==NULL){
            printf("no space!");
            del_list(h);                    //删除已建立的链表,释放所有结点
            return NULL;
        }
        p->link=s;                          //使*s成为*p的后继
        printf("please input %d student's name: ",i+1);
        scanf("%s",s->name);
        s->link=NULL;                       //最后一个结点的指针域赋值为NULL
        p=s;                                //p指向最后一个结点
    }
    return h;                               //返回头指针
}
//下面的函数查找指定结点,返回其指针
stud *search(stud *h,char *x)
{
    stud *p;
    p=h->link;                              //使p指向第一个结点(不是头结点)
    while(p !=NULL)
        if(strcmp(p->name,x)==0)
            return(p);
        else
            p=p->link;
    printf("data not find!");
    return NULL;
}
//下面的函数用来查找某结点,若存在则返回前一结点的指针
stud *search2(stud *h,char *x)
{
    stud *p, *s;
    p=h->link;
    s=h;
    while(p!=NULL)
        if(strcmp(p->name,x)==0)
            return(s);
        else {
            s=p;
            p=p->link;
```

```
    }
    printf("data not find!");
    return NULL;
}
//下面的函数插入结点(插在头结点之后)
int insert(stud * p)
{
    char stuname[20];
    stud * s;
    if((s=(stud * ) malloc(sizeof(stud)))==NULL){
        printf("no space!");
        return 0;
    }
    printf("\nplease input the student's name: ");
    scanf("%s",stuname);
    strcpy(s->name,stuname);
    s->link=p->link;                    //使第一个结点成为 * s 的后继
    p->link=s;                          //使 * s 成为第一个结点
    return 1;
}
//下面的函数将 y 所指结点从链表中删除,x 为 y 的前趋
void del(stud * x,stud * y)
{
    x->link=y->link;
    free(y);
}
//下面的函数用于输出链表
void print(stud * h)
{
    stud * p;
    p=h->link;
    printf("Now the linklist is:\n");
    while(p !=NULL){
        printf("%s ",p->name);
        p=p->link;
    }
    printf("\n");
}
//下面的函数删除整个链表
void del_list(stud * head)
{
    stud * p1, * p2;
    p1=head;
    while(p1!=NULL){
```

```
        p2=p1;
        p1=p1->link;
        free(p2);
    }
    clrscr();
    puts("\n Press any key to quit...");
    getch();
}
void menu(void)
{
    clrscr();
    printf(" simple linklist realization of c\n");
    printf(" ||====================================||\n");
    printf(" ||                                    ||\n");
    printf(" || [1] create linklist                ||\n");
    printf(" || [2] search                         ||\n");
    printf(" || [3] insert                         ||\n");
    printf(" || [4] delete                         ||\n");
    printf(" || [5] print                          ||\n");
    printf(" || [6] exit                           ||\n");
    printf(" ||                                    ||\n");
    printf(" ||if no list,create list first        ||\n");
    printf(" ||                                    ||\n");
    printf(" ||====================================||\n");
    printf(" Please input your choose(1-6): ");
}
int main()
{
    int choose;
    stud * head=NULL, * searchpoint, * forepoint;
    char fullname[20];
    while(1){
        menu();
        scanf("%d",&choose);
        switch(choose){
            case 1:
                clrscr();
                if(head !=NULL){
                    puts("Already exist! Press any key to return...\n");
                    getch();
                    break;
                }
                if((head=create()) !=NULL)
                    puts("Successfully! Press any key to return...");
```

```
            getch();
            break;
        case 2:
            clrscr();
            printf("Input the student's name to find:\n");
            scanf("%s",fullname);
            if((searchpoint=search(head,fullname)) !=NULL)
                printf("The name is:%s",searchpoint->name);
            printf("\nPress any key to return...");
            getch();
            break;
        case 3:
            clrscr();
            if(head==NULL){
                printf("no list.\n");
                printf("\nPress any key to return...");
                getch();
                break;
            }
            if(insert(head))
                print(head);
            printf("\nPress any key to return...");
            getch();
            break;
        case 4:
            clrscr();
            print(head);
            printf("\nInput the student's name to delete:\n");
            scanf("%s",fullname);
            searchpoint=search(head,fullname);
            if(searchpoint){
                forepoint=search2(head,fullname);
                del(forepoint,searchpoint);
                print(head);
                puts("\nsuccessfully! ");
            }
            printf("\nPress any key to return...");
            getch();
            break;
        case 5:
            print(head);
            printf("\nPress any key to return...");
            getch();
            break;
```

```
            case 6:
                del_list(head);
                exit(0);
            default:
                clrscr();
                printf("Illegal letter! Press any key to return...");
                menu();
                getch();
        }
    }
    return 0;
}
```

实例8 链表操作(二)

编程实现链表的建立、插入结点(按顺序插入)、删除结点、数据输出等操作。

实例解析:

本例与上例的不同之处有3点:

(1) 建立链表所用的create()函数改为带参数,没有返回值。

(2) 插入的新结点不影响原来分数的排列顺序(建立时分数由小到大)。

(3) 输入数据时,以学号为0作为结束标志。

(4) 本例建立的链表无头结点。

下面是部分代码,完整的程序请看本书配套资源。

```
typedef struct student{
    int n;
    int score;
    struct student * next;
}stud;
void create(stud**h)
{
    stud * head, * p1, * p2;
    head=NULL;
    p1=p2=(stud * )malloc(sizeof(stud));
    if(p1==NULL){
        printf("no space.\n");
        * h=NULL;
        return;
    }
    scanf("%d,%d",&p1->n,&p1->score);
    while(p1->n !=0){                                  //学号不为0意味着数据有效
        if(head==NULL)
```

```
            head=p1;                            //若此时链表为空,则结点为第一个结点
        else
            p2->next=p1;                        //连到上一个结点之后
        p2=p1;                                  //p2 指向刚刚连上的结点
        p2->next=NULL;                          //刚刚连上的结点是暂时的链尾
        p1=(stud*)malloc(sizeof(stud));
        if(p1==NULL){
            printf("no space.\n");
            del_list(head);
            *h=NULL;
            return;
        }
        scanf("%d,%d",&p1->n,&p1->score);
    }
    free(p1);                                   //最后开辟的结构体变量无用,释放
    *h=head;                                    //将 head 存入主调函数指定的位置
}
void print(stud *p)
{
    while(p !=NULL){
        printf("%d,%d\n",p->n,p->score);
        p=p->next;
    }
}
stud *delete(stud* head,int num)
{
    stud *p1,*p2;
    p1=head;
    while(p1 !=NULL && p1->n !=num){           //查找有无数据
        p2=p1;
        p1=p1->next;
    }
    if(p1==NULL)                                //若 p1 已越过链尾,意味着未找到
        printf("Not found\n");
    else{                                       //否则,肯定找到了
        if(p1==head)
            head=p1->next;
        else
            p2->next=p1->next;
        free(p1);                               //释放被删的结点
    }
    return head;                                //返回头指针(可能变化了)
}
stud *insert(stud *head,stud *stu)
```

```
{
    stud * p1, * p2;
    p1=head;
    if(p1==NULL){                               //若链表为空
        head=stu;
        stu->next=NULL;
    }
    else{                                       //否则,寻找插入点
        while((stu->score>p1->score) && p1->next !=NULL){
            p2=p1;
            p1=p1->next;
        }
        if(stu->score<=p1->score){              //找到一个分数较高者
            if(p1==head){                       //若找到的是第一个结点
                head=stu;
                stu->next=p1;
            }
            else{                               //若不是
                p2->next=stu;                   //找到时,p2 指向前一个结点
                stu->next=p1;
            }
        }
        else{                                   //未找到一个分数较高者,则连到最后
            p1->next=stu;
            stu->next=NULL;
        }
    }
    return head;
}
```

实例 9 链表的逆置

编程实现链表(无头结点)的逆置。

实例解析:

所谓链表逆置,就是将所有结点逆序排列。本例可用两种方法来实现。

方法一:从第一个结点开始直到链尾,依次处理每一个结点。

(1) 对于第一个结点,其指针域 next 赋值为 NULL,使之成为链尾。

(2) 对于之后的结点,使之指向前一结点。

(3) 最后一个结点的指针,赋给 head,使之成为第一个结点。

下面是逆置部分的程序代码:

```
struct student * reverse(struct Student * head)
```

```
{
    struct student *p1, *p2, *t;
    p1=p2=head;
    p1=p1->next;                    //指向第二个结点(若有)
    while(p1 !=NULL) {
        t=p1->next;
        p1->next=p2;                //成为上一个结点的前趋
        if(p2==head)                //上一个结点若是第一个结点,使之成为链尾
            p2->next=NULL;
        p2=p1;                      //p2 跟上 p1
        p1=t;                       //p1 指向下一个结点
    }
    head=p2;                        //最后一个结点成为第一个结点
    return head;
}
```

图 17-5 是第一种方法处理过程中的示意图。

方法二:

从链表第二个结点开始,依次将每个结点插入到链表的最前面。

p2 p1 t

图 17-5 链表逆置方法一

相应的函数代码如下:

```
struct student* reverse(struct student *head)
{
    struct student *p, *h, *t;
    if(head !=NULL){
        h=head;                     //记录原第一个结点的地址
        p=head->next;               //指向第二个结点
        while(p !=NULL){
            t=p->next;              //t 记录下一个结点的地址
            p->next=head;           //*p 成为第一个结点的前趋
            head=p;                 //*p 成为第一个结点
            p=t;                    //p 指向原来的下一个结点
        }
        h->next=NULL;               //最早的第一个结点成为链尾
    }
    return head;
}
```

详细的程序代码请参阅配套资源。

实例 10 约瑟夫环

n 个小孩围成一圈,从第一个人开始报数,报到 k 的人退出圈子,下面的人继续从 1 开始报数……若最后圈子里只剩下 m 个人,他们分别是多少号? n、k、m 都从键盘输入。

实例解析：

这是一个典型的单循环链表问题。先建立链表，然后从第一个结点开始计数，将第k个结点删除；再从下一结点开始计数，第k个结点删除……直到链表中只剩m个结点。

下面是程序代码：

```
#include "stdio.h"
#include "stdlib.h"
struct Boy {
    int n;
    struct Boy * next;
};
void create(struct Boy**,int);
struct Boy* proceed(struct Boy * ,int,int,int);
void print(struct Boy * );
void del(struct Boy * );

int main()
{
    struct Boy * head;
    int n,k,m;
    scanf("%d,%d,%d",&n,&k,&m);
    create(&head,n);                     //建立链表
    if(head==NULL)
        exit(0);
    head=proceed(head,n,k,m);            //报数,处理
    print(head);                         //输出链表
    del(head);                           //删除整个链表,释放内存
    return 0;
}

void create(struct Boy **p,int n)
{
    struct Boy * p1, * p2;
    int i;
    for(i=1; i<=n; i++) {
        p1=(struct Boy * )malloc(sizeof(struct Boy));
        if(p1==NULL){
            printf("no space.\n");
            * p=NULL;
            return;
        }
        p1->n=i;
        if(i==1)
            * p=p1;
```

```
        else
            p2->next=p1;
        p2=p1;
        p1->next= * p;
    }
}

void print(struct Boy * head)
{
    struct Boy * p=head;
    while(1) {
        printf("%5d",p->n);
        p=p->next;
        if(p==head)
            break;
    }
}

struct Boy* proceed(struct Boy * head,int n,int k,int m)
{
    struct Boy * p1, * p2;
    int i,count,min;        //min: 圈中最小序号,count: 被删除的结点数
    p1=p2=head;
    for(count=1; count<=n-m; count++){
        for(i=1; i<k; i++){
            p2=p1;
            p1=p1->next;
        }
        p2->next=p1->next;
        p2=p1;              //p2 指向要删结点
        p1=p1->next;
        free(p2);
    }
    head=p1;

    //以下代码使 head 指向序号最小的结点,以便按从小到大顺序输出结果
    min=p1->n;
    for(i=1; i<=m; i++) {
        p1=p1->next;
        if(min>p1->n){
            head=p1;
            min=p1->n;
        }
    }
```

```
    return head;
}
//删除整个链表
void del(struct Boy * head)
{
    struct Boy * p1, * p2;
    p1=head;
    if(p1 !=NULL)
        while(1) {
            p2=p1;
            p1=p1->next;
            free(p2);
            if(p1==head)
                break;
        }
}
```

实例11　双链表的操作

编程实现双链表的操作。

实例解析：

与单链表类似，双链表操作也包括结点的建立、结点的插入和删除、链表的输出等，但由于双链表的结点不仅要存储其后继的指针，还要存储前趋的指针，因此建立链表时所作的操作比单链表稍多一些。当然，由于有了前趋的指针，所以在做插入和删除操作时，可以方便地表示出前趋，因此在程序描述上会比单链表简单。

主要代码如下：

```
typedef struct node{
    struct node * pre;
    int n;
    int score;
    struct node * next;
}Node;
void delAll(Node * head);
Node * create()
{
    int i,n,score;
    Node * p1, * head=NULL, * p2;
    printf("input student number:");
    scanf("%d",&n);                    //输入学生数
    for(i=1; i<=n; i++){
        if((p1=(Node *)malloc(sizeof(Node)))==NULL){
```

```
            printf("no space! \n");
            delALL(head);                          //删除已建立链表
            return NULL;
        }
        scanf("%d%d",&p1->n,&p1->score);      //输入某学生数据
        if(i==1){                              //若是第一个结点
            head=p1;
            p1->pre=NULL;
        }
        else{                                  //不是第一个结点
            p2->next=p1;
            p1->pre=p2;
        }
        p2=p1;                                 //p2 指向链表最后一个结点
        p2->next=NULL;
    }
    return head;
}

void print(Node * head)
{
    Node * p=head;
    while(p !=NULL){
        printf("%3d,%3d,%p,%p,%p\n",
                p->n,p->score,p->pre,p,p->next);
        p=p->next;
    }
}

Node * insert(Node * head)                     //用来插入结点的函数
{
    Node * p, * stu;
    p=head;
    if((stu=(Node *)malloc(sizeof(Node)))==NULL){
        printf("no space! \n");
        return head;
    }
    scanf("%d%d",&stu->n,&stu->score);        //输入被插学生数据
    if(p==NULL){                               //若原链表为空
        head=stu;
        stu->pre=NULL;
        stu->next=NULL;
    }
    else{                                      //若原链表不为空
```

```
    //查找一个较高的分数
      while((stu->score>p->score) && p->next !=NULL)
          p=p->next;
      if(stu->score<=p->score){                  //若找到的分数比插入的分数高
          if(p==head){                           //找到的结点是第一个结点
              stu->pre=NULL;
              stu->next=head;
              head->pre=stu;
              head=stu;
          }
          else{                                  //找到的不是第一个结点
              p->pre->next=stu;
              stu->pre=p->pre;
              stu->next=p;
              p->pre=stu;
          }
      }
      else{                                      //没有找到一个分数比插入的分数高
          p->next=stu;
          stu->pre=p;
          stu->next=NULL;
      }
    }
    return head;
}

Node * del(Node * head)                          //用来删除结点的函数
{
    Node * p, * stu;
    int n;
    p=head;
    if(p==NULL){
        printf("no data! \n");
        return head;
    }
    scanf("%d",&n);                              //输入要删除学生的学号
    while((p->n !=n) && p->next !=NULL)          //查找该学生
        p=p->next;
    if(p->n==n){                                 //找到了
        if(p==head){                             //找到的是第一个结点
            head=p->next;
            head->pre=NULL;
        }
        else{                                    //找到的不是第一个结点
```

```
            if(p->next !=NULL){                    //找到的是中间某结点(非链尾)
                p->pre->next=p->next;
                p->next->pre=p->pre;
            }
            else                                   //找到的是最后一个结点(链尾)
                p->pre->next=NULL;
        }
        free(p);                                   //将删除的结点空间释放
    }
    else                                           //未找到要删除的学生
        printf("no this student! \n");
    return head;
}

void delAll(Node * head)                           //释放整个链表
{
    Node * p, * t;
    p=head;
    while(p !=NULL){
        t=p->next;
        free(p);
        p=t;
    }
}

int main()
{
    Node * head;
    int i;
    head=create();
    if(head==NULL)
        exit(0);
    print(head);

    //下面循环执行3次,可分别删除第一个、最后一个和中间结点
    for(i=1; i<=3; i++) {
        printf("delete:");
        head=del(head);
        print(head);
    }
    //下面的循环执行3次,可分别插入第一个、最后一个和中间的结点
    for(i=1; i<=3; i++) {
        printf("insert:");
        head=insert(head);
```

```
        print(head);
    }
    delAll(head);
    getch();
    return 0;
}
```

实例 12　多项式的表示和计算

设计一种用单链表存储多项式的结构，每个结点存储一项的系数和指数(类型都是int)，编写一个产生多项式链表的函数和一个实现两个多项式相加的函数。

实例解析：

用单链表存储每一项的数据，则链表结点的结构应含有3个成员：系数、指数和后继的指针。定义结构如下：

```
struct Node {
    int coef;
    int power;
    struct Node * link;
};
```

用链表存储多项式时，若系数不为0，则结点存在；若系数为0，则不保留该结点。要注意的是：做加法运算时，因有些结点不存在，所以要比较两个结点所存的次数是否一致。

主要程序代码如下(完整的代码请看配套资源)：

```
#include<stdio.h>
#include<malloc.h>
#define MAX_CHARS_PER_LINE 10
typedef struct Node * PNode;
typedef struct Node * LinkList;
//创建单链表(带头结点),若创建失败,返回 NULL
LinkList createList(void)
{   LinkList llist;
    char buffer[MAX_CHARS_PER_LINE];
    int coef,power;
    llist=createNullList();
    if(llist==NULL)
        return NULL;
    fgets(buffer,MAX_CHARS_PER_LINE,stdin);          //输入数据,空格隔开
    sscanf(buffer,"%d %d",&coef,&power);             //从 buffer 中取得数据
    while(coef !=0 || power !=0){
        if(coef !=0)
```

```
            if(append(llist,coef,power)){           //若向链表加结点失败
                freelist(llist);                    //释放整个链表
                return NULL;
            }
        fgets(buffer,MAX_CHARS_PER_LINE,stdin);
        sscanf(buffer,"%d %d",&coef,&power);
    }
    return llist;
}
//以下是其他几个函数的定义
LinkList createNullList(void)
{   LinkList llist;
    llist=(PNode)malloc(sizeof(struct Node));
    if(llist !=NULL)
        llist->link=NULL;
    return llist;
}
//追加结点的函数,成功返回 0
int append(LinkList llist,int coef,int power)
{   PNode pnode;
    pnode=llist;
    while(pnode->link !=NULL)
        pnode=pnode->link;
    pnode->link=(PNode)malloc(sizeof(struct Node));
    pnode=pnode->link;
    if(pnode !=NULL){
        pnode->coef=coef;
        pnode->power=power;
        pnode->link=NULL;
    }
    return pnode==NULL;
}
LinkList add(LinkList a,LinkList b)                 //建立链表存储表达式的和
{   LinkList c;
    PNode cur_a,cur_b;
    c=createNullList();
    if(c==NULL)
        return NULL;
    cur_a=a->link;
    cur_b=b->link;
    while(cur_a !=NULL && cur_b !=NULL){
        if(cur_a->power>cur_b->power){
            if(append(c,cur_a->coef,cur_a->power)){
                freelist(c);
```

```
                return NULL;
            }
            cur_a=cur_a->link;
        }
        else {
            if(cur_a->power<cur_b->power){
                if(append(c,cur_b->coef,cur_b->power)){
                    freelist(c);
                    return NULL;
                }
                cur_b=cur_b->link;
            }
            else{
                if(append(c,cur_a->coef+cur_b->coef,cur_a->power)){
                    freelist(c);
                    return NULL;
                }
                cur_a=cur_a->link;
                cur_b=cur_b->link;
            }
        }
    }
    if(cur_a !=NULL){                          //若a表达式还有未处理完的项
        while(cur_a !=NULL){
            if(append(c,cur_a->coef,cur_a->power)){
                freelist(c);
                return NULL;
            }
            cur_a=cur_a->link;
        }
    }
    if(cur_b !=NULL){                          //若b表达式还有未处理完的项
        while(cur_b !=NULL){
            if(append(c,cur_b->coef,cur_b->power)){
                freelist(c);
                return NULL;
            }
            cur_b=cur_b->link;
        }
    }
    return c;
}

int main()
```

```
{   LinkList a,b,c;
    printf("Please input a:");              //输入 0 0 表示结束
    if((a=createList())==NULL){
        printf("Create List a fail\n");
        return 0;
    }
    printf("Please input b:");
    if((b=createList())==NULL){
        printf("Create List b fail\n");
        freelist(a);
        return 0;
    }
    if((c=add(a,b))==NULL)
        printf("Create List c fail\n");
    else {
        print(c);                           //输出链表 c
        freelist(c);
    }
    freelist(a);
    freelist(b);
    return 0;
}
```

实例 13 十进制数转换为二进制数

编程将一个十进制非负整数转换为二进制数(使用栈操作)。

实例解析:

十进制数转换为二进制数的方法,是将十进制数反复除以 2,直到商为 0。每次相除的余数倒排,便是所求的二进制数。

显然,利用栈操作最方便:将每次相除得到的余数入栈,然后将余数依次出栈输出。

程序代码如下:

```
#include<stdio.h>
#include<malloc.h>
#define DataType int
#define MAX_SEQSTACK 100
struct SeqStack{                            //顺序栈类型定义
    int MAXNUM;                             //栈最多容纳的元素个数
    int t;                                 //t<MAXNUM,表示已经有了第 t 个数据,自 0 计数
    DataType * s;                           //用来指向栈底元素
};
typedef struct SeqStack * PSeqStack;    //顺序栈类型的指针类型
```

```
PSeqStack CreateEmptyStack_seq()
{   PSeqStack p;
    p=(PSeqStack)malloc(sizeof(struct SeqStack));
    if(p==NULL)
        return NULL;
    p->MAXNUM=MAX_SEQSTACK;
    p->t=-1;                          //不能等于 0,若等于 0,意味着有了第 0 个数据
    p->s=(DataType *)malloc(sizeof(DataType) * (p->MAXNUM));
    if(p->s==NULL){
        free(p);
        return NULL;
    }
    return p;
}
void push_seq(PSeqStack pastack,DataType x)          //在栈中压入 x
{   if(pastack->t>=pastack->MAXNUM-1)
        printf("Overflow! \n");
    else{
        pastack->t=pastack->t+1;
        pastack->s[pastack->t]=x;
    }
}
void pop_seq(PSeqStack pastack)                      //删除栈顶元素
{   if(pastack->t==-1)
        printf("Underflow!\n");
    else
        pastack->t=pastack->t-1;
}
int isEmptyStack_seq(PSeqStack pastack)
{   return pastack->t==-1;
}
DataType top_seq(PSeqStack pastack)                  //栈不空时,求栈顶元素
{   return (pastack->s[pastack->t]);
}
void print_bin(int dec_number)
{   PSeqStack pastack;
    int temp=dec_number;
    if(temp<0){
        printf("Error! \n");
        return ;
    }
    pastack=CreateEmptyStack_seq();
    if(pastack==NULL)
        return;
```

```
    while(temp>0){                                    //若商大于0,继续循环
        push_seq(pastack,temp%2);                     //余数入栈
        temp /=2;                                     //继续除以2
    }
    while(! isEmptyStack_seq(pastack)){
        printf("%d",top_seq(pastack));                //输出栈顶值
        pop_seq(pastack);                             //删除栈顶元素
    }
    free(pastack->s);                                 //释放栈
    free(pastack);                                    //释放结构体变量
}
int main()
{   int a;
    printf("Please input a number:\n");
    scanf("%d",&a);
    print_bin(a);
    return 0;
}
```

实例 14　检查括号配对

假设表达式中包含圆括号、方括号和花括号3种括号。试编写一个函数,判断表达式中的括号是否正确配对。

实例解析:

依次读入数学表达式的各个字符。遇到左括号,入栈;遇到右括号,查看栈顶元素是否与其配对。若配对,出栈;若不配对,返回0。

```
#include<stdio.h>
#include<malloc.h>
#define DataType char
//数据定义及以下5个函数的定义与本章实例13相同
PSeqStack CreateEmptyStack_seq();
void push_seq(PSeqStack pastack,DataType x);
void pop_seq(PSeqStack pastack);
int isEmptyStack_seq(PSeqStack pastack);
DataType top_seq(PSeqStack pastack);
int correct(char * exp)
{   int i=0;
    DataType x;
    PSeqStack st;
    if((st=CreateEmptyStack_seq())==NULL)
        return 0;
```

```
do{
    x=*(exp+i);
    switch(x){
        case '{':
        case '[':
        case '(':
                    push_seq(st,x);               //左括号入栈
                    break;
        case ')':                                  //遇到有括号
                    if(isEmptyStack_seq(st)){      //若此时栈为空
                        free(st->s);               //释放栈
                        free(st);                  //释放结构体变量
                        return 0;                  //返回 0
                    }
                    x=top_seq(st);                 //取栈顶值
                    if(x !='('){                   //若不匹配
                        free(st->s);
                        free(st);
                        return 0;
                    }
                    pop_seq(st);                   //删除栈顶元素
                    break;
        case ']':
                    if(isEmptyStack_seq(st)){
                        free(st->s);
                        free(st);
                        return 0;
                    }
                    x=top_seq(st);
                    if(x !='['){
                        free(st->s);
                        free(st);
                        return 0;
                    }
                    pop_seq(st);
                    break;
        case '}':
                    if(isEmptyStack_seq(st)){
                        free(st->s);
                        free(st);
                        return 0;
                    }
                    x=top_seq(st);
                    if(x !='{') {
```

```
                        free(st->s);
                        free(st);
                        return 0;
                    }
                    pop_seq(st);
                    break;
            default:
                    break;
        }
        i++;
    }while(x !='\0');
    if(! isEmptyStack_seq(st)){            //若检查结束栈不为空,则左括号多
        free(st->s);
        free(st);
        return 0;
    }
    free(st->s);
    free(st);
    return 1;
}

int main()
{   char exp[80];
    gets(exp);
    if(correct(exp)==0)
        printf("Error\n");
    else
        printf("Ok\n");
    return 0;
}
```

实例15 八皇后问题

求八皇后问题所有的解。

实例解析:

这是一个非常古老的问题:如何在一个 8×8 的棋盘上无冲突地放置 8 个皇后棋子,称为八皇后问题。

在国际象棋中,皇后可以沿着任何直线和任何 45°斜线移动吃掉别的棋子,因此,任何一个皇后所在的横线上、竖线上和两条对角线上都不能有其他皇后存在。一个完整的、无冲突的八皇后分布称为八皇后问题的一个解。本例求解八皇后的所有解。

很显然,棋盘的每一行都必须有且只能有一个皇后,因此从第一行开始,先放下一个

皇后(有8个位置可以放置),然后用递归的方式调用函数本身,去放置后面的棋子,直到第8行放完,则表示找到了一个解。

对于每一行,可以放置皇后的位置有8个,可用循环的方式来逐个试探,若无冲突,则放置棋子,继续下一层递归调用;若冲突,则换本行另一个位置。

下面为程序代码:

```
#include<math.h>
#include<stdio.h>
#define MAX 8                                          //棋盘大小为 MAX * MAX
int board[MAX];
int count=0;
void show_result()                                     //输出结果
{   int i;
    for(i=0; i<MAX; i++)
        printf("(%d,%d),",i+1,board[i]+1);    //生活中从1开始计数
    printf("\n");
}
int check_cross(int n)                                 //检查是否与前面已经存在的皇后冲突
{   int i;
    for(i=0; i<n; i++)
        if(board[i]==board[n]||(n-i)==abs(board[i]-board[n]))
            return 1;                                  //若冲突返回1
    return 0;
}
void put_chess(int n)                                  //在第n行放棋子
{   int i;
    for(i=0; i<MAX; i++){                              //依次对第0~7列试探有无冲突
        board[n]=i;                                    //board[n]存储列号 (行号是n)
        if(!check_cross(n)){                           //不冲突
            if(n==MAX-1) {                             //若已经到第8行,则找到一个解
                count++;
                printf("%3d: ",count);                 //输出一个解的序号
                show_result();                         //输出结果
                if(count%24==0){                       //每24行一屏暂停
                    getch();
                    clrscr();
                }
            }
            else
                put_chess(n+1);                        //若未到第8行,则递归调用,进入下一行
        }
    }
}

int main()
```

```
{   clrscr();
    puts("The possible placements are:");
    put_chess(0);
    puts("\n Press any key to quit...");
    getch();
    return 0;
}
```

上面使用的是递归算法,还可以使用一种非递归回溯的算法:

```
#define TRUE 1
#define FALSE 0
int nQueens_nonrecursive(int * a,int n)
{int top,i,j,conflict;
    if(n<=0)
        return FALSE;
    top=-1;
    i=0;
    do{
        conflict=FALSE;
        //判断会不会与前面已经放置的发生冲突
        for(j=0; j<top+1; j++)
            if(i==a[j]||top+1-j==i-a[j]||top+1-j==a[j]-i)
                conflict=TRUE;
        if(conflict==FALSE){                    //如果不冲突
            a[++top]=i;                         //把当前皇后放到第 i 列
            if(top==n-1)
                return TRUE;                    //问题已成功解决
            i=0;                                //从下一行的第 0 列开始,继续试探
        }
        else{                                   //如果冲突
            while(i==n-1 && top>=0)
                i=a[top--];
            i++;
        }
    }while(i<n);
    return FALSE;
}
```

这里只列出了部分函数,完整程序见配套资源。

实例 16　迷宫问题

从迷宫中找出从入口到出口的所有通道。

实例解析:

迷宫可用图 17-6 所示的方块图形来表示,每个方块或为通道(以空白方块表示)或为

墙(以带阴影的方块表示)。要求找到一条从入口到出口的简单路径,即在求得的路径上不能重复出现同一通道块。

求解迷宫问题的简单方法是:从入口出发,沿某一方向进行搜索,若能走通,则继续向前走;否则沿原路返回,换一个方向再进行搜索,直到所有可能的通路都搜索到为止。

在计算机中可用图 17-7 所示的二维数组 maze[m][n]来表示,数组中元素为 0 表示通道,为 1 表示墙。对其中的任一点 maze[i][j],可能的运动方向有 4 个。回溯法求迷宫问题解的过程要用一个栈来保存搜索的路径。

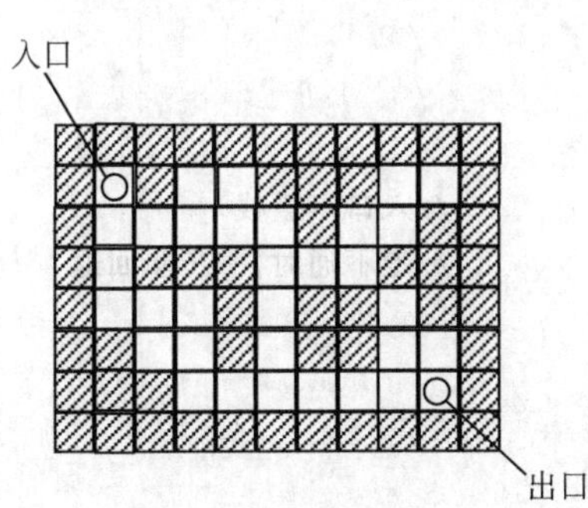

图 17-6 迷宫图形表示

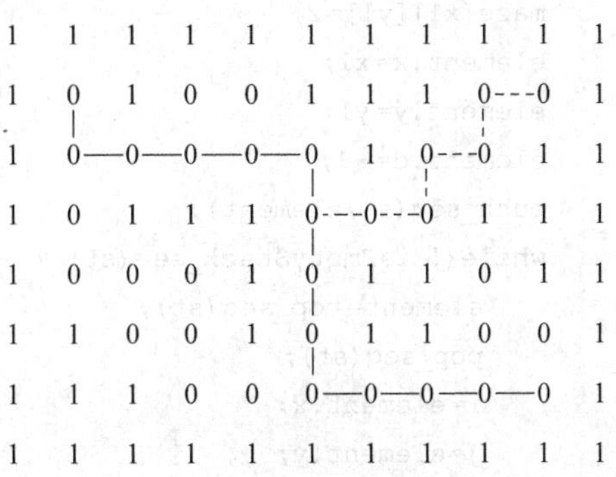

图 17-7 迷宫的二维数组表示

完整程序见配套资源,核心代码如下:

```
#include<stdio.h>
#include<stdlib.h>
#define M 8                                 //maze 数组的行数
#define N 11                                //maze 数组的列数
typedef struct{
    int x,y,d;
}DataType;
struct SeqStack{                            //顺序栈类型定义
    int MAXNUM;
    int t;                                  //t<MAXNUM,指示栈顶位置,而不是元素个数
    DataType * s;
};
typedef struct SeqStack * PSeqStack;        //顺序栈类型的指针类型
PSeqStack CreateEmptyStack_seq(int n);
void push_seq(PSeqStack pastack,DataType x);
void pop_seq(PSeqStack pastack);
int isEmptyStack_seq(PSeqStack pastack);
DataType top_seq(PSeqStack pastack);
//以上函数的实现见本章实例 13
/*下面的函数求从入口 maze[x1][y1]到出口 maze[x2][y2]的一条路径,其中 1<=x1,
  x2<=M-2,1<=y1,y2<=N-2 */
void mazePath(int** maze,int direction[4][2],int x1,
```

```
                int y1,int x2,int y2,int m,int n)
{   int i,j,k;
    int g,h;
    PSeqStack st;
    DataType element;
    st=CreateEmptyStack_seq(m*n);
    if(st==NULL)
        return;
    maze[x1][y1]=2;                                  //从入口开始进入,作标记
    element.x=x1;
    element.y=y1;
    element.d=-1;
    push_seq(st,element);                            //入口点进栈
    while(! isEmptyStack_seq(st)){                   //走不通时,一步步回退
        element=top_seq(st);
        pop_seq(st);
        i=element.x;
        j=element.y;
        k=element.d+1;
        while(k<=3){                                 //依次试探每个方向
            g=i+direction[k][0];
            h=j+direction[k][1];
            if(g==x2 && h==y2 && maze[g][h]==0){     //走到出口点
                printf("The revers path is:\n");     //打印路径上的每一点
                printf("the node is: %d %d \n",g,h);
                printf("the node is: %d %d \n",i,j);
                while(! isEmptyStack_seq(st)){
                    element=top_seq(st);
                    pop_seq(st);
                    printf("the node is: %d %d \n",element.x,element.y);
                }
                free(st->s);
                free(st);
                return;
            }
            if(maze[g][h]==0){                       //走到没走过的点
                maze[g][h]=2;                        //作标记
                element.x=i;
                element.y=j;
                element.d=k;
                push_seq(st,element);                //进栈
                i=g;                                 //下一点转换成当前点
                j=h;
                k=-1;
```

```
            }
            k=k+1;
        }
    }
    printf("The path has not been found.\n");
    free(st->s);
    free(st);
}
int main()
{   int maze[M][N]={{1,1,1,1,1,1,1,1,1,1,1},
                    {1,0,1,0,0,1,1,1,0,0,1},
                    {1,0,0,0,0,0,1,0,0,1,1},
                    {1,0,1,1,1,0,0,0,1,1,1},
                    {1,0,0,0,1,0,1,1,0,1,1},
                    {1,1,0,0,1,0,1,1,0,0,1},
                    {1,1,1,0,0,0,0,0,0,0,1},
                    {1,1,1,1,1,1,1,1,1,1,1},
                    };
    int direction[4][2]={{0,1},{1,0},{0,-1},{-1,0}};
    mazePath(maze,direction,1,1,6,9,M,N);
    return 0;
}
```

实例 17 骑士巡游问题

在国际象棋棋盘上某个位置放置一个马的棋子，然后采用象棋中“马走日字”规则，让这匹马不重复地走完 25 个格子。

实例解析：

本实例用枚举方法求解骑士巡游问题。程序可定义棋盘的大小，先输出标志矩阵，然后输入骑士在棋盘的初始位置，即可给出其中一种解法。图 17-8 是程序运行效果图。

下面是程序代码：

```
#include<stdio.h>
int f[11][11] ;                        //定义一个矩阵来模拟棋盘
int adjm[121][121];                    //标志矩阵，即对于上述棋盘，依次进行编号
   //1--121(行优先)，可以从一个棋盘格 i 跳到棋盘格 j 时，adjm[i][j]=1
void creatadjm(void);                  //创建标志矩阵函数声明
void mark(int,int,int,int);            //将标志矩阵相应位置置 1
void travel(int,int);                  //巡游函数声明
int n,m;                               //定义矩阵大小及标志矩阵的大小
/**********************主函数****************************/
int main()
```

```
{   int i,j,k,L;
    printf("Please input size of the chessboard:");     //矩阵大小
    scanf("%d",&n);
    m=n * n;
    creatadjm();                                        //创建标志矩阵
    puts("The sign matrix is:");
    for(i=1; i<=m; i++) {                               //打印输出标志矩阵
        for(j=1; j<=m; j++)
            printf("%2d",adjm[i][j]);
        printf("\n");
    }
    //输入骑士的初始位置
    printf("Please input the knight's position (i,j): ");
    scanf("%d %d",&i,&j);
    L=(i-1) * n+j;                                      //骑士当前位置对应的标志矩阵的横坐标
    while((i>0)||(j>0)){                                //对骑士位置的判断
        for(i=1; i<=n; i++)                             //棋盘矩阵初始化
            for(j=1; j<=n; j++)
                f[i][j]=0;
        k=0;                                            //所跳步数计数
        travel(L,k);                                    //从 L,j 出发开始巡游
        puts("The travel steps are:");
        for(i=1; i<=n; i++) {                           //巡游完成后输出巡游过程
            for(j=1; j<=n; j++)
                printf("%4d",f[i][j]);
            printf("\n");
        }
        printf("Please input the knight's position (i,j): ");
        scanf("%d %d",&i,&j);
        L=(i-1) * n+j;
    }
    puts("\n Press any key to quit...");
    getch();
    return 0;
}
/*******************创建标志矩阵子函数***********************/
void creatadjm()
{   int i,j;
    for(i=1; i<=n; i++)                                 //巡游矩阵初始化
        for(j=1; j<=n; j++)
            f[i][j]=0;
    for(i=1; i<=m; i++)                                 //标志矩阵初始化
        for(j=1; j<=m; j++)
            adjm[i][j]=0;
```

```
    for(i=1; i<=n; i++)
        for(j=1; j<=n; j++)
            if(f[i][j]==0){                     //对所有符合条件的标志矩阵中的元素置 1
            f[i][j]=1;
            if((i+2<=n) && (j+1<=n))
                mark(i,j,i+2,j+1);
            if((i+2<=n) && (j-1>=1))
                mark(i,j,i+2,j-1);
            if((i-2>=1) && (j+1<=n))
                mark(i,j,i-2,j+1);
            if((i-2>=1) && (j-1>=1))
                mark(i,j,i-2,j-1);
            if((j+2<=n) && (i+1<=n))
                mark(i,j,i+1,j+2);
            if((j+2<=n) && (i-1>=1))
                mark(i,j,i-1,j+2);
            if((j-2>=1) && (i+1<=n))
                mark(i,j,i+1,j-2);
            if((j-2>=1) && (i-1>=1))
                mark(i,j,i-1,j-2);
        }
    return;
}
/************************巡游子函数*************************/
void travel(int p,int r)
{   int i,j,q;
    for(i=1; i<=n; i++)
        for(j=1; j<=n; j++)
            if(f[i][j]>r)
                f[i][j]=0;                      //棋盘矩阵的值>r 时,置 0
    r=r+1;                                      //跳步计数加 1
    i=((p-1)/n)+1;                              //还原棋盘矩阵的横坐标
    j=((p-1)%n)+1;                              //还原棋盘矩阵的纵坐标
    f[i][j]=r;                                  //将 f[i][j]作为第 r 跳步的目的地
    for(q=1; q<=m; q++) {                       //从所有可能的情况出发,开始试探
        i=((q-1)/n)+1;
        j=((q-1)%n)+1;
        if((adjm[p][q]==1) && (f[i][j]==0))
            travel(q,r);                        //递归调用自身
    }
}
/************************赋值子函数***********************/
void mark(int i1,int j1,int i2,int j2)
{   adjm[(i1-1)*n+j1][(i2-1)*n+j2]=1;
```

```
        adjm[(i2-1)*n+j2][(i1-1)*n+j1]=1;
    }
```

```
"E:\C教程\S17_17\Debug\S17_17.exe"
Please input size of the chessboard: 4
The sign matrix is:
 0 0 0 0 0 0 1 0 0 1 0 0 0 0 0 0
 0 0 0 0 0 0 0 1 1 0 1 0 0 0 0 0
 0 0 0 0 1 0 0 0 0 1 0 1 0 0 0 0
 0 0 0 0 0 1 0 0 0 0 1 0 0 0 0 0
 0 0 1 0 0 0 0 0 0 0 1 0 0 1 0 0
 0 0 0 1 0 0 0 0 0 0 0 1 1 0 1 0
 1 0 0 0 0 0 0 0 1 0 0 0 0 1 0 1
 0 1 0 0 0 0 0 0 0 1 0 0 0 0 1 0
 0 1 0 0 0 0 1 0 0 0 0 0 0 0 1 0
 1 0 1 0 0 0 0 1 0 0 0 0 0 0 0 1
 0 1 0 1 1 0 0 0 0 0 0 0 1 0 0 0
 0 0 1 0 0 1 0 0 0 0 0 0 0 1 0 0
 0 0 0 0 0 1 0 0 0 0 1 0 0 0 0 0
 0 0 0 0 1 0 1 0 0 0 0 1 0 0 0 0
 0 0 0 0 0 1 0 1 1 0 0 0 0 0 0 0
 0 0 0 0 0 0 1 0 0 1 0 0 0 0 0 0
Please input the knight's position (i,j): 1 1
The travel steps are:
   1   6  13   0
  12   9   2   5
   7   4  11  14
  10  15   8   3
Please input the knight's position (i,j): 2 2
The travel steps are:
   0   4  11   0
  12   1   8   5
   3   6  13  10
  14   9   2   7
Please input the knight's position (i,j): 0 0

 Press any key to quit...
Press any key to continue
```

图 17-8 骑士巡游问题运行效果图

实例 18 农夫过河问题

一个农夫带着一只狼、一只羊和一棵白菜,要从河的南岸把这些东西运到北岸。问题是他面前只有一条小船,船小到只能容下他和一件物品或一只动物,另外只有农夫能撑船。显然,农夫离开时不能单独留下羊和白菜,也不能单独留下狼和羊。请问农夫该采用什么方案,才能将所有的东西运过河?

实例解析:

求解这个问题最简单的方法是一步一步进行试探,每一步搜索所有可能的选择,实现搜索过程有两种不同的策略:一种是广度优先(breadth-first)搜索,另一种是深度优先(depth-first)搜索。而实现这两种策略所依赖的数据结构正好是队列和栈。

要模拟农夫过河问题,首先需要对问题的每个角色的位置进行描述。一个很方便的方法是用 4 位二进制数顺序表示农夫、狼、白菜和羊的位置。用 0 表示农夫或者某个东西在河的南岸,1 表示在河的北岸。例如,整数 5(其二进制表示为 0101)表示农夫和白菜在河的南岸,而狼和羊在北岸。

(1) 方案一:广度优先搜索。

广度优先搜索的含义是:在搜索过程中总是首先考虑下一步所有可能的状态,考虑完了后再进一步考虑更后面的情况,一般采用队列实现。图 17-9 标出了送入队列的各个状态和搜索过程中经历该结点的顺序编号。

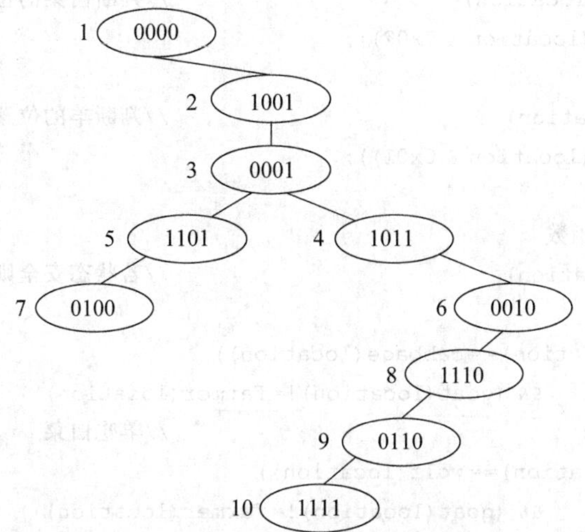

图 17-9 广度优先搜索的结果和顺序

从初始状态 0000 到最终状态 1111 的动作序列如下：

1→2：农夫把羊带到北岸。

2→3：农夫独自回到南岸。

3→4：农夫把白菜带到北岸。

4→6：农夫带着羊返回南岸。

6→8：农夫把狼带到北岸。

8→9：农夫独自返回南岸。

9→10：农夫把羊带到北岸。

程序如下：

```
#include<stdio.h>
#include<stdlib.h>
#define DataType int
#define MaxQueue 100
struct SeqQueue{                                    //顺序队列类型定义
    int MAXNUM;                                     //队列中最大元素个数
    int f,r;
    DataType * q;
};
typedef struct SeqQueue * PSeqQueue;                //顺序队列类型的指针类型
/ * 个体状态判断函数 * /
int farmer(int location)                            //判断农夫的位置
{   return (0 != (location & 0x08));
}
int wolf(int location)                              //判断狼的位置
{   return (0 != (location & 0x04));
```

```
}
int cabbage(int location)                              //判断白菜的位置
{   return (0 != (location & 0x02));
}
int goat(int location)                                 //判断羊的位置
{   return (0 != (location & 0x01));
}
//安全状态的判断函数
int safe(int location)                                 //若状态安全则返回 true
{
    if((goat(location)==cabbage(location))
                && (goat(location)!=farmer(location)))
        return 0;                                      //羊吃白菜
    if((goat(location)==wolf(location))
                && (goat(location)!=farmer(location)))
        return 0;                                      //狼吃羊
    return 1;                                          //其他状态是安全的
}
PSeqQueue createEmptyQueue_seq()
{
    PSeqQueue paqu;
    paqu=(PSeqQueue)malloc(sizeof(struct SeqQueue));
    if(paqu==NULL)
        return NULL;
    paqu->MAXNUM=MaxQueue;
    paqu->f=paqu->r=0;
    paqu->q=(DataType *)malloc(sizeof(DataType)*paqu->MAXNUM);
    return paqu;
}
int isEmptyQueue_seq(PSeqQueue paqu)
{
    if(paqu->f==paqu->r)
        return 1;
    else
        return 0;
}
void enQueue_seq(PSeqQueue paqu,DataType x)      //在队尾插入 x
{   if((paqu->r+1)%paqu->MAXNUM==paqu->f)
        printf("Full queue.\n");
    else {
        paqu->q[paqu->r]=x;
        paqu->r=(paqu->r+1)%paqu->MAXNUM;
    }
}
```

```
void deQueue_seq(PSeqQueue paqu)                    //删除队列头部元素
{   if(paqu->f==paqu->r)
        printf("Empty Queue.\n");
    else
        paqu->f=(paqu->f+1)%paqu->MAXNUM;
}
DataType frontQueue_seq(PSeqQueue paqu)
{   if(paqu->f==paqu->r)
        printf("Empty Queue.\n");
    else
        return (paqu->q[paqu->f]);
}
//农夫过河主要处理程序
void farmProblem()
{   int i,movers,location,newlocation;
    int route[16];                                  //记录已考虑的状态
    PSeqQueue moveTo;
    moveTo=createEmptyQueue_seq();
    if(moveTo==NULL)
        return;
    enQueue_seq(moveTo,0x00);
    for(i=0; i<16; i++)
        route[i]=-1;
    route[0]=0;
    //开始移动
    while(! isEmptyQueue_seq(moveTo)){
        location=frontQueue_seq(moveTo);
        deQueue_seq(moveTo);
        for(movers=1; movers<=8; movers<<=1){
            if((0 !=(location&0x08))==(0 !=(location&movers))){
                newlocation=location^(0x08|movers);
                if(safe(newlocation) && (route[newlocation]==-1)){
                    route[newlocation]=location;
                    enQueue_seq(moveTo,newlocation);
                }
            }
        }
    }
    if(route[15] !=-1){                             //打印路径
        printf("The reverse path is:\n");
        for(location=15; location>=0; location=route[location]){
            printf("The Location is:%d\n",location);
            if(location==0)
                break;
```

```
        }
    }
    else
        printf("NO Solution.\n");
    free(moveTo->q);
    free(moveTo);
}
int main()
{
    farmProblem();
    return 0;
}
```

(2) 方案二：深度优先搜索。

深度优先搜索与广度优先搜索不同的是，每找到下一步的一种可能状态以后就继续向下探索，直到找到一个可行解；或者确定沿这种状态找不到可行解，这时进行回溯。实现深度优先搜索一般用栈作为辅助结构。

程序如下：

```
#include<stdio.h>
#include<malloc.h>
#include<stdlib.h>
#define MAX_SEQSTACK 100
typedef struct DT{
    int location;
    int movers;
}DataType;
struct SeqStack{                              //顺序栈类型定义
    int MAXNUM;
    int t;                                    //t<MAXNUM,指示栈顶位置,而不是元素个数
    DataType * s;
};
typedef struct SeqStack * PSeqStack;    //顺序栈类型的指针类型
PSeqStack CreateEmptyStack_seq();
void push_seq(PSeqStack pastack,DataType x);
void pop_seq(PSeqStack pastack);
int isEmptyStack_seq(PSeqStack pastack);
DataType top_seq(PSeqStack pastack);
//以上函数的实现见本章实例13
int farmer(int location);
int wolf(int location);
int cabbage(int location);
int goat(int location);
int safe(int location);
```

```
//以上函数的实现见方案一
void farmerProblem()
{   int i,location,newlocation;
    int route[16];                          //用于记录已考虑的状态路径
    DataType x,y;
    PSeqStack moveTo;
    moveTo=CreateEmptyStack_seq();
    x.location=0x00;
    x.movers=1;
    push_seq(moveTo,x);
    for(i=0; i<16; i++)
        route[i]=-1;
    route[0]=0;
    while(! isEmptyStack_seq(moveTo)&&route[15]==-1){
        x=top_seq(moveTo);
        pop_seq(moveTo);
        while(x.movers<=8){
            if((0 !=(x.location&0x08))==(0 !=(x.location&x.movers))){
                newlocation=x.location^(0x08|x.movers);
                if(safe(newlocation) && route[newlocation]==-1){
                    route[newlocation]=x.location;
                    y.location=newlocation;
                    y.movers=1;
                    push_seq(moveTo,y);
                    if(newlocation==15)
                        break;
                }
            }
            x.movers<<=1;
        }
    }
    if(route[15] !=-1){                     //打印路径
        printf("The reverse path is:\n");
        for(location=15; location>=0; location=route[location]){
            printf("The Location is:%d\n",location);
            if(location==0)
                break;
        }
    }
    else
        printf("NO Solution.\n");
    free(moveTo->q);
    free(moveTo);
}
```

完整程序见配套资源。

实例19 表达式计算

对于键盘输入的表达式,判断是否合法,如果合法,输出运算结果。

说明:

(1) 表达式不能为空。

(2) 可以出现在表达式中的字符有:

- 运算符"+"、"—"、"*"、"/";
- 左右括号"("、")";
- 整数(可以是多位的);
- 空格和制表符。

例如,若输入的表达式为"20+(3*(4+1) — 5)/2 — 3",则应输出22。

实例解析:

使用栈先将中缀表达式转化为后缀表达式,再求后缀表达式的值。

(1) 转化为后缀表达式的步骤如下:

① 建一个空栈作为运算符栈,顺序扫描中缀表达式。

- 若读到其他字符:忽略。其他字符包括空格、'\t'等。
- 若读到数字:输出(指写入数组)。
- 若读到左括号:入栈。
- 若读到右括号:不断将栈中元素弹出并输出,直到遇到左括号,将其弹出但不输出。
- 若读到加或减:反复检查,若栈不空且栈顶为加、减、乘或除时,弹出并输出栈顶元素,读入的运算符(加或减)入栈。
- 若读到乘或除:若栈不空且栈顶为乘或除时,弹出并输出栈顶元素,读入的运算符(乘或除)入栈。

② 中缀表达式扫描完毕后,将栈中剩余元素弹出并输出。

(2) 计算后缀表达式值的步骤如下:

① 创建一个空栈,顺序扫描后缀表达式

- 若读到数字:入栈。
- 若读到其他字符:忽略。其他字符包括空格、'\t'等。
- 若读到运算符:从栈中弹出两个元素进行计算并将结果入栈。

② 后缀表达式扫描完毕后,栈顶元素即为结果。

程序如下:

```
#include<stdio.h>
#include<malloc.h>
#define DataType char
```

```
#define TRUE 1
#define FALSE 0
#define MAX_SEQSTACK 100
struct SeqStack {                          //顺序栈类型定义
    int MAXNUM;
    int t;                                 //t<MAXNUM,指示栈顶位置,而不是元素个数
    DataType * s;
};
typedef struct SeqStack * PSeqStack;       //顺序栈类型的指针类型
//以下 5 个函数的实现见本章实例 13
PSeqStack CreateEmptyStack_seq();
void push_seq(PSeqStack pastack,DataType x);
void pop_seq(PSeqStack pastack);
int isEmptyStack_seq(PSeqStack pastack);
DataType top_seq(PSeqStack pastack);
//下面的代码将中缀表达式转换为后缀表达式,如成功返回 TRUE
int infixtoSuffix(char * infix,char * suffix)
{   int state_int=FALSE;
    /* 记录状态,TRUE 表示刚读入的是数字,FALSE 表示刚读入的不是数字。设置这个变量的
       目的是每输出一个整数后输出一个空格,以免连续输出的两个整数混在一起。 */
    char c,c2;
    int i,j=0;
    PSeqStack ps=CreateEmptyStack_seq();
    if(ps==NULL)
        return FALSE;
    if(infix[0]=='\0'){
        free(ps->s);
        free(ps);
        return FALSE;
    }
    for(i=0; infix[i] !='\0'; i++){
        c=infix[i];
        switch(c){
            case ' ':
            case '\t':
            case '\n':
                    if(state_int==TRUE)     //从 TRUE 到 FALSE 时,输出空格
                        suffix[j++]=' ';
                    state_int=FALSE;
                    break;
            case '0':
            case '1':
            case '2':
            case '3':
```

```
        case '4':
        case '5':
        case '6':
        case '7':
        case '8':
        case '9':
            state_int=TRUE;
            suffix[j++]=c;          //遇到数字,输出
            break;
        case '(':
            if(state_int==TRUE)
                suffix[j++]=' ';
            state_int=FALSE;
            push_seq(ps,c);
            break;
        case ')':
            if(state_int==TRUE)
                suffix[j++]=' ';
            state_int=FALSE;
            c2=')';
            while(! isEmptyStack_seq(ps)){
                c2=top_seq(ps);
                pop_seq(ps);
                if(c2=='(')
                    break;
                suffix[j++]=c2;
            }           //读入右括号,弹出并输出,直到遇到左括号,弹出但不输出
            if(c2 !='(') {
                free(ps->s);
                free(ps);
                suffix[j++]='\0';
                return FALSE;       //找不到左括号,非法
            }
            break;
        case '+':
        case '-':
            if(state_int==TRUE)
                suffix[j++]=' ';
            state_int=FALSE;
            while(! isEmptyStack_seq(ps)){
                c2=top_seq(ps);
                if(c2=='+' || c2=='-' || c2=='*' || c2=='/'){
                    pop_seq(ps);
                    suffix[j++]=c2;
```

```
                }                       //栈顶为加减乘除时,弹出栈顶元素并输出
                else
                    break;
            }
            push_seq(ps,c);
            break;
        case '*':
        case '/':
            if(state_int==TRUE)
                suffix[j++]=' ';
            state_int=FALSE;
            while(! isEmptyStack_seq(ps)){
                c2=top_seq(ps);
                if(c2=='*' || c2=='/'){
                    pop_seq(ps);
                    suffix[j++]=c2;
                }                       //栈顶为加减乘除时,弹出栈顶元素并输出
                else
                    break;
            }
            push_seq(ps,c);
            break;
        default:                        //出现其他非法字符
            free(ps->s);
            free(ps);
            suffix[j++]='\0';
            return FALSE;
    }
}
if(state_int==TRUE)
    suffix[j++]=' ';
while(! isEmptyStack_seq(ps)){
    c2=top_seq(ps);
    pop_seq(ps);
    if(c2=='('){
        free(ps->s);
        free(ps);
        suffix[j++]='\0';
        return FALSE;
    }
    suffix[j++]=c2;
}
free(ps->s);
free(ps);
```

```
        suffix[j++]='\0';
        return TRUE;
}
/*下面的函数用于计算后缀表达式的值,若非法返回 FALSE;否则返回 TRUE,且*presult 存放
  计算结果*/
int calculateSuffix(char *suffix,int *presult)
{   int state_int=FALSE;
    int num=0,num1,num2;
    int i;
    char c;
    PSeqStack ps=CreateEmptyStack_seq();
    if(ps==NULL)
        return FALSE;
    for(i=0; suffix[i] !='\0'; i++){
        c=suffix[i];
        switch(c){
            case '0':case '1':case '2':case '3':case '4':
            case '5':case '6':case '7':case '8':case '9':
                    if(state_int==TRUE)
                        num=num*10+c-'0';
                    else
                        num=c -'0';
                state_int=TRUE;
                    break;
            case ' ': case '\t': case '\n':
                    if(state_int==TRUE){
                        push_seq(ps,num);
                        state_int=FALSE;
                    }
                    break;
            case '+': case '-': case '*': case '/':
                    if(state_int==TRUE){
                        push_seq(ps,num);
                        state_int=FALSE;
                    }
                    if(isEmptyStack_seq(ps)){
                        free(ps->s);
                        free(ps);
                        return FALSE;
                    }
                    num2=top_seq(ps);
                    pop_seq(ps);
                    if(isEmptyStack_seq(ps)){
                        free(ps->s);
```

```
                    free(ps);
                    return FALSE;
                }
                num1=top_seq(ps);
                pop_seq(ps);
                if(c=='+')
                    push_seq(ps,num1+num2);
                if(c=='-')
                    push_seq(ps,num1-num2);
                if(c=='*')
                    push_seq(ps,num1*num2);
                if(c=='/'){
                    if(num2==0) {                 //除数为0返回FALSE
                        free(ps->s);
                        free(ps);
                        return FALSE;
                    }
                    push_seq(ps,num1/num2);
                }
                break;
            default:                              //出现其他非法字符
                free(ps->s);
                free(ps);
                return FALSE;
        }
    }
    *presult=top_seq(ps);
    pop_seq(ps);
    if(! isEmptyStack_seq(ps)){                   //栈中还有其他字符,非法
        free(ps->s);
        free(ps);
        return FALSE;
    }
    free(ps->s);
    free(ps);
    return TRUE;
}
int main()
{
    char infix[80]="20+(3*(4+1)-5)/2-3";
    char suffix[80];
    int result;
    if(infixtoSuffix(infix,suffix)==TRUE){
        if(calculateSuffix(suffix,&result)==TRUE)
```

```
            printf("The Reuslt is: %3d\n",result);
        else
            printf("Error! \n");
    }
    else
        printf("Input Error! \n");
    return 0;
}
```

第 18 章 chapter 18

趣味数学和数值计算实例

本章汇集了一些有趣的数值计算实例，希望能提高读者的编程水平及分析问题、解决问题的能力。

实例 1　马克思手稿中的数学题

马克思手稿中有一道趣味数学题：有 30 个人，其中有男人、女人和小孩，在一家饭馆吃饭共花了 50 先令。若每个男人花 3 先令，每个女人花 2 先令，每个小孩花 1 先令。问男人、女人和小孩各有几人？

实例解析：

设 x、y、z 分别代表男人、女人和小孩的人数。按题目要求，可得到下面的方程：

$$x + y + z = 30 \tag{1}$$

$$3x + 2y + z = 50 \tag{2}$$

(2)减去(1)可得

$$2x + y = 20 \tag{3}$$

由式(3)可知，x 的变化范围是 1～10（根据题意，男人、女人、小孩都有，故 x、y、z 都不能为 0）。

程序如下：

```
#include< stdio.h>
int main()
{   int x,y,z,count=0;
    clrscr();
    puts(">>The solutions are:");
    printf(" No.     Men     Women     Children\n");
    printf("--------------------------------\n");
    for(x=1; x<=10; x++){
        y=20-2 * x;                          //由式(3)求 y
        z=30 -x-y;                           //由式(1)求 z
        if(3 * x+2 * y+z==50 && y && z)      //当前组合是否满足式(2)
```

```
        printf("<%2d> | %2d | %2d | %2d\n",++count,x,y,z);
    }
    printf("--------------------------------\n");
    printf(" Press any key to quit...");
    getch();
    return 0;
}
```

图 18-1 是运行效果图。

```
"G:\文件资料\临时文件\C教材\例题源代码\第18章\实例1\De
>> The solutions are:
   No.        Men        Women      Children
------------------------------------------------
< 1>   |       1    |     18    |     11
< 2>   |       2    |     16    |     12
< 3>   |       3    |     14    |     13
< 4>   |       4    |     12    |     14
< 5>   |       5    |     10    |     15
< 6>   |       6    |      8    |     16
< 7>   |       7    |      6    |     17
< 8>   |       8    |      4    |     18
< 9>   |       9    |      2    |     19
------------------------------------------------
Press any key to quit...
```

图 18-1 马克思手稿中的数学题运行效果图

实例 2 新郎和新娘配对

3 对新人举办婚礼,3 位新郎为 A、B、C,3 位新娘为 X、Y、Z。有人不知道谁和谁结婚,于是询问了 6 位新人中的 3 位,听到的回答是这样的:A 说他将和 X 结婚;X 说她的未婚夫是 C;C 说他将和 Z 结婚。这人听后知道他们在开玩笑,全是假话。请编程确认谁和谁是一对。

实例解析:

分别将 A、B、C 用 1、2、3 表示,将 X 和 A 结婚表示为 X==1,将 Y 不与 A 结婚表示为 Y!=1,按题目叙述可写出下列表达式:

X!=1　　　　A 不与 X 结婚

X!=3　　　　X 的未婚夫不是 C

Z!=3　　　　C 不与 Z 结婚

穷举满足以上条件所有可能的情况。

程序如下:

```
#include<stdio.h>
int main()
{   int x,y,z;
    puts(">>The solutions are:");
    printf("------------------------------------\n");
```

```
        for(x=1; x<=3; x++)                         //穷举 x 的全部可能配偶
            for(y=1; y<=3; y++)                     //穷举 y 的全部可能配偶
                for(z=1; z<=3; z++)                 //穷举 z 的全部可能配偶
                    if(x!=1 && x!=3 && z!=3 && x!=y && x!=z && y!=z){
                        printf("X will marry to %c.\n",'A'+x-1);
                        printf("Y will marry to %c.\n",'A'+y-1);
                        printf("Z will marry to %c.\n",'A'+z-1);
                    }
    printf("---------------------------------------\n");
    printf(" Press any key to quit...");
    getch();
    return 0;
}
```

运行效果如图 18-2 所示。

```
"E:\C教程\S18_2\Debug\S18_2.exe"
>> The solutions are:
------------------------------------------------
X will marry to B.
Y will marry to C.
Z will marry to A.
------------------------------------------------
Press any key to quit...
```

图 18-2　新郎新娘配对运行效果图

实例3　分　糖　果

10 个小孩围成一圈分糖果，老师分给第 1 个小孩 10 块，第 2 个小孩 2 块，第 3 个小孩 8 块，第 4 个小孩 22 块，第 5 个小孩 16 块，第 6 个小孩 4 块，第 7 个小孩 10 块，第 8 个小孩 6 块，第 9 个小孩 14 块，第 10 个小孩 20 块。然后所有的小孩同时将手中的糖分一半给右边的小孩，糖块为奇数的可向老师再要一块。问这样的操作经过几次，大家手中的糖一样多？每人有多少块糖？

实例解析：

分糖过程是一个机械的重复过程。算法完全可以按照描述的过程进行模拟。

程序如下：

```
#include<stdio.h>
void print(int s[]);
int judge(int c[]);
int j=0;
int main()
{   int sweet[10]={10,2,8,22,16,4,10,6,14,20};
```

```
    int i,t[10],k;
    printf("Child No. 1      2 3 4 5 6 7 8 9 10\n");
    printf("-------------------------------------\n");
    printf("Round No.|\n");
    print(sweet);                          //输出每个人手中糖的块数
    while(judge(sweet)) {                  //若不满足要求则继续进行循环
        for(i=0; i<10; i++)
            t[i]=sweet[i]=sweet[i]/2;      //每个人手中的糖分成两半
        for(k=0; k<9; k++){
        sweet[k+1]=sweet[k+1]+t[k];        //分出的一半糖给右边
        if(sweet[k+1]%2!=0)
            sweet[k+1]++;
    }
        sweet[0] +=t[9];
        if(sweet[0]%2!=0)
            sweet[0]++;
        print(sweet);                      //输出当前每个孩子手中的糖数
    }
    printf("-------------------------------------\n");
    printf("\n Press any key to quit...");
    getch();
    return 0;
}
int judge(int c[])
{   int i;
    for(i=0; i<10; i++)                    //判断每个孩子手中的糖是否相同
        if(c[0] !=c[i])
            return 1;                      //不相同返回 1
    return 0;
}
void print(int s[])                        //输出数组中每个元素的值
{
    int k;
    printf("     <%2d>|   ",j++);
    for(k=0; k<10; k++)
        printf("%4d",s[k]);
    printf("\n");
}
```

运行效果如图 18-3 所示。

```
"G:\文件资料\临时文件\C教材\例题源代码\第18章\实例3\Debug\S18_3.exe"
Child No.     1   2   3   4   5   6   7   8   9   10
-----------------------------------------------------
Round No.|
   < 0> |    10   2   8  22  16   4  10   6  14  20
   < 1> |    16   6   6  16  20  10   8   8  10  18
   < 2> |    18  12   6  12  18  16  10   8  10  14
   < 3> |    16  16  10  10  16  18  14  10  10  12
   < 4> |    14  16  14  10  14  18  16  12  10  12
   < 5> |    14  16  16  12  12  16  18  14  12  12
   < 6> |    14  16  16  14  12  14  18  16  14  12
   < 7> |    14  16  16  16  14  14  16  18  16  14
   < 8> |    14  16  16  16  16  14  16  18  18  16
   < 9> |    16  16  16  16  16  16  16  18  18  18
   <10> |    18  16  16  16  16  16  16  18  18  18
   <11> |    18  18  16  16  16  16  16  18  18  18
   <12> |    18  18  18  16  16  16  16  18  18  18
   <13> |    18  18  18  18  16  16  16  18  18  18
   <14> |    18  18  18  18  18  16  16  18  18  18
   <15> |    18  18  18  18  18  18  16  18  18  18
   <16> |    18  18  18  18  18  18  18  18  18  18
-----------------------------------------------------

Press any key to quit...
```

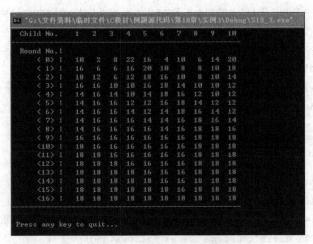

图 18-3　分糖果运行效果图

实例 4　泊松的分酒问题

法国著名数学家泊松(Poisson)在青年时代研究过一个有趣的数学问题：某人有 12 品脱的啤酒一瓶，想从中倒出 6 品脱，但他没有 6 品脱的容器，仅有一个 8 品脱和一个 5 品脱的容器，怎样才能将啤酒分成两个 6 品脱呢?

实例解析：

将 12 品脱酒用 8 品脱和 5 品脱的空瓶平分，可以抽象为解不定方程：

$$8x - 5y = 6$$

其意义是：从 12 品脱的瓶中向 8 品脱的瓶中倒 x 次，并且将 5 品脱瓶中的酒向 12 品脱的瓶中倒 y 次，最后在 12 品脱的瓶中剩余 6 品脱的酒。

分别用 a、b、c 代表 12 品脱、8 品脱和 5 品脱的瓶子，求出不定方程的整数解，按照不定方程的意义，则倒酒法为：

$$\underset{x}{a \rightarrow b} \rightarrow \underset{y}{c \rightarrow a}$$

倒酒的规则如下：

(1) 按 a→b→c→a 的顺序倒酒。

(2) b 倒空后才能从 a 中取。

(3) c 装满后才能向 a 中倒。

程序如下：

```
#include<stdio.h>
void getti(int a,int y,int z);
int i;                                  //最后需要分出的重量
int main()
{   int a,y,z;
```

```
    printf(">>Input Full bottle a,Empty y,z,and Get volumes i:\n");
    //a为第1个瓶的容量,y为第2个瓶的容量,z为第3个瓶的容量
    printf(">>");
    scanf("%d%d%d%d",&a,&y,&z,&i);
    getti(a,y,z);                     //按a->y->z->a的操作顺序
    printf("\n Press any key to quit...");
    getch();
    return 0;
}
void getti(int a,int y,int z)
//a为第1个瓶的容量,y为第2个瓶的容量,z为第3个瓶的容量
{   int b=0,c=0,j=0;                  //b为第二瓶酒重,c为第3瓶酒重,j为步数
    puts(">>The division steps are as follows.\n");
    printf(" Bottle:    a<%d>b<%d>c<%d>\n",a,y,z);
    printf("-----------------------------\n");
    printf(" Step No.|\n");
    printf("    <%d>    |  %4d %4d %4d\n",j++,a,b,c);
    while(a!=i && b!=i && c!=i) {     //当3个瓶的酒都不等于i
      if(! b){                        //如果第2个瓶为空,则从第1个瓶倒入第2个瓶
        a -=y;
        b=y;
    }
    else
        if(c==z) {                    //如果第3个瓶满,则将第3个瓶倒入第1个瓶中
            a +=z;
            c=0;
        }
        else
            if(b>z-c) {               //如果第2个瓶的酒大于第3个瓶的剩余空间
                b -=(z-c);            //由第2个瓶倒满第3个瓶,第2个瓶保留剩余部分
                c=z;
            }
            else {                    //将第2个瓶全部倒入第3个瓶中
                c +=b;
                b=0;
            }
        printf("    <%d>    |  %4d %4d %4d\n",j++,a,b,c);
    }
    printf("-----------------------------\n");
}
```

运行效果如图18-4所示。

```
"E:\C教程\S18_4\Debug\S18_4.exe"
>> Input Full bottle a,Empty b,c, and Get volumes:
>> 12 8 5 6
>> The division steps are as follows.

Bottle:    a<12> b<8> c<5>
---------------------------------
Step No.|
  <0>   |   12   0   0
  <1>   |    4   8   0
  <2>   |    4   3   5
  <3>   |    9   3   0
  <4>   |    9   0   3
  <5>   |    1   8   3
  <6>   |    1   6   5
  <7>   |    6   6   0
---------------------------------

Press any key to quit...Press any key to continue_
```

图 18-4 泊松分酒问题运行效果图

实例 5 求 π 的近似算法

用两种方法编程求 π 的近似值。

实例解析：

(1) 用“正多边形逼近”的方法求出 π 的近似值。

我国的祖冲之就是用这种方法在世界上第一个得到精确度达小数点后第 6 位的 π 值。

利用圆的内接正六边形边长等于半径特点将边数翻番，做出正十二边形，求出边长，重复这个过程，就可获得所需精度的 π 的近似值。

假设单位圆的内接多边形的边长为 $2b$，边数为 i，则边数加倍后新的正多边形的边长为

$$x = \sqrt{2-2\times\sqrt{1-b\times b}}$$

周长为 $2ix$(其中 i 为加倍前的正多边形的边数)。

(2) 利用随机数法求 π 的近似值。

基本思路是：在一个单位边长的正方形中，以边长为半径，以一个顶点为圆心，在正方形上做四分之一圆。随机向正方形内扔点，若落入四分之一圆内则计数。重复向正方形内扔足够多的点，将落入四分之一圆内的计数除以总的点数，其值就是 π 值四分之一的近似值。

程序如下：

```
#include<stdio.h>
#include<math.h>
#include<time.h>
#include<stdlib.h>
#define N 30000
int main()
{
    double e=1.0,b=0.5,c,d;                 //e 为边长,b 为边长的一半
```

```
    long int i;                                  //i为正多边形边数
    float x,y;
    int c2=0,d2=0;
    puts("\n>>Result of Regular Polygon Approximating:");
    for(i=6;    ; i *=2) {                       //正多边形边数加倍
        d=1.0-sqrt(1.0-b*b);
        b=0.5*sqrt(b*b+d*d);                     //b为新多边形边长的一半
        if(2*i*2*b -i*e<1e-15)
            break;                               //精度达1e-15则停止计算
        e=2*b;                                   //保存新多边形的边长
    }
    printf("---------------------------------------------------\n");
    /*以下输出π值和正多边形的边数*/
    printf(">>pi=%.15lf\n",2*i*b);
    printf(">>The number of edges of required polygon:%ld\n",i);
    printf("---------------------------------------------------\n");
    randomize();
    while(c2++<=N) {
        x=random(101);                           //x为坐标
        y=random(101);                           //y为坐标
        if(x*x+y*y<=10000)                       //判断点是否落在圆内
            d2++;
    }
    puts("\n>>Result of Random Number Method:");
    printf("----------------------------------------\n");
    printf(">>pi=%f\n",4.*d2/N);                 //输出求出的π值
    printf("----------------------------------------\n");
    puts("\n Press any key to quit...");
    getch();
    return 0;
}
```

运行效果如图18-5所示。

```
TC
>> Result of Regular Polygon Approximating:
>> pi=3.141592653589793
>> The number of edges of required polygon:100663296
>> Result of Random Number Method:
>> pi=3.130400
Press any key to quit...
```

图18-5　π近似值运行效果图

实例6 角谷猜想

日本一位学生发现一个奇妙的“定理”，请角谷教授证明，而教授无能为力，于是产生角谷猜想。猜想的内容是：任意给一个自然数，若为偶数则除以2，若为奇数则乘3加1，得到一个新的自然数，然后按照上面的法则继续演算，若干次后得到的结果必然为1。请编程验证。

实例解析：

题目给出的处理过程很清楚，直接进行验证即可。

程序如下：

```
#include<stdio.h>
int main()
{   int n,count=0;
    printf(">>Please input a number to verify(0 to quit):");
    scanf("%d",&n);                          //输入任一整数
    while(n !=0){
        printf(">>------Results of verification:-------\n");
        do{
            if(n %2){
                n=n*3+1;                     //若为奇数,n乘3加1
                printf(">>Step No.%d: %d*3+1=%d\n",++count,(n-1)/3,n);
            }
            else {
                n /=2;                       //若为偶数,n除以2
                printf(">>Step No.%d: %d/2=%d\n",++count,2*n,n);
            }
        }while(n !=1);                       //n不等于1则继续以上过程
        printf(">>--------------------------------------\n");
        printf(">>Please input a number to verify(0 to quit):");
        scanf("%d",&n);                      //输入任一整数
    }
    puts("\n Press any key to quit...");
    getch();
    return 0;
}
```

运行效果如图18-6所示。

```
"E:\C教材\我的\程序\S18_6\Debug\S18_6.exe"
>> Please input a number to verify(0 to quit): 23
>> ------ Results of verification: ------------
>> Step No.1: 23*3+1=70
>> Step No.2: 70/2=35
>> Step No.3: 35*3+1=106
>> Step No.4: 106/2=53
>> Step No.5: 53*3+1=160
>> Step No.6: 160/2=80
>> Step No.7: 80/2=40
>> Step No.8: 40/2=20
>> Step No.9: 20/2=10
>> Step No.10: 10/2=5
>> Step No.11: 5*3+1=16
>> Step No.12: 16/2=8
>> Step No.13: 8/2=4
>> Step No.14: 4/2=2
>> Step No.15: 2/2=1
>> ------------------------------------------
>> Please input a number to verify(0 to quit): ^A
```

图 18-6 角谷猜想运行效果图

实例 7 四方定量

数论中著名的"四方定理"内容为：所有自然数至多只要用 4 个数的平方和就可以表示。请编程验证此定理。

实例解析：

对 4 个变量采用穷举试探的方法进行计算，满足要求时输出计算结果。

程序如下：

```
#include<stdio.h>
void verify_four_squares(int number)
{   int i,j,k,n;
    for(i=1; i<number/2; i++)              //穷举法,试探 i、j、k、n 的不同值
        for(j=0; j<i; j++)
            for(k=0; k<j; k++)
                for(n=0; n<k; n++)
                    if(number==i*i+j*j+k*k+n*n) {
                        printf(">>%d=%d*%d+%d*%d+%d*%d+%d*%d\n",
                                              number,i,i,j,j,k,k,n,n);
                        return;
                    }
}
int main()
{   int number=1;
    while(number !=0){
        printf(">>Please input a number to verify(0 to quit):");
        scanf("%d",&number);                //输入任一整数
        if(number==0)
```

```
            break;
        printf(">>------Results of verification: ----\n");
        verify_four_squares(number);
        printf(">>--------------------------------------\n");
    }
    puts("\n Press any key to quit...");
    getch();
    return 0;
}
```

程序运行效果如图 18-7 所示。

```
>> ------------------------------------------------
>> Please input a number to verify(0 to quit): 32767
>> ------ Results of verification: ------------
>> 32767=97*97+94*94+91*91+79*79
>> ------------------------------------------------
>> Please input a number to verify(0 to quit): 7652
>> ------ Results of verification: ------------
>> 7652=48*48+46*46+44*44+36*36
>> ------------------------------------------------
>> Please input a number to verify(0 to quit):
```

图 18-7 四方定理运行效果图

实例 8 卡布列克数

任意一个 4 位数,只要它们各个位上的数字是不完全相同的,就有如下规律:

将组成该 4 位数的 4 个数字由大到小排列,形成由这 4 个数字构成的最大的 4 位数;将组成该 4 位数的 4 个数字由小到大排列,形成由这 4 个数字构成的最小的 4 位数(如果 4 位数中含有 0,则得到的数不足 4 位)。求两个数的差,得到一个新的 4 位数(高位零保留)。重复以上过程,最后得到的结果是 6174,这个数被称为卡布列克数。请编程验证卡布列克数。

实例解析:

题目给出的处理过程很清楚,可按题目叙述直接进行验证。

程序如下:

```
#include<stdio.h>
void vr6174(int);
void parse_sort(int num,int * each);
void max_min(int * each,int * max,int * min);
void parse_sort(int num,int * each);
int count=0;
int main()
{   int n=1;
    while(n !=0){
        printf(">>Please input a 4-digit number to verify(0 to quit): ");
```

```
        scanf("%d",&n);                        //输入任一整数
        if(n==0)
            break;
        printf(">>-----Results of verification: ------\n");
        count=0;
        vr6174(n);                             //调用函数进行验证
        printf(">>--------------------------------------\n");
    }
    puts("\n Press any key to quit...");
    getch();
    return 0;
}

void vr6174(int num)
{   int each[4],max,min;
    if(num != 6174 && num) {                   //若不等于 6174 且不等于 0 则进行运算
        parse_sort(num,each);                  //将整数分解,数字存入 each 数组中
        max_min(each,&max,&min);               //求数字组成的最大值和最小值
        num=max-min;                           //求最大值和最小值的差
        printf(">>Step No.%d: %d-%d=%d\n",++count,max,min,num);
                                               //输出该步计算过程
        vr6174(num);                           //递归调用自身继续进行卡布列克运算
    }
}

void parse_sort(int num,int * each)
{   int i, * j, * k,temp;
    for(i=0; i<=4; i++) {                      //将 NUM 分解为数字
        j=each+3-i;
        * j=num%10;
        num /=10;
    }
    for(i=0; i<3; i++)                         //对各数字从小到大进行排序
        for(j=each,k=each+1; j<each+3-i; j++,k++)
            if(* j> * k){
                temp= * j;
                * j= * k;
                * k=temp;
            }
    return;
}
//下面的函数将分解的数字还原为最大整数和最小整数
void max_min(int * each,int * max,int * min)
{   int * i;
```

```
    *min=0;
    for(i=each; i<each+4; i++)          //还原为最小的整数
        *min=*min * 10+*i;
    *max=0;
    for(i=each+3; i>=each; i--)         //还原为最大的整数
        *max=*max * 10+*i;
    return;
}
```

程序运行效果如图 18-8 所示。

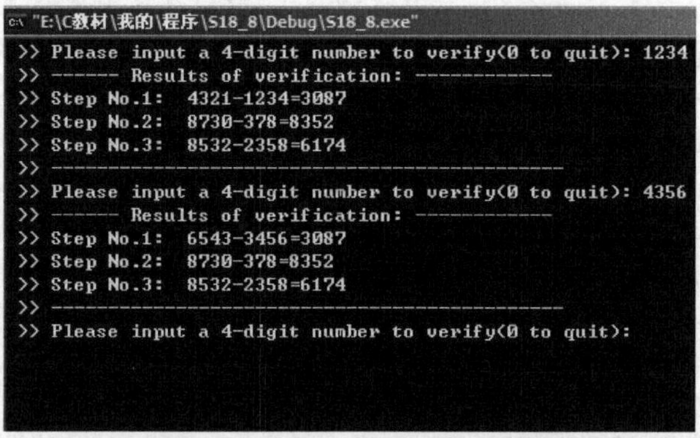

```
"E:\C教材\我的\程序\S18_8\Debug\S18_8.exe"
>> Please input a 4-digit number to verify(0 to quit): 1234
>> ------ Results of verification: ------------
>> Step No.1:  4321-1234=3087
>> Step No.2:  8730-378=8352
>> Step No.3:  8532-2358=6174
>> ------------------------------------------
>> Please input a 4-digit number to verify(0 to quit): 4356
>> ------ Results of verification: ------------
>> Step No.1:  6543-3456=3087
>> Step No.2:  8730-378=8352
>> Step No.3:  8532-2358=6174
>> ------------------------------------------
>> Please input a 4-digit number to verify(0 to quit):
```

图 18-8　验证卡布列克数运行效果图

实例 9　求解线性方程

用高斯(Gauss)消元法求解 N 阶线性方程组 $\boldsymbol{AX}=\boldsymbol{B}$。

实例解析：

高斯消元法解线性代数方程的基本原理如下。

对于线性方程组：

$$\begin{cases} a_{0,0}x_0 + a_{0,1}x_1 + a_{0,2}x_2 + \cdots + a_{0,n-1}x_n = b_0 \\ a_{1,0}x_0 + a_{1,1}x_1 + a_{1,2}x_2 + \cdots + a_{1,n-1}x_n = b_1 \\ \vdots \\ a_{n-1,0}x_0 + a_{n-1,1}x_1 + a_{n-1,2}x_2 + \cdots + a_{n-1,n-1}x_n = b_{n-1} \end{cases}$$

其中系数矩阵为 $\boldsymbol{A}$，未知量为 $\boldsymbol{X}$，值向量为 $\boldsymbol{B}$。计算的方法分两步进行。

第 1 步，消元过程，对于 k 从 0 到 $n-2$ 做以下 3 步。

从系数矩阵 $\boldsymbol{A}$ 的第 k 行、第 k 列开始的右下角子阵中选取绝对值最大的元素，并通过行交换与列交换把它交换到主元素(即对角线元素)的位置上。

归一法：

$$\begin{cases} a_{kj}/a_{kk} \to a_{kj} \\ b_k/a_{kk} \to b_k \end{cases} \qquad j = k+1, 2, \cdots, n-1$$

消元：

$$\begin{cases} a_{ij} - a_{ik}a_{kj} \to a_{ij} \\ b_k - a_{ik}b_k \to b_i \end{cases} \quad j = k+1, 2, \cdots, n-1$$

第 2 步，回代过程。

$$b_{n-1}/a_{n-1,n-1} \to x_{n-1}$$

$$b_j - \sum_{j=i+1}^{n-1} a_{ij}x_j \to x_i \qquad i = n-2, \cdots, 1, 0$$

最后对解向量中的元素顺序进行调整。

程序如下：

```
#include "stdlib.h"
#include "math.h"
#include "stdio.h"
#define MAX 255
int Gauss(double a[],double b[],int n)
{   int *js,m,k,i,j,is,p,q;
    double d,t;
    js=(int *)malloc(n * sizeof(int));
    m=1;
    for(k=0; k<=n-2; k++){
        d=0.0;
        /*下面是换主元部分,即从系数矩阵 A 的第 k 行,第 k 列之下的部分选出
            绝对值最大的元,交换到对角线上 */
        for(i=k; i<=n-1; i++)
            for(j=k; j<=n-1; i++){
                t=fabs(a[i*n+j]);
                if(t>d) {
                    d=t;
                    js[k]=j;
                    is=i;
                }
            }
        if(d+1.0==1.0)
            m=0;                          //主元为 0
        else{
            if(js[k] !=k)
                for(i=0; i<=n-1; i++){
                    p=i*n+k;
                    q=i*n+js[k];
                    t=a[p]; a[p]=a[q]; a[q]=t;
                }
            if(is !=k){
                for(j=k; j<=n-1; j++){
```

```
                p=k*n+j;
                q=is*n+j;
                t=a[p]; a[p]=a[q]; a[q]=t;
            }
            t=b[k]; b[k]=b[is]; b[is]=t;
        }
    }
    if(m==0){
        free(js);
        printf("fail\n");
        return(0);
    }
    d=a[k*n+k];
    //下面为归一化部分
    for(j=k+1; j<=n-1; j++){
        p=k*n +j;
        a[p]=a[p]/d;
    }
    b[k]=b[k]/d;
    //下面为矩阵 A、B 消元部分
    for(i=k+1; i<=n-1; i++){
        for(j=k+1; j<=n-1; j++){
            p=i*n+j;
            a[p]=a[p]-a[i*n+k]*a[k*n+j];
        }
        b[i]=b[i]-a[i*n+k]*b[k];
    }
}
d=a[(n-1)*n+n-1];
//矩阵无解或有无限多解
if(fabs(d)+1.0==1.0){
    free(js);
    printf("该矩阵为奇异矩阵\n");
    return(0);
}
b[n-1]=b[n-1]/d;
//下面为迭代消元
for(i=n-2; i>=0; i--) {
    t=0.0;
    for(j=i+1; j<=n-1; j++)
        t=t+a[i*n+j]*b[j];
        b[i]=b[i]-t;
    }
    js[n-1]=n-1;
```

```
        for(k=n-1; k>=0; k--)
            if(js[k] !=k){
                t=b[k]; b[k]=b[js[k]]; b[js[k]]=t;
            }
        free(js);
        return 1;
}

int main()
{   int i,n;
    double A[MAX];
    double B[MAX];
    printf(">>Please input the order n (>1): ");
    scanf("%d",&n);
    printf(">>Please input the %d elements of
                                matrix A(%d*%d) \n",n*n,n,n);
    for(i=0; i<n*n; i++)
        scanf("%lf",&A[i]);
    printf(">>Please input the %d elements of
                            matrix B(%d*1) one by one:\n",n,n);
    for(i=0; i<n; i++)
        scanf("%lf",&B[i]);
    if (Gauss(A,B,n) !=0)                    //调用 Gauss(),1 为计算成功
        printf(">>The solution of Ax=B is x(%d*1):\n",n);
    for(i=0; i<n; i++)                       //打印结果
        printf("x(%d)=%f ",i,B[i]);
    puts("\n Press any key to quit...");
    getch();
    return 0;
}
```

运行效果如图 18-9 所示。

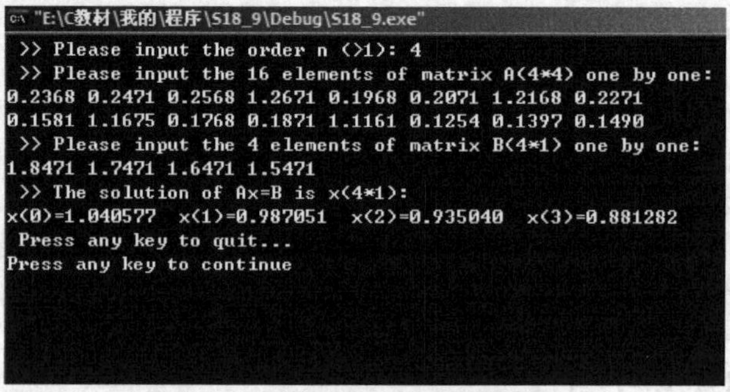

```
"E:\C教材\我的\程序\S18_9\Debug\S18_9.exe"
 >> Please input the order n (>1): 4
 >> Please input the 16 elements of matrix A(4*4) one by one:
0.2368 0.2471 0.2568 1.2671 0.1968 0.2071 1.2168 0.2271
0.1581 1.1675 0.1768 0.1871 1.1161 0.1254 0.1397 0.1490
 >> Please input the 4 elements of matrix B(4*1) one by one:
1.8471 1.7471 1.6471 1.5471
 >> The solution of Ax=B is x(4*1):
x(0)=1.040577  x(1)=0.987051  x(2)=0.935040  x(3)=0.881282
 Press any key to quit...
Press any key to continue
```

图 18-9 求解线性方程运行效果图

实例10 求 积 分

用变长辛普森法则求定积分。

实例解析：

用变长辛普森(Simpson)法则求定积分 $S=\int_a^b f(x)\mathrm{d}x$ 值的实现方法如下。

(1) 用梯形公式计算 $T_n = h[f(a)+f(b)]/2$，其中 $n=1$，$h=b-a$，且令 $S_n = T_n$。

(2) 用变步长梯形法则计算 $T_{2n}=\frac{1}{2}T_n+\frac{h}{2}\sum_{k=0}^{n-1}f\left(x_k+\frac{h}{2}\right)$。

(3) 用辛普森求积公式计算 $S_{2n} = (4T_{2n} - T_n)/3$。

若 $|S_{2n}-S_n|\geqslant\varepsilon$，则令 $2n\to n$，$h/2\to h$，转到步骤(2)继续进行计算；否则结束，S_{2n} 即为所求积分的近似值。其中 ε 为事先给定的求积分精度。

在本例中，使用辛普森法则计算定积分：$S=\int_0^q\frac{\ln(1+x)}{1+x^2}\mathrm{d}x$。精度 $\varepsilon=0.000001$。

程序如下：

```
#include "stdio.h"
#include "math.h"
double fsimpf(double x)                                    //要进行计算的被积函数
{   double y;
    y=log(1.0+x)/(1.0+x*x);
    return(y);
}
double fsimp(double a,double b,double eps)                 //辛普森算法
//a为积分下限,b为积分上限,eps是希望达到的精度
{   int n,k;
    double h,t1,t2,s1,s2,ep,p,x;
    n=1;
    h=b-a;
    //用梯形公式求出一个大概的估值
    t1=h*(fsimpf(a)+fsimpf(b))/2.0;
    s1=t1;
    ep=eps+1.0;
    while(ep>=eps){                                        //用梯形法则计算
        p=0.0;
        for(k=0; k<=n-1; k++){
            x=a+(k+0.5)*h;
            p=p+fsimpf(x);
        }
        t2=(t1+h*p)/2.0;
        //用辛普森公式求精
```

```
        s2=(4.0*t2-t1)/3.0;
        ep=fabs(s2-s1);
        t1=t2;
        s1=s2;
        n=n+n;
        h=h/2.0;
    }
    return s2;
}
int main()
{   double a,b,eps,t;
    a=0.0;
    b=1.0;
    eps=0.0000001;
    t=fsimp(a,b,eps);
    puts("\n-----------------------------------------");
    printf(">>The result of definite integral is : \n");
    printf(">>SIGMA(0,1)ln(1+x)/(1+x^2)dx=");
    printf("%e\n",t);
    puts("------------------------------------------");
    printf("\n Press any key to quit...");
    getch();
    return 0;
}
```

程序运行效果如图 18-10 所示。

```
"E:\C教材\我的\程序\S18_10\Debug\S18_10.exe"
------------------------------------------------------------
>> The result of definite integral is :
>> SIGMA(0,1)ln(1+x)/(1+x^2)dx = 2.721983e-001
------------------------------------------------------------

Press any key to quit...
```

图 18-10 用变长辛普森法则求定积分运行效果图

实例 11 超长整数的加法

实现超长正整数的加法运算。

实例解析：

首先设计一种数据结构来表示一个超长的正整数,然后才能够设计算法。

首先采用一个带头结点的环形链来表示一个非负的超大整数。如果从低位开始为每个数字编号,则第 1～4 位、第 5～8 位……的每 4 位组成的数字依次放到链表的第 1 个、第 2 个……结点中,不足 4 位的最高位存在链表的最后一个结点中,头结点的值规定为－1。例如，大整数 587890987654321 可用如图 18-11 所示的带头结点的链表表示。

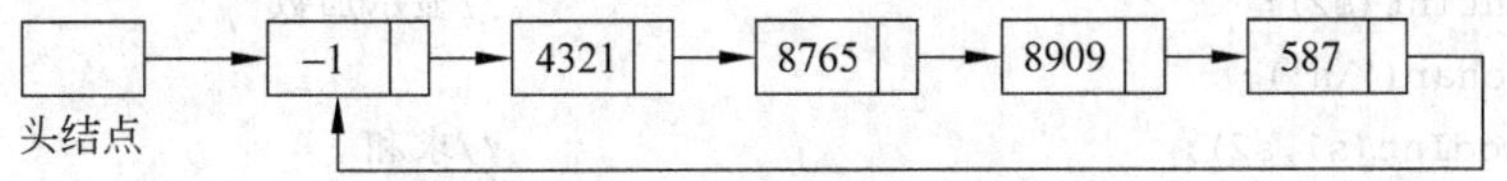

图 18-11 超长整数的链表表示

按照此数据结构，可以从两个头结点开始，按顺序依次对应相加，求出所需要的进位后，代入下一个结点运算。

程序如下：

```
#include<stdio.h>
#include<stdlib.h>
#define HUNTHOU 10000
typedef struct node{
    int data;
    struct node * next;
}NODE;                                          //定义链表结构
struct number {
    int num;
    struct number * np;
};
void freelist(NODE * llist);
NODE * insert_after(NODE * u,int num);          //在 u 结点后插入
NODE * AddInt(NODE * p,NODE * q);               //完成加法操作返回指向结果的指针
void printint(NODE * s);
NODE * inputint(void);
int main()
{
    NODE * s1, * s2, * s;
    printf(">>Input S1=");
    s1=inputint();                              //输入被加数
    if(s1==NULL) {
        return 0;
    }
    printf(">>Input S2=");
    s2=inputint();                              //输入加数
    if(s2==NULL) {
        freelist(s1);
        return 0;
    }
    printf(">>The addition result is as follows.\n\n");
    printf("    S1=");
    printint(s1);                               //显示被加数
    putchar('\n');
```

```
    printf("    S2=");
    printint(s2);                                   //显示加数
    putchar('\n');
    s=AddInt(s1,s2);                                //求和
    if(s==NULL) {
        freelist(s1);
        freelist(s2);
        return 0;
    }
    printf(" S1+S2=");
    printint(s);                                    //输出结果
    putchar('\n');
    freelist(s1);
    freelist(s2);
    freelist(s);
    printf("\n\n Press any key to quit...");
    return 0;
}
NODE * insert_after(NODE * u,int num)
{
    NODE * v;
    v=(NODE * )malloc(sizeof(NODE));                //申请一个 NODE
    if(v==NULL){
        return NULL;
    }
    v->data=num;                                    //赋值
    u->next=v;                                      //在 u 结点后插入一个 NODE
    return v;
}
NODE * AddInt(NODE * p,NODE * q)                    //返回指向 * p+ * q 结果的指针
{
    NODE * pp, * qq, * r, * s, * t, * tmp;
    int total,number,carry;
    pp=p->next;
    qq=q->next;
    s=(NODE * )malloc(sizeof(NODE));                //建立存放和的链表头
    if(s==NULL){
        return NULL;
    }
    s->data=-1;
    t=tmp=s;
    carry=0;                                        //carry 为进位
    while(pp->data !=-1 && qq->data !=-1){          //均不是头结点
        total=pp->data+qq->data+carry;              //对应位求和
```

```
        number=total%HUNTHOU;                       //求出存入链中部分的数值
        carry=total/HUNTHOU;                        //算出进位
        tmp=insert_after(t,number);                 //将部分和存入 s 指向的链中
        if(tmp==NULL){
            t->next=s;
            freelist(s);
            return NULL;
        }
        t=tmp;
        pp=pp->next;                                //分别取后面的加数
        qq=qq->next;
    }
    r=(pp->data !=-1) ? pp:qq;                      //取尚未处理完毕的链指针
    while(r->data !=-1) {                           //处理加数中较大的数
        total=r->data+carry;                        //与进位相加
        number=total%HUNTHOU;                       //求出存入链中部分的数值
        carry=total/HUNTHOU;                        //算出进位
        tmp=insert_after(t,number);                 //将部分和存入 s 指向的链中
        if(tmp==NULL){
            t->next=s;
            freelist(s);
            return NULL;
        }
        t=tmp;
        r=r->next;                                  //取后面的值
    }
    if(carry)
    tmp=insert_after(t,1);                          //处理最后一次进位
    if(tmp==NULL){
        t->next=s;
        freelist(s);
        return NULL;
    }
    t=tmp;
    t->next=s;                                      //完成存和的链表
    return s;                                       //返回指向和的结构指针
}
NODE * inputint(void)                               //输入超长正整数
{
    NODE * s, * ps, * qs;
    struct number * p, * q, * pre;
    int i,k;
    long sum;
    char c;
```

```
    p=NULL;             //用来指向输入的整数,链首为整数的最低位,链尾为最高位
    while((c=getchar()) !='\n')                         //输入整数,按字符接收数字
      if(c>='0' && c<='9') {                            //若为数字则存入
        q=(struct number *)malloc(sizeof(struct number));
        if(q==NULL){
          freelist2(p);
          return NULL;
        }
        q->num=c-'0';                                   //存入一位整数
        q->np=p;                                        //建立指针
        p=q;
      }
      s=(NODE *)malloc(sizeof(NODE));
      if(s==NULL){
        freelist2(p);
        return NULL;
      }
      s->data=-1;                                       //建立表求超长正整数的链头
      ps=s;
      while(p !=NULL) {                                 //转换
        sum=0;
        i=0;
        k=1;
        while(i<4 && p !=NULL) {                        //取出低 4 位
          sum=sum+k*(p->num);
          i++;
          pre=p;
          p=p->np;
          k=k*10;
          free(pre);                                    //释放前一个已经用完的结点
      }
      qs=(NODE *)malloc(sizeof(NODE));
      if(qs==NULL){
        ps->next=s;
        freelist(s);
        return NULL;
      }
      qs->data=sum;                                     //赋值,建立链表
      ps->next=qs;
      ps=qs;
    }
    ps->next=s;
    return s;
}
```

```
void printint(NODE * s)
{
    int i,k;
    if(s->next->data !=-1) {                        //若不是头结点,则输出
        printint(s->next);                          //递归输出
        if(s->next->next->data==-1)
            printf("%d",s->next->data);
        else{
            k=HUNTHOU;
            for(i=1; i<=4; i++,k/=10)
                putchar('0'+s->next->data %k/(k/10));
        }
    }
}
void freelist(NODE* llist)
{
    NODE* pnode=llist->next;
    NODE* p;
    while(pnode !=llist){
        p=pnode;
        pnode=pnode->next;
        free(p);
    }
}
void freelist2(struct number* llist)
{   struct number *p;
    while(llist){
      p=llist;
      llist=llist->np;
      free(p);
    }
}
```

运行效果如图 18-12 所示。

```
"E:\C教材\我的\程序\S18_11\Debug\S18_11.exe"
>> Input S1= 12345678909877627
>> Input S2= 243234847378748392
>> The addition result is as follows.

   S1= 12345678909877627
   S2= 243234847378748392
S1+S2=255580526288626019


Press any key to quit...
```

图 18-12 超长正整数的加法运行效果图

第19章 chapter 19

图形编程实例

本章内容是图形编程的一些实例，所用的知识基本是第12章介绍的图形函数。

实例1 画点及画线函数

用以下几种不同的方法在屏幕上绘制矩形：

(1) 用 putpixel()函数隔一个像素画一个点，画出一个矩形不同颜色的4条边。

(2) 用 line()函数画出一个矩形的4条边。

(3) 用 lineto()和 linerel()配合 moveto()画出一个矩形的4条边。

程序如下：

```
#include<graphics.h>
#include<stdio.h>
int main()
{
    int gdriver=DETECT;
    int gmode,i;
    initgraph(&gdriver,&gmode,"");
    cleardevice();
    printf("\nDraw lines with function 'putpixel'.");
    for(i=160; i<=480; i +=2)
        putpixel(i,120,4);
    for(i=120; i<=360; i +=2)
        putpixel(480,i,1);
    for(i=160; i<=480; i +=2)
        putpixel(i,360,2);
    for(i=120; i<=360; i +=2)
        putpixel(160,i,3);
    getch();
    cleardevice();
    getch();
    printf("\nDraw lines with function 'line'.");
    line(160,120,480,120);
```

```
    line(480,120,480,360);
    line(480,360,160,360);
    line(160,360,160,120);
    getch();
    cleardevice();
    getch();
    printf("\nDraw lines with function 'lineto'.");
    moveto(160,120);
    lineto(480,120);
    lineto(480,360);
    lineto(160,360);
    lineto(160,120);
    getch();
    cleardevice();
    getch();
    printf("\nDraw lines with function 'linerel'.");
    moveto(160,120);
    linerel(320,0);
    linerel(0,240);
    linerel(-320,0);
    linerel(0,-240);
    getch();
    cleardevice();
    getch();
    closegraph();
    return 0;
}
```

实例2　绘制圆、圆弧和椭圆

以(320,240)为圆心,用circle()、arc()和ellipse()分别绘制不同半径的圆、圆弧和椭圆。

程序如下:

```
#include<graphics.h>
int main()
{
    int gdriver=DETECT,gmode,i,j;
    initgraph(&gdriver,&gmode,"");
    printf("Draw circle with function 'circle'.\n");
    for(i=10; i<=140; i +=10)
        circle(320,240,i);
    getch();
    cleardevice();
```

```
    printf("Draw arc with function 'arc'.\n");
    for(i=10; i<=140; i +=10)
        arc(320,240,0,150,i);
    getch();
    cleardevice();
    printf("Draw ellipse with function 'ellipse'.");
    j=150;
    for(i=10; i<=140; i+=10,j+=10)
        ellipse(320,240,0,360,j,i);
    getch();
    cleardevice();
    closegraph();
    return 0;
}
```

实例3 画矩形和条形的函数

分别用 rectangle()和 bar()以(120,120)为左上角,以(480,320)为右下角画一个矩形和条形。

程序如下:

```
#include<graphics.h>
int main()
{
    int gdriver=DETECT,gmode,i,j;
    initgraph(&gdriver,&gmode,"");
    printf("Draw rectangle with function 'rectangle'.\n");
    rectangle(120,120,480,320);                          //画矩形
    getch();
    cleardevice();
    printf("Draw bar with function 'bar'.\n");           //画条形
    bar(120,120,480,320);
    getch();
    cleardevice();
    closegraph();
    return 0;
}
```

实例4 设置背景色和前景色

本实例主要演示如何设置前景色和背景色。程序在第一个 for 循环中依次设置 0~15 号背景颜色,在每种背景色下,依次设置 0~15 号前景色,并画出一个该颜色的圆,按

任意键切换一种颜色，如此循环，最后按任意键结束。

程序如下：

```
#include<graphics.h>
int main()
{
    int cb,cf;
    int gdriver=DETECT,gmode;
    initgraph(&gdriver,&gmode,"");
    cleardevice();
    for(cb=0; cb<=15; cb++){
        setbkcolor(cb);                                //设置背景色
        for(cf=0; cf<=15; cf++) {
            setcolor(cf);                              //设置前景色
            circle(100+cf*25,240,100);                 //画圆
        }
        getch();
    }
    getch();
    closegraph();
    return 0;
}
```

实例5 设置线条类型

本例主要演示如何设置线条类型。程序在第1个for循环中设置两种不同的线形宽度，在第2个for循环中设置4种不同的线形，并分别用line()、rectangle()和circle()绘制直线、矩形和圆。

程序如下：

```
#include<graphics.h>
int main()
{
    int i,j,c,x=50,y=50,k=1;
    int gdriver=DETECT,gmode;
    initgraph(&gdriver,&gmode,"");
    cleardevice();
    setbkcolor(9);
    setcolor(4);
    for(j=1; j<=2; j++){
        for(i=0; i<4; i++) {
            setlinestyle(i,0,k);                       //设置线条类型
            line(50,50+i*50+(j-1)*200,200,200+i*50+(j-1)*200);
```

```
            rectangle(x,y,x+210,y+80);
            circle(100+i*50+(j-1)*200,240,100);
        }
        k=3;
        x=50;
        y=250;
        getch();
    }
    closegraph();
    getch();
    return 0;
}
```

实例6 设置填充类型和填充颜色

本实例主要演示如何设置填充类型和填充颜色。程序在for循环中设置不同的前景色，用rectangle()画矩形，用setfillstyle()设置不同的填充类型，用floodfill()填充该矩形，形成一系列填充矩形，最后按任意键结束程序。

程序如下：

```
#include<graphics.h>
int main()
{
    int i,c=4,x=5,y=6;
    int gdriver=DETECT,gmode;
    initgraph(&gdriver,&gmode,"");
    cleardevice();
    setcolor(c);
    for(i=c; i<c+8; i++)    {
        setcolor(i);
        rectangle(x,y,x+140,y+104);
        x +=70;
        y +=52;
        setfillstyle(1,i);                              //设置填充类型
        floodfill(x,y,i);                               //设置填充颜色
    }
    outtextxy(80,400,"Press any key to quit...");
    getch();
    closegraph();
    return 0;
}
```

实例7 图形方式下输出文本

本实例用 outtext()和 outtextxy()两个函数分别在屏幕的不同位置输出“Hello World!”,其间用 settextstyle()和 settextjustify()分别设置文本的属性和对齐方式。

程序如下:

```
#include<graphics.h>
int main()
{
    int i;
    int gdriver=DETECT,gmode;
    initgraph(&gdriver,&gmode,"");
    cleardevice();
    printf("\noutput 'Hello world! ' using 'outtext'.");
    for(i=80; i<=240; i +=40)     {
        moveto(30+i,i);
        settextstyle((i-80)/40,i/40%2,(i-80)/40);     //设置文本属性
        outtext("Hello World!");
    }
    getch();
    cleardevice();
    printf("\noutput 'Hello World! ' using 'outtextxy'.");
    for(i=80; i<=160; i +=40)     {
        settextjustify(i/40%3,0);                       //设置文本对齐方式
        outtextxy(200,i,"Hello World!");
    }
    getch();
    cleardevice();
    closegraph();
    return 0;
}
```

实例8 绘制时钟

本实例将当前时间在屏幕上绘制出来。程序以(320,240)为表盘中心,用 gettime()函数取得当前系统时间,分别计算出时针、分针和秒针的角度,用 circle()画出表盘,用 line()画出 3 条分别表示时针、分针、秒针的直线,1s 后擦除,再重新执行上述过程。

程序如下:

```
#include<graphics.h>
#include<math.h>
#include<dos.h>
```

```
#define PI 3.1415926
#define mid_x 320                          //定义钟表中心坐标
#define mid_y 240

int main()
{
    int graphdriver=0,graphmode;
    int end_x,end_y;
    struct time curtime;
    float th_hour,th_min,th_sec;
    initgraph(&graphdriver,&graphmode,"");
    setbkcolor(0);
    while(! kbhit()) {                     //有键盘输入时退出
        //画表盘
        setcolor(14);
        circle(mid_x,mid_y,150);
        circle(mid_x,mid_y,2);
        gettime(&curtime);                 //得到当前系统时间
        //以下3行计算表针转动角度,以竖直向上为起点,顺时针为正
        th_sec=(float)curtime.ti_sec*2*PI/60;
        th_min=(float)curtime.ti_min*2*PI/60+th_sec/60.0;
        th_hour=(float)curtime.ti_hour*0.523598775
                    +th_min/12.0;          //说明:2π/60=0.1047197551
        //画时针
        end_x=mid_x+70*sin(th_hour);
        end_y=mid_y-70*cos(th_hour);
        setcolor(5);
        line(mid_x,mid_y,end_x,end_y);
        //画分针
        end_x=mid_x+110*sin(th_min);
        end_y=mid_y-110*cos(th_min);
        setcolor(5);
        line(mid_x,mid_y,end_x,end_y);
        //画秒针
        end_x=mid_x+140*sin(th_sec);
        end_y=mid_y-140*cos(th_sec);
        setcolor(5);
        line(mid_x,mid_y,end_x,end_y);
        sleep(1);                          //延时1s后刷新
        cleardevice();
    }
    closegraph();
    return 0;
}
```

程序首先设置图形的显示模式，然后将背景色设为黑色，接着分 4 步将整个时钟画出来，先画表盘，接着是 3 个指针，画指针的时候要先计算指针角度。本程序中将秒针和分针转动设置为 60 格，将时针转动设为 12 格。

实例 9 跳动小球

编程实现一个或多个运动小球沿直线运动，到达边界后改为反方向运动。

程序如下：

```
#include<graphics.h>
#include<stdlib.h>
#include<stdio.h>
#include<conio.h>
#include<math.h>
#define ESC 0x1b;
#define MAXNUM 100
int main()
{
    char * buf;
    char sign,sign1[MAXNUM],sign2[MAXNUM];
    int i,size,a;
    int x[MAXNUM],y[MAXNUM],r[MAXNUM][MAXNUM];
    int gd=DETECT,gm;
    clrscr();
    printf("please input the number of ball you want:\n");
    scanf("%d",&a);                          //小球的个数
    initgraph(&gd,&gm,"");
    setcolor(YELLOW);
    setfillstyle(SOLID_FILL,9);
    rectangle(0,0,getmaxx(),getmaxy());     //以下几行绘制屏幕的边界
    rectangle(1,1,getmaxx()-1,getmaxy()-1);
    bar(2,2,getmaxx()-2,getmaxy()-2);
    for(i=8; i>=0; i--){                     //画一个彩球
        setcolor(i+7);
        circle(11,getmaxy()-11,i);
    }
    size=imagesize(2,getmaxy()-20,20,getmaxy()-2);
    buf=malloc(size);
    getimage(2,getmaxy()-20,20,getmaxy()-2,buf);
    for(i=8; i>=0; i--){                     //用背景色画小球,使彩球消失
        setcolor(9);
        circle(11,getmaxy()-11,i);
```

```
    }
    randomize();                          //随机生成小球的起始坐标 x 和 y 以及方向
    for(i=0; i<a; i++){
        x[i]=random(600)+20;
        y[i]=random(400)+32;
        sign1[i]=random(2);
        sign2[i]=random(2);
    }
    while(1){
        if(kbhit()){
            sign=getch();
            if(sign==0x1b){
                free(buf);
                break;
            }
        }
        else{
            for(i=0; i<a; i++){          //实现小球的跳动
                putimage((sign1[i]==1 ? x[i]++: x[i]--),
                        (sign2[i]==1 ? y[i]++: y[i]--),
                        buf,COPY_PUT);
                if(x[i]>getmaxx()-21)
                    sign1[i]=0;
                if(x[i]<3)
                    sign1[i]=1;
                if(y[i]>getmaxy()-21)
                    sign2[i]=0;
                if(y[i]<3)
                    sign2[i]=1;
            }
        }
    }
    free(buf);
    closegraph();
    return 0;
}
```

程序首先由用户输入小球的个数，然后用 imagesize()确定存储小球的空间大小。用函数 getimage()将小球存储到分配好的空间中，用 putimage()将小球重新显示到屏幕。

第 i 个小球的坐标用数组 x[i]和 y[i]来存储，用 sign1[]和 sign2[]两个数组来确定小球的 x 和 y 运动方向，sign1[i]=0 表示向右运动，sign1[i]=1 表示向左运动；sign2[i]=0 表示向上运动，sign2[i]=1 表示向下运动。

实例10 用直方图显示学生成绩分布

随机生成 N 个学生的成绩，并且计算各个分数段学生的人数，然后使用直方图在屏幕上显示学生成绩的分布情况。

实例解析：

程序中主要定义了一个画坐标的函数 DrawXOY()和绘制直方图的函数 DrawBar()。

其中，绘制坐标轴的函数 DrawXOY()主要使用 line()和 outtextxy()函数分别画坐标以及标刻度。DrawBar()中主要使用 bar()来画不同大小的直方图以及用 setfillstyle()来设置填充颜色。

程序如下：

```
#define N 50
#include<stdio.h>
#include<stdlib.h>
#include<graphics.h>
//随机生成 N 个学生的成绩
void ScorePercent(int * score,int * percent)
{
    int i,j;
    randomize();
    //对 N 个学生的成绩进行随机赋值
    for(i=0; i<N; i++)
        score[i]=random(101);
    //统计每个分数段的学生数
    for(i=0; i<N; i++){
        if((j=(score[i]/10))==10)
            j--;
        percent[j]++;
    }
}
//画坐标轴函数
void DrawXOY()
{
    int i;
    //画 x 轴
    line(50,400,460,400);
    //x 轴的箭头
    line(460,400,455,405);
    line(460,400,455,395);
    //画 y 轴
    line(50,400,50,90);
```

```
    //y轴的箭头
    line(50,90,45,95);
    line(50,90,55,95);
    //y轴上的刻度
    for(i=370; i>=100; i -=30)
        line(48,i,52,i);
    //标注刻度值
    outtextxy(35,400,"0");
    outtextxy(30,370,"10");
    outtextxy(30,340,"20");
    outtextxy(30,310,"30");
    outtextxy(30,280,"40");
    outtextxy(30,250,"50");
    outtextxy(30,220,"60");
    outtextxy(30,190,"70");
    outtextxy(30,160,"80");
    outtextxy(30,130,"90");
    outtextxy(23,100,"100");
    //x轴上的刻度
    for(i=90; i<=450; i +=40)
        line(i,402,i,398);
    //标注刻度值
    outtextxy(80,410,"10");
    outtextxy(130,410,"20");
    outtextxy(170,410,"30");
    outtextxy(200,410,"40");
    outtextxy(250,410,"50");
    outtextxy(290,410,"60");
    outtextxy(330,410,"70");
    outtextxy(370,410,"80");
    outtextxy(410,410,"90");
    outtextxy(450,410,"100");
    //表明坐标轴的意义
    outtextxy(470,400,"score");
    outtextxy(25,80,"(%)");
}
void DrawBar(int *percent)
{
    int i,j;
    for(i=60,j=0; i<450; i+=40,j++) {
        //设置填充颜色
        setfillstyle(SOLID_FILL,j+2);
        //画直方图形
        bar(i,399-300*percent[j]/N,i+20,399);
```

```
    }
}

int main()
{
    int score[N],percent[10]={0};
    int gdrive=DETECT,gmode;
    initgraph(&gdrive,&gmode,"");
    //生成学生成绩和计算每个分数段学生的成绩
    ScorePercent(score,percent);
    //画坐标轴和坐标
    DrawXOY();
    //画直方图
    DrawBar(percent);
    getch();
    closegraph();
    return 0;
}
```

实例11 用圆饼图显示比例

程序主要实现圆饼图显示比例。程序首先用 circle()在屏幕上画一个圆,然后用预先设定的比例计算圆弧终点在圆上的坐标 SX 和 SY,用 line()画一条圆心到该点的直线。再通过 floodfill()填充该区域。

程序如下:

```
#include<stdio.h>
#include<stdlib.h>
#include<graphics.h>
#include<conio.h>
#include<alloc.h>
#include<math.h>
#define PI 3.1415926
int R=100;                                   //圆的半径
int DrawPieChart(double a[],int n);
int main()
{
    int Gdriver=DETECT,Gmode;
    double a[]={0.1,0.2,0.3,0.4};          //各部分的比例
    int n;
    n=sizeof(a)/sizeof(double);           //计算数组中元素的个数
    clrscr();
    initgraph(&Gdriver,&Gmode," ");
```

```
    DrawPieChart(a,n);                    //画圆饼图
    getch();
    closegraph();
    return 0;
}

int DrawPieChart(double a[],int n)
{
    int MX,MY,C=3,SX,SY,NX,NY,i;
    float ANG=0;

    MX=getmaxx()/2;
    MY=getmaxy()/2;
    setcolor(2);
    circle(MX,MY,R);
    SX=MX+R;
    SY=MY;
    line(MX,MY,SX,SY);

    for(i=0; i<n; i++){
        ANG +=a[i];
        if(ANG>1)
            return 0;
        SX=MX+cos(ANG*2*PI)*R;
        SY=MY+sin(ANG*2*PI)*R;
        line(MX,MY,SX,SY);
        NX=MX+cos((ANG-1/2.0*a[i])*2*PI)*R*1/2.0;
        NY=MY+sin((ANG-1/2.0*a[i])*2*PI)*R*1/2.0;
        setfillstyle(1,C++);
        floodfill(NX,NY,2);
    }
    if(ANG<1){
        NX=MX+cos((ANG+1/2.0*(1-ANG))*2*PI)*R*1/2.0;
        NY=MY+sin((ANG+1/2.0*(1-ANG))*2*PI)*R*1/2.0;
        setfillstyle(1,C++);
        floodfill(NX,NY,2);
    }
    return 1;
}
```

实例12 相向运动的球

编程模拟两个小球的碰撞过程：两球分别从左、右边界开始相向运动，相遇后朝相反方向运动，到左或者右边界后再相向运动……

```
#include<graphics.h>
int main()
{
    int i,graphdriver,graphmode,size;
    void * buffer;
    graphdriver=DETECT;
    initgraph(&graphdriver,&graphmode,"");
    setbkcolor(BLUE);
    cleardevice();
    setcolor(YELLOW);
    setlinestyle(0,0,1);
    setfillstyle(1,5);
    circle(100,200,30);
    floodfill(100,200,YELLOW);                  //填充圆
    size=imagesize(69,169,131,231);             //指定图像占字节数
    buffer=malloc(size);                        //分配缓冲区(按字节数)
    getimage(69,169,131,231,buffer);            //存图像
    putimage(500,169,buffer,COPY_PUT);          //重新复制
    do{
        for(i=0; i<185; i++){
            putimage(70+i,170,buffer,COPY_PUT);    //左球向右运动
            putimage(500-i,170,buffer,COPY_PUT);   //右球向左运动
        }                                          //两球相撞后循环停止
        for(i=0; i<185; i++){
            putimage(255-i,170,buffer,COPY_PUT);   //左球向左运动
            putimage(315+i,170,buffer,COPY_PUT);   //右球向右运动
        }
    }while(!kbhit());                           //当无按键时重复上述过程
    getch();
    closegraph();
    return 0;
}
```

程序主要是用getimage()将小球存储到内存，再用putimage()将小球从左、右两个方向相向运动，当两球相遇后各自向相反方向运动，到达左、右边界后再相向运动，一直运行到有键按下为止。

实例13　模拟满天星

用作图方式模拟满天星的效果。

程序如下：

```
#include<graphics.h>
```

```
#include<stdio.h>
#include<stdlib.h>
#include<conio.h>
void putstar(void);
int main()
{
    int driver=DETECT;
    int mode,color;
    initgraph(&driver,&mode,"");
    putstar();
    getch();
    closegraph();
    return 0;
}
void putstar(void)                                    //在屏幕上画星星
{
    int seed=1858;
    int i,dotx,doty,h,w,color,maxcolor;
    maxcolor=getmaxcolor();                           //得到最多的颜色值
    w=getmaxx();
    h=getmaxy();
    srand(seed);
    for(i=0; i<250; ++i) {
        dotx=i+random(w-1);
        doty=1+random(h-1);
        color=random(maxcolor);                       //随机生成
        setcolor(color);
        putpixel(dotx,doty,color);                    //设置点的颜色
        circle(dotx+1,doty+1,1);                      //画 1 像素大小的圆
    }
    srand(seed);
}
```

程序首先得到最大的颜色数和屏幕右下角的坐标，随机生成星星坐标和颜色，星星画法是通过 circle()画一个1像素的圆实现的。

实例 14　正弦曲线

编程绘制一条正弦曲线。

实例解析：

正弦曲线可表示为 $y=A\sin(\omega x+\varphi)+k$，定义为函数 $y=A\sin(\omega x+\varphi)+k$ 在直角坐标系上的图像，其中 sin 为正弦符号，x 是直角坐标系 x 轴上的数值，y 是在同一直角坐标系上函数对应的 y 值，k、ω 和 φ 是常数（k、ω、$\varphi\in\mathbb{R}$），$\omega\neq0$。各参数的定义见 define

部分。

程序如下：

```
#include<stdio.h>
#include<graphics.h>
#include<math.h>
#define PI 3.14159
#define SCALEX 30
#define SCALEY 60
#define OFFSETX 0
#define OFFSETY 200
#define INTEVAL 0.1
int main()
{
    double x,y,originX,originY;
    int gdriver=DETECT,gmode;
    /* initialize graphics mode */
    initgraph(&gdriver, &gmode, " ");
    for(x=0; x<8 * PI; x +=INTEVAL)
        line(SCALEX * x+OFFSETX,SCALEY * sin(x)+OFFSETY,
            SCALEX * (x+INTEVAL)+OFFSETX, * sin(x+INTEVAL)+OFFSETY);
    getch();
    closegraph();
    return 0;
}
```

程序主要把曲线看成小的线段的组合，通过画线函数 line()来实现正弦曲线的绘制。

实例 15　卫星环绕地球运动

编程实现卫星绕地球转动的效果。

实例解析：

程序采用和实例 13 一样的方法画星星作为背景，又在 draw_image()中用 linerel()等函数实现画卫星，在主函数中用 getimage()将卫星图像保存到内存，用 putimage()函数实现卫星的移动，地球上的经度和纬度是通过 ellipse()来实现的。

程序如下：

```
#include<graphics.h>
#include<stdio.h>
#include<stdlib.h>
#include<conio.h>
#define IMAGE_SIZE 10
void draw_image(int x,int y);
```

```
void putstar(void);                                    //具体实现见实例 13
int main()
{
    int driver=DETECT;
    int mode,color;
    void * pt_addr;
    int x,y,maxy,maxx,midy,midx,i;
    unsigned size;
    initgraph(&driver,&mode,"");
    maxx=getmaxx();
    maxy=getmaxy();
    midx=maxx/2;
    x=0;
    midy=y=maxy/2;
    settextstyle(TRIPLEX_FONT,HORIZ_DIR,4);
    settextjustify(CENTER_TEXT,CENTER_TEXT);
    outtextxy(midx,400,"AROUND THE WORLD");
    setbkcolor(BLACK);
    setcolor(RED);
    setlinestyle(SOLID_LINE,0,THICK_WIDTH);
    ellipse(midx,midy,130,50,160,30);
    draw_image(x,y);
    size=imagesize(x,y-IMAGE_SIZE,x+(4*IMAGE_SIZE),y+IMAGE_SIZE);
    pt_addr=malloc(size);
    getimage(x,y-IMAGE_SIZE,x+(4*IMAGE_SIZE),y+IMAGE_SIZE,pt_addr);
    putstar();
    setcolor(WHITE);
    setlinestyle(SOLID_LINE,0,NORM_WIDTH);
    rectangle(0,0,maxx,maxy);
    while(! kbhit()) {
        putstar();
        setcolor(RED);
        setlinestyle(SOLID_LINE,0,THICK_WIDTH);
        ellipse(midx,midy,130,50,160,30);
        setcolor(BLACK);
        ellipse(midx,midy,130,50,160,30);
        for(i=0; i<=13; i++) {
            setcolor(i%2==0 ? LIGHTBLUE:BLACK);
            ellipse(midx,midy,0,360,100-8*i,100);
            setcolor(LIGHTBLUE);
            ellipse(midx,midy,0,360,100,100-8*i);
        }
        putimage(x,y-IMAGE_SIZE,pt_addr,XOR_PUT);
        x=x>=maxx ? 0: x+6;
```

```
        putimage(x,y-IMAGE_SIZE,pt_addr,COPY_PUT);
    }
    free(pt_addr);
    closegraph();
    return 0;
}

void draw_image(int x,int y)
{
    int arw[11];
    arw[0]=x+10; arw[1]=y-10;
    arw[2]=x+34; arw[3]=y-6;
    arw[4]=x+34; arw[5]=y+6;
    arw[6]=x+10; arw[7]=y+10;
    arw[8]=x+10; arw[9]=y-10;
    moveto(x+10,y-4);
    setcolor(14);
    setfillstyle(1,4);
    linerel(-3*10,-2*8);
    moveto(x+10,y+4);
    linerel(-3*10,2*8);
    moveto(x+10,y);
    linerel(-3*10,0);
    setcolor(3);
    setfillstyle(1,LIGHTBLUE);
    fillpoly(4,arw);
}
```

实例16 按钮的制作

在屏幕上绘制3个按钮,根据用户的输入显示按钮的按下与弹起。其中用户允许的输入如下:

(1) 当用户输入数字1、2、3时,对应的按钮会执行按下与弹起动作。

(2) 当用户输入字母q时退出程序。

实例解析:

在使用可视化编程环境时,经常会用到按钮。本实例使用C语言在TC中实现一个简单的按钮。按钮一般有按下和弹起两种状态,Windows中虽然看到按钮是弹起的,但细心的用户不难发现,当选中按钮时,它有短暂的按下状态。实际上,这是改变按钮边框的颜色引起人视觉上的错觉而产生的立体效果,让人们感到屏幕上的按钮真的凸起和凹下一样。

程序中定义了结构体button来表示一个按钮的结构。其定义如下:

```
typedef struct{
      int x1,y1,x2,y2;
}button;
```

(x1,y1)和(x2,y2)分别为按钮左上角和右下角的位置坐标，用于确定按钮的位置和大小。

程序中定义了函数ButtonDefine()在屏幕上生成一个按钮。其声明如下：

```
void ButtonDefine(button *bt,int x1,int y1,int x2,int y2);
```

其中，参数bt指明了要声明的按钮名，按钮的位置由(x1,y1)和(x2,y2)来确定。此函数中调用了函数ButtonInitial()来对按钮进行初始化，包括按钮的颜色和边框等。

为了表示按钮的按下状态，还定义了函数ButtonDown()来表示按钮的按下。其声明如下：

```
void ButtonDown(button *bt);
```

下面是程序代码：

```
#include<graphics.h>
#include<conio.h>
#include<stdio.h>
#include<dos.h>
#define W 2                                          //定义按钮边的宽度
typedef struct{                                      //定义结构体表示按钮
    int x1,y1,x2,y2;
}button;
void ButtonInitial(button *bt)                       //按钮的初始化
{   int i,j;
    //绘制直方图表示按钮
    setfillstyle(1,LIGHTGRAY);
    bar(bt->x1,bt->y1,bt->x2,bt->y2);
    setfillstyle(1,LIGHTGRAY);
    bar(bt->x1+W,bt->y1+W,bt->x2-W,bt->y2-W);
    //绘制按钮的边框
    setcolor(WHITE);
    for(j=0; j<=W ; j++)
        line(bt->x1,j+bt->y1,bt->x2-j,j+bt->y1);
    for(i=0; i<=W ; i++)
        line(bt->x1+i,bt->y1+W,bt->x1+i,bt->y2-i);
    setcolor(BLACK);
    for(j=0; j<W; j++)
        line(bt->x2,j+bt->y2-W,bt->x1+W-j,j+bt->y2-W);
    for(i=0; i<=W; i++)
    line(bt->x2-W+i,bt->y2-W,bt->x2-W+i,bt->y1+W-i);
}
```

```
//创建一个按钮
void ButtonDefine(button * bt,int x1,int y1,int x2,int y2)
{
    bt->x1=x1;
    bt->y1=y1;
    bt->x2=x2;
    bt->y2=y2;
    ButtonInitial(bt);                     //初始化按钮
}
//按下按钮函数
void ButtonDown(button * bt)
{
    int i,j;
    setfillstyle(1,YELLOW);
    bar(bt->x1+W,bt->y1+W,bt->x2-W,bt->y2-W);
    setcolor(BLACK);
    for(j=0; j<=W; j++)
        line(bt->x1,j+bt->y1,bt->x2-j,j+bt->y1);
    for(i=0; i<=W; i++)
        line(bt->x1+i,bt->y1+W,bt->x1+i,bt->y2-i);
    setcolor(WHITE);

    for(j=0; j<=W; j++)
        line(bt->x2,j+bt->y2-W,bt->x1+W-j,j+bt->y2-W);
    for(i=0; i<=W; i++)
        line(i+bt->x2-W,bt->y2-W,i+bt->x2-W,bt->y1+W-i);
}
int main()
{
    button * but1, * but2, * but3;
    int ch;
    int gdriver=DETECT,gmode;
    initgraph(&gdriver,&gmode,"");
    setbkcolor(GREEN);
    clrscr();
    //设置底纹
    setfillstyle(1,YELLOW);
    bar(50,50,600,400);
    ButtonDefine(but1,150,200,200,250);
    ButtonDefine(but2,200 +10,200,250 +10,250);
    ButtonDefine(but3,250 +2 * 10,200,300 +2 * 10,250);
    while(ch!='q'){
        switch(ch){
            case '1': ButtonIntial(but1); break;
```

```
            case '2': ButtonIntial(but2); break;
            case '3': ButtonIntial(but3); break;
        }
        ch=getch();
        if(ch=='q')
            break;
        switch(ch){
            case '1': ButtonDown(but1); break;
            case '2': ButtonDown(but2); break;
            case '3': ButtonDown(but3); break;
        }
        delay(30000);
    }
    closegraph();
}
```

实例 17　火箭发射演示

编程演示一个火箭发射过程，当用户按任意键后，“火箭”从屏幕底部向顶部做加速运动，直到在“视野”中消失。

火箭的绘制程序如下：

```
void DrawRocket(int x,int y)
{
    int x1,y1,x2,y2;
    x1=x;
    y1=y;
    x2=x;
    y2=y-HEIGHT_R;
    line(x1,y1,x2,y2);
    x1=x;
    y1=y;
    x2=x+WIDTH_R;
    y2=y;
    line(x1,y1,x2,y2);
    x1=x+WIDTH_R;
    y1=y;
    x2=x+WIDTH_R;
    y2=y-HEIGHT_R;
    line(x1,y1,x2,y2);
    x1=x;
    y1=y-HEIGHT_R;
    x2=x+WIDTH_H;
```

```
y2=y-HEIGHT_R-HEIGHT_H;
line(x1,y1,x2,y2);
x1=x+WIDTH_R;
y1=y-HEIGHT_R;
x2=x+WIDTH_H;
y2=y-HEIGHT_R-HEIGHT_H;
line(x1,y1,x2,y2);
x1=x;
y1=y;
x2=x-WIDTH_B;
y2=y+HEIGHT_B;
line(x1,y1,x2,y2);
x1=x+WIDTH_R +WIDTH_B;
y1=y +HEIGHT_B;
x2=x+WIDTH_R;
y2=y;
line(x1,y1,x2,y2);
x1=x+WIDTH_R +WIDTH_B;
y1=y +HEIGHT_B;
x2=x-WIDTH_B;
y2=y+HEIGHT_B;
line(x1,y1,x2,y2);
x1=x;
y1=y-HEIGHT_R;
x2=x+WIDTH_R;
y2=y-HEIGHT_R;
line(x1,y1,x2,y2);
x1=x;
y1=y+HEIGHT_B;
x2=x;
y2=y+HEIGHT_B +4;
line(x1,y1,x2,y2);
x1=x +4 ;
y1=y+HEIGHT_B +4;
x2=x;
y2=y+HEIGHT_B +4;
line(x1,y1,x2,y2);
x1=x+4;
y1=y+HEIGHT_B +4;
x2=x+4;
y2=y+HEIGHT_B;
line(x1,y1,x2,y2);
x1=x+WIDTH_R;
y1=y+HEIGHT_B +4;
```

```
    x2=x+WIDTH_R;
    y2=y+HEIGHT_B;
    line(x1,y1,x2,y2);
    x1=x+WIDTH_R;
    y1=y+HEIGHT_B +4;
    x2=x+WIDTH_R-4;
    y2=y+HEIGHT_B+4;
    line(x1,y1,x2,y2);
    x1=x+WIDTH_R-4;
    y1=y+HEIGHT_B;
    x2=x+WIDTH_R-4;
    y2=y+HEIGHT_B+4;
    line(x1,y1,x2,y2);
}
```

函数 DrawRocket()将火箭按 3 部分来绘制,即火箭的柱体部分、顶端部分和尾部,都是利用最基本的画线函数来实现的。

为了演示火箭的加速运动过程,程序中定义了函数 Play()。其中,主要利用 delay()来实现加速效果的演示,通过不断减少延迟时间来逐渐加速火箭。函数 Play()定义如下:

```
void Play()
{
    int x,y;
    int s=4;
    int delaytime=START_Y/s;
    for(x=START_X,y=START_Y; y>=0; y-=s){
        cleardevice();
        DrawRocket(x,y);
        delay(delaytime);
        delaytime--;
    }
}
```

实例 18　火焰动画制作

编程在屏幕上演示一个燃烧着的火焰,按 Esc 键退出。

为了在屏幕上模拟燃烧的火焰,定义如下函数:

```
void GetFontAddress();
void SetPal(int Color,unsigned char r,unsigned char g,unsigned char b);
void GotoXY(int x,int y);
```

```
unsigned int GetScanKey();
void SetPointXY (int x,int y,unsigned char color);
unsigned int GetColorXY(int x,int y);
```

函数 GetFontAddress()的作用是获取 BIOS 8 * 8 西文字库的段地址和偏移量。函数 SetPal()用来设置调色板的颜色。通过函数 GotoXY()定位到屏幕上点(x,y),通过函数 SetPointXY()在屏幕的位置(x,y)处画点,其中颜色由 color 指定。函数 GetColorXY()可以取得点(x,y)处的颜色。

程序如下:

```
#include<stdlib.h>
#include<dos.h>
#define TRUE 1
//获取 BIOS 8*8 西文字库的段地址和偏移量
void GetFontAddress()
{
    struct REGPACK regs;
    regs.r_bx=0x0300;
    regs.r_ax=0x1130;
    intr(0x10,&regs);
}
//设置调色板
void SetPal(int Color,unsigned char r,
            unsigned char g,unsigned char b)
{
    outportb(0x3c8,Color);
    outportb(0x3c9,r);
    outportb(0x3c9,g);
    outportb(0x3c9,b);
}
//屏幕定位
void GotoXY(int x,int y)
{
    _DH=x;
    _DL=y;
    _AH=2;
    _BX=0;
    geninterrupt(0x10);
}
//从键盘缓冲区内直接读出扫描码
unsigned int GetScanKey()
{
    int start,end;
    unsigned int key=0;
```

```
    start=peek(0,0x41a);
    end=peek(0,0x41c);
    if(start==end)
        return 0;
    else
    {
        key=peek(0x40,start);
        start +=2;
        if(start==0x3e)
            start=0x1e;
        poke(0x40,0x1a,start);
        return(key / 256);
    }
}
//在(x,y)处绘点
void SetPointXY(int x,int y,unsigned char color)
{
    pokeb(0xa000,y*320+x,color);
}
//取(x,y)处点的颜色
unsigned int GetColorXY(int x,int y)
{
    return peekb(0xa000,y*320+x);
}
int main()
{
    int i,j;
    unsigned int x,y,c;
    //设置 VGA 13H 模式
    _AX=0x13;
    geninterrupt(0x10);
    GetFontAddress();
    for(x=1; x<=32; x++) {
        SetPal(x,x*2-1,0,0);
        SetPal(x +32,63,x*2-1,0);
        SetPal(x +64,63,63,x*2-1);
        SetPal(x +96,63,63,63);
    }
    while(GetScanKey()!=1){
        for(x=0; x<320; x +=2) {
            for(y=1; y<=202; y +=2) {
                c= (GetColorXY(x,y)+GetColorXY(x+2,y)
                    +GetColorXY(x,y+2)+GetColorXY(x+2,y+2))>>2;
                if (c--)    {
```

```
                poke(0xa000,(y-2) * 320+x,(c<<8)+c);
                poke(0xa000,(y-1) * 320+x,(c<<8)+c);
            }
        }
        y -=2;
        SetPointXY(x,y,random(320));
    }
}
//返回文本模式
_AX=0x3;
geninterrupt(0x10);
return 0;
}
```

程序中使用了 BIOS 中提供的 INT 10H 中断功能。BIOS 的 INT 10H 中断主要提供视频操作的各种功能，是系统提供的一组功能强大的函数。这些函数通过下面的语句来调用：

```
_AX=0xXX;
getinterrupt(0x10);
```

其中_AX 存放要调用的具体功能号 0xXX。本实例中，首先通过_AX＝13H 指定要执行的函数号 0x13H，当演示完火焰之后，通过_AX＝03H 指定要执行的函数号 0x03，即返回到文本模式。

第 20 章 chapter 20

系统和文件操作实例

实例 1　获取并修改当前驱动器

使用 DOS 中断获取当前驱动器号并将其改为 C 盘。

实例解析：

INT 21H 中断的 19H 功能是返回保存在 AL 寄存器中的当前驱动器号。返回值与驱动器的对应关系是：

0—A

1—B

2—C

3—D

⋮

可用下面代码获取当前驱动器号：

```
union REGS inregs,outregs;
inregs.h.ah=0x19;
intdos(&inregs,&outregs);
printf("The current drive is %c\n",outregs.h.al+'A');
```

修改当前驱动器可用 INT 21H 的 0EH 功能，使用该功能时，应将所需驱动器号存入 DL 寄存器。

下面是显示并修改当前驱动器的程序代码：

```
#include<dos.h>
int main()
{
    union REGS inregs,outregs;
    //以下代码获取当前驱动器号
    inregs.h.ah=0x19;
    intdos(&inregs,&outregs);
    printf("The current drive is %c\n",outregs.h.al+'A');
```

```
    //以下代码修改当前驱动器为 C
    inregs.h.ah=0x0e;
    inregs.h.dl=2;                                    //选择驱动器 C
    intdos(&inregs,&outregs);
    //以下代码获取新驱动器号
    inregs.h.ah=0x19;
    intdos(&inregs,&outregs);
    printf("Now,current drive is %c\n",outregs.h.al+'A');
    return 0;
}
```

实例 2 建立目录

使用 DOS 中断建立一个新目录。

实例解析：

DOS 中断 INT 21H 的 39H 功能用于建立一个新目录，相当于 DOS 中的 MD 命令。该功能使用时必须为 DS:DX 寄存器组合指定一个 ASCII 字符串的段及偏移量，该字符串包括要建立的目录名称，字符串中可含有盘符，如 D:\\NEWDIR。

若程序执行成功，则将进位标志清零；反之，则置进位标志，并将一个错误状态码送至 AX 寄存器。表 20-1 描述的是可能的错误状态值。

表 20-1 DOS 目录服务的错误状态值

错误状态码	错误原因
03H	未找到路径
05H	存取失败
0FH	非法驱动器
10H	不能删除当前目录

下面是建立目录的程序代码：

```
#include<dos.h>
int main()
{
    union REGS inregs,outregs;
    struct SREGS segs;
    char * buffer="d:\\newdir";              //需两条反斜线，否则结果是 Error:3
    inregs.h.ah=0x39;
    inregs.x.dx=(unsigned)buffer;
    segread(&segs);                          //获得 DS 值，设在小模式下编译，不改变段值
    intdosx(&inregs,&outregs,&segs);
    if(outregs.x.cflag)
```

```
        printf("Error:%d\n",outregs.x.ax);
    else
        printf("Success! \n");
    return 0;
}
```

实例3 选择当前目录

利用DOS中断选择当前目录。

实例解析:

INT 21H的3BH功能允许用户改变当前目录。使用该功能必须为DS:DX寄存器组合指定一个ASCII字符串的段及偏移量,该地址存有指定目录的名称。若程序执行成功,则将进位标志清零;反之,则置进位标志,并将一个错误状态码送至AX寄存器。错误代码值与错误原因的关系如表20-1所示。

下面是选择当前目录的程序代码:

```
#include<dos.h>
int main()
{
    union REGS inregs,outregs;
    struct SREGS segs;
    char * buffer="\\newdir";          //当前盘根目录必须有 newdir 目录存在
    inregs.h.ah=0x3b;
    inregs.x.dx=(unsigned) buffer;
    segread(&segs);                    //设在小模式下编译,不改变段值
    intdosx(&inregs,&outregs,&segs);
    if(outregs.x.cflag)
        printf("Error:%d\n",outregs.x.ax);
    else
        printf("Success! \n");
    return 0;
}
```

实例4 删除目录

利用DOS中断删除指定的目录。

实例解析:

INT 21H的3AH功能允许用户删除一个目录(空目录)。使用该功能必须为DS:DX寄存器组合指定一个ASCII字符串的段及偏移量,该地址存有指定目录的名称。若程序执行成功,则将进位标志清零;反之,则置进位标志,并将一个错误状态码送至AX

寄存器。

下面是程序代码：

```
#include<dos.h>
int main()
{
    union REGS inregs,outregs;
    struct SREGS segs;
    char * buffer="d:\\newdir";          //D盘根目录必须有 newdir 目录存在
    inregs.h.ah=0x3a;
    inregs.x.dx=(unsigned) buffer;
    segread(&segs);                      //设在小模式下编译,不改变段值
    intdosx(&inregs,&outregs,&segs);
    if(outregs.x.cflag)
        printf("Error:%d\n",outregs.x.ax);
    else
        printf("Success! \n");
    return 0;
}
```

实例5 获得当前目录

利用 DOS 中断获得当前目录。

实例解析：

INT 21H 的 47H 功能可使用户获得当前目录。使用该功能必须为 DS:DX 寄存器组合指定一个 64B 的缓冲区的段及偏移地址，该地址用来存储当前目录的名称。同时，必须将指定磁盘的驱动器号送 DL 寄存器。

DOS 使用 0 代表当前驱动器，1 代表 A 驱动器，2 代表 B 驱动器，3 代表 C 驱动器……这一点与实例 1 中获取当前驱动器时不同。

若程序执行成功，则将进位标志清零；反之，则置进位标志，并将一个错误状态码送至 AX 寄存器。

程序如下：

```
#include<dos.h>
int main()
{
    union REGS inregs,outregs;
    struct SREGS segs;
    char buffer[64];
    inregs.h.ah=0x47;
    inregs.x.si=(unsigned) buffer;
    inregs.h.dl=0;
```

```
    segread(&segs);                    //设在小模式下编译,不改变段值
    intdosx(&inregs,&outregs,&segs);
    if(outregs.x.cflag)
        printf("Error:%d\n",outregs.x.ax);
    else
        printf("Current directory is \\%s\n",buffer);
    return 0;
}
```

实例6 建立文件

利用DOS中断建立新文件。

实例解析:

利用DOS的INT 21H中断可实现文件的建立、打开、读写、关闭等操作,这种操作比使用TC提供的fopen、fread、fwrite、fclose等函数更直接、更高效。

本例的目的是建立文件,可使用INT 21H的3CH或5BH功能。使用这两个功能时,要求将文件属性值(见表20-2)送CX寄存器,要建立文件的文件名所存位置的段值和偏移地址送至DS:DX寄存器组合,文件名可包含盘符。

表20-2 INT 21H的3CH及5BH所用的文件属性值

位	属 性
00H	一般文件
01H	只读文件
02H	隐藏文件
04H	系统文件

文件的属性可以是表中属性的组合。例如,若送入CX的值是7,则表示要建立的文件是只读、隐藏且是系统文件。

建立文件的操作如果成功,则将进位标志清零,并将文件句柄送至AX寄存器;若失败,则置进位标志,并将一个错误状态码送至AX寄存器。

3CH功能和5BH功能并不完全相同,其区别是:若要建立的文件已经存在,3CH功能将打开该文件并将其内容清空,而使用5BH功能将建立失败。

程序如下:

```
#include<dos.h>
int main()
{
    union REGS inregs,outregs;
    struct SREGS segs;
    char * filename="d:\\abc\\a.txt";  //目录必须已经存在
```

```
    int handle;
    inregs.h.ah=0x3c;                    //也可以用 0x5B 功能
    inregs.x.cx=3;                       //只读且隐藏
    inregs.x.dx=(unsigned)filename;
    segread(&segs);                      //设在小模式下编译,不改变段值
    intdosx(&inregs,&outregs,&segs);
    if(outregs.x.cflag)
        printf("Error:%d\n",outregs.x.ax);
    else {
        handle=outregs.x.ax;
        printf("Success! handle=%d\n",handle);
    }
    return 0;
}
```

实例7 打开文件

利用 DOS 中断打开文件。

实例解析:

INT 21H 的 3DH 功能可为读或写操作打开一个现有文件。要求必须将存取方式送至 AL 寄存器,表 20-3 列出了存取方式中每一位的含义。同样,也必须将文件名所存位置的段值和偏移地址送至 DS:DX 组合。

若文件打开成功,则将进位标志清零,并将文件句柄送至 AX 寄存器;若失败,则置进位标志,并将一个错误状态码送至 AX 寄存器。

表 20-3 3DH 功能使用的文件打开存取方式

位		含 义
0~2	000	只读
	001	只写
	010	读写
3	保留	
4~6(若未安装 share,则保留;若安装了 share,则指定共享方式)	000	兼容方式
	001	全部拒绝
	010	拒绝写
	011	拒绝读
	100	不拒绝
7	0	子继承
	1	不继承

程序如下：

```
#include<dos.h>
int main()
{
    union REGS inregs,outregs;
    struct SREGS segs;
    char * filename="d:\\abc\\a.txt";  //文件必须已经存在
    int handle;
    inregs.h.ah=0x3d;
    inregs.h.al=0;                      //只读打开
    inregs.x.dx=(unsigned)filename;
    segread(&segs);
    intdosx(&inregs,&outregs,&segs);
    if(outregs.x.cflag)
        printf("Error:%d\n",outregs.x.ax);
    else{
        handle=outregs.x.ax;
        printf("Success! handle=%d\n",handle);
    }
    return 0;
}
```

实例8 读 文 件

利用DOS中断读文件。

实例解析：

INT 21H的3FH功能用来读文件。要求必须将文件句柄送BX，要读取的字节数送CX，保存数据的缓冲区位置送DS:DX组合。

若文件读失败，则置进位标志，并将一个错误状态码送至AX寄存器；若成功，则将进位标志清零，并将所读字节数送至AX寄存器。若AX值小于要读取的字节数或等于0，则说明读文件时遇到了结束标志。

代码如下：

```
#include<dos.h>
int main()
{
    union REGS inregs,outregs;
    struct SREGS segs;
    char * filename="d:\\abc\\a.txt";  //文件必须已经存在
    int handle;
    inregs.h.ah=0x3d;
```

```
    inregs.h.al=0;                      //只读打开
    inregs.x.dx=(unsigned) filename;
    segread(&segs);
    intdosx(&inregs,&outregs,&segs);
    if(outregs.x.cflag)
        printf("Error:%d\n",outregs.x.ax);
    else{
        char buffer[100]={'\0'};        //预设 100 字节的空间
        handle=outregs.x.ax;
        inregs.h.ah=0x3f;
        inregs.x.bx=handle;
        inregs.x.cx=10;                 //读取 10 字节
        segread(&segs);
        inregs.x.dx=(unsigned) buffer;
        intdosx(&inregs,&outregs,&segs);
        if(outregs.x.cflag)
            printf("Error:%d\n",outregs.x.ax);
        else
            printf("%s\n",buffer);
    }
    return 0;
}
```

实例9 写 文 件

利用 DOS 中断写文件。

实例解析：

INT 21H 的 40H 功能用来写文件。要求必须将文件句柄送 BX，待写数据的字节数送 CX，待写数据的缓冲区位置送 DS:DX 组合。

若文件写失败，则置进位标志，并将一个错误状态码送至 AX 寄存器；若成功，则将进位标志清零，并将实际所写字节数送至 AX 寄存器。若 AX 值小于要写的字节数，则说明出现了局部写错误。

代码如下：

```
#include<dos.h>
#include<string.h>
int main()
{
    union REGS inregs,outregs;
    struct SREGS segs;
    char * filename="d:\\abc\\a.txt";  //文件必须已存在,覆盖写
    int handle;
```

```
    inregs.h.ah=0x3d;
    inregs.h.al=1;                          //1为以只写方式打开;也可用2,又读又写
    inregs.x.dx=(unsigned) filename;
    segread(&segs);
    intdosx(&inregs,&outregs,&segs);
    if(outregs.x.cflag)
        printf("Error:%d\n",outregs.x.ax);
    else{
        char str[20]="abcd123";
        handle=outregs.x.ax;
        inregs.h.ah=0x40;
        inregs.x.bx=handle;
        inregs.x.cx=strlen(str);        //要写的字节数
        segread(&segs);
        inregs.x.dx=(unsigned)str;
        intdosx(&inregs,&outregs,&segs);
        if(outregs.x.cflag)
            printf("Error:%d\n",outregs.x.ax);
        else
            printf("bytes_written:%d\n",outregs.x.ax);
    }
    return 0;
}
```

实例10 关闭文件

利用DOS中断关闭文件。

实例解析:

INT 21H的3EH功能用来关闭文件。要求必须将文件句柄送BX。

若文件关闭失败,则置进位标志,并将一个错误状态码送至AX寄存器;若成功,则将进位标志清零。

代码如下:

```
#include<dos.h>
int main()
{
    union REGS inregs,outregs;
    struct SREGS segs;
    char * filename="d:\\abc\\a.txt";  //文件必须已经存在
    int handle;
    inregs.h.ah=0x3d;
    inregs.h.al=0;                          //只读打开
```

```
    inregs.x.dx=(unsigned) filename;
    segread(&segs);
    intdosx(&inregs,&outregs,&segs);
    if(outregs.x.cflag){
        printf("Open file error:%d\n",outregs.x.ax);
        exit(1);
    }
    else
        handle=outregs.x.ax;
    /*以下代码关闭文件*/
    inregs.h.ah=0x3e;
    inregs.x.bx=handle;
    intdosx(&inregs,&outregs,&segs);
    if(outregs.x.cflag)
        printf("Close file Error:%d\n",outregs.x.ax);
    else
        printf("Close Success!");
    return 0;
}
```

实例11 删除文件

利用DOS中断删除文件。

实例解析：

INT 21H的41H功能用来删除文件。要求必须将存有文件名字符串的段值和偏移地址送DS:DX组合。

若文件关闭失败，则置进位标志，并将一个错误状态码送至AX寄存器；若成功，则将进位标志清零。

代码如下：

```
#include<dos.h>
int main(int argc,char **argv)
{
    union REGS inregs,outregs;
    struct SREGS segs;
    if(*argv[1]){
        inregs.h.ah=0x41;
        inregs.x.dx=(unsigned) argv[1];
        segread(&segs);
        intdosx(&inregs,&outregs,&segs);
        if(outregs.x.cflag)
            printf("Error:%d\n",outregs.x.ax);
```

```
        else
            printf("%s deleted\n",argv[1]);
    }
    else
        printf("Must specify filename to delete! \n");
    return 0;
}
```

实例12 文件改名

利用DOS中断对文件重命名。

实例解析：

INT 21H的56H功能用于文件更名(和移动)。要求必须将存有原文件名字符串的段值和偏移地址送DS:DX组合,新文件名送ES:DI组合。

若失败,则置进位标志,并将一个错误状态码送至AX寄存器;若成功,则将进位标志清零。

说明：此功能允许用户指定一个新的目录作为更名后文件的存储位置,即允许将文件从一个目录移动到另一个目录(同一驱动器),但不允许移动到另一驱动器上。

程序代码：

```
#include<dos.h>
int main(int argc,char far **argv)
{
    union REGS inregs,outregs;
    struct SREGS segs;
    if(*argv[1] && *argv[2]) {
        inregs.h.ah=0x56;
        inregs.x.dx=(unsigned) argv[1];
        inregs.x.di=(unsigned) argv[2];
        segs.ds=FP_SEG(argv[1]);
        segs.es=FP_SEG(argv[2]);
        intdosx(&inregs,&outregs,&segs);
        if(outregs.x.cflag)
            printf("Not rename: %s\n",argv[1]);
        else
            printf("OK\n");
    }
    else
        printf("Must specify source and target filename! \n");
    return 0;
}
```

实例 13 读取 CMOS 信息

编程读取 CMOS 中的系统日期、驱动器等信息。

实例解析：

系统日期、系统时间、驱动器等信息存储在 CMOS 中，PC 要访问 CMOS 中的信息不能用段地址加偏移地址的方式，而是必须通过端口地址。

本实例要读取 CMOS 中的信息，需用 inportb() 和 outportb() 两个函数。inportb(int portid) 函数用来从 portid 端口读取 1B 的信息，对于本例，端口号是 0x71，但读取哪个字节还要由 outportb(int portid, unsitned char value) 来设置，其中第 1 个参数（口地址 portid）应取 0x70。

程序代码：

```
#include<stdio.h>
int main()
{
    struct CMOS{
        unsigned char current_second;
        unsigned char alarm_second;
        unsigned char current_minute;
        unsigned char alarm_minute;
        unsigned char current_hour;
        unsigned char alarm_hour;
        unsigned char current_day_of_week;
        unsigned char current_day;
        unsigned char current_month;
        unsigned char current_year;
        unsigned char status_registers[4];
        unsigned char diagnostic_status;
        unsigned char shutdown_code;
        unsigned char drive_types;
        unsigned char reserved_x;
        unsigned char disk_1_type;
        unsigned char reserved;
        unsigned char equipment;
        unsigned char lo_mem_base;
        unsigned char hi_mem_base;
        unsigned char hi_exp_base;
        unsigned char lo_exp_base;
        unsigned char fdisk_0_type;
        unsigned char fdisk_1_type;
        unsigned char reserved_2[19];
```

```
        unsigned char hi_check_sum;
        unsigned char lo_check_sum;
        unsigned char lo_actual_exp;
        unsigned char hi_actual_exp;
        unsigned char century;
        unsigned char information;
        unsigned char reserved_3[12];
    }cmos;

    char i;
    char * pointer;
    char byte;
    pointer=(char * ) &cmos;
    for(i=0; i<0x34; i++){
        outportb(0x70,i);
        byte=inportb(0x71);
        * pointer++=byte;
    }
    printf(" This program is to get the CMOS infomation.\n");
    printf(" Some of the CMOS information is as follows.\n");
    printf(">>Current date: %d/%x/%x",cmos.current_month,
                    cmos.current_day,cmos.century);
    if(cmos.current_year<10)
        printf("0%d.\n",cmos.current_year);
    else
        printf("%d.\n",cmos.current_year);
    printf(">>Current time: %d:%d:%d.\n",cmos.current_hour,
  cmos.current_minute,cmos.current_second);
    printf(">>Shutdown type: %d.\n",cmos.shutdown_code);
    printf(">>Hard disk type %d\n",cmos.fdisk_0_type);
    printf(" Press any key to quit...");
    return 0;
}
```

实例14 文件连接

编程实现将命令行中指定的第1个文本文件的内容追加到第2个文件之后。

实例解析：

该实例要求从命令行指定两个文件名，故需要定义带参数的main()函数。

程序代码：

```
#include<stdio.h>
int main(int argc,char* argv[])
```

```
{
    FILE * fp1, * fp2;
    int ch;
    if(argc !=3){
        printf("参数个数不对!");
        exit(0);
    }
    if((fp1=fopen(argv[1],"r"))==NULL){
        printf("打开文件: %s 失败\n",argv[1]);
        exit(1);
    }
    if((fp2=fopen(argv[2],"a"))==NULL){
        printf("打开文件: %s 失败\n",argv[2]);
        exit(1);
    }
    while((ch=fgetc(fp1)) !=EOF)
        fputc(ch,fp2);
    fclose(fp1);
    fclose(fp2);
    return 0;
}
```

实例15 文件读写操作

文件student.dat用于存储学生信息(每人存储姓名,数学、物理、化学3科成绩和总分)。写一个函数,可由键盘输入10个学生的3科成绩并存入文件,再写一个函数,读取这些分数,计算总分并将总分写入文件。

实例解析:

由于每人有5项数据需要存储,所以先定义一个结构体如下:

```
typedef struct {
    char name[10];
    int score[3];
    int sum;
}STU;
```

第1个函数用来写文件,需要用wb或w方式打开,第2个文件需要"读写"文件,用rb+或r+方式打开。

两个函数的代码如下:

```
void input()
{
    FILE * fp;
```

```
    int i,j;
    STU s;
    if((fp=fopen("student.dat","wb"))==NULL) {
        printf("打开文件失败\n");
        exit(0);
    }
    for(i=0; i<=9; i++) {
        scanf("%s",s.name);
        for(j=0; j<=2; j++)
            scanf("%d",&s.score[j]);
        fwrite(&s,sizeof(STU),1,fp);
    }
    fclose(fp);
}

void calculate()
{
    FILE * fp;
    int i;
    STU s;
    if((fp=fopen("student.dat","r+"))==NULL) {
        printf("打开文件失败\n");
        exit(0);
    }
    for(i=0; i<=9; i++) {
        fseek(fp,sizeof(STU) * i,0);
        fread(&s,sizeof(STU),1,fp);
        s.sum=s.score[0]+s.score[1]+s.score[2];
        fseek(fp,-2,1);
        fwrite(&s.sum,2,1,fp);
    }
    fclose(fp);
}
```

第21章 chapter 21

趣味游戏实例

实例1 俄罗斯方块

编写一个俄罗斯方块游戏的程序。

用户键盘控制如下：

(1) 左右箭头：控制方块的左右运动。

(2) 向下的箭头：控制方块的加速运动，可以使方块迅速下落到底部。

(3) 空格键：控制方块的旋转变换。

(4) Esc键：退出游戏。

实例解析：

设计这个游戏有两个关键点，一个是如何表示方块，另外一个就是对方块运动的控制。方块有7种基本的形状，所有的形状都可以放到4×4的格子中，如图21-1所示。

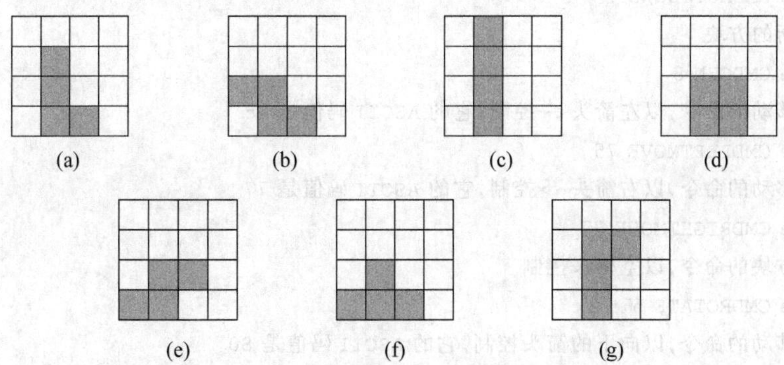

图21-1 7种基本的方块形状

程序中使用下面的三维数组来表示图21-1所示的7种基本的方块形状

```
int BOX[7][4][4]={
        {{1,1,1,1},{0,0,0,0},{0,0,0,0},{0,0,0,0}},
        {{1,1,1,0},{1,0,0,0},{0,0,0,0},{0,0,0,0}},
        {{1,1,1,0},{0,0,1,0},{0,0,0,0},{0,0,0,0}},
```

```
{{1,1,1,0},{0,1,0,0},{0,0,0,0},{0,0,0,0}},
{{1,1,0,0},{0,1,1,0},{0,0,0,0},{0,0,0,0}},
{{0,1,1,0},{1,1,0,0},{0,0,0,0},{0,0,0,0}},
{{1,1,0,0},{1,1,0,0},{0,0,0,0},{0,0,0,0}}
};
```

这7种形状又可以进行旋转得到不同的形状。7种形状以及它们旋转后的变形体一共有19种形状。假定旋转的方向是逆时针(顺时针道理一样),第1种形状旋转变形后有3种形状,如图21-2所示。

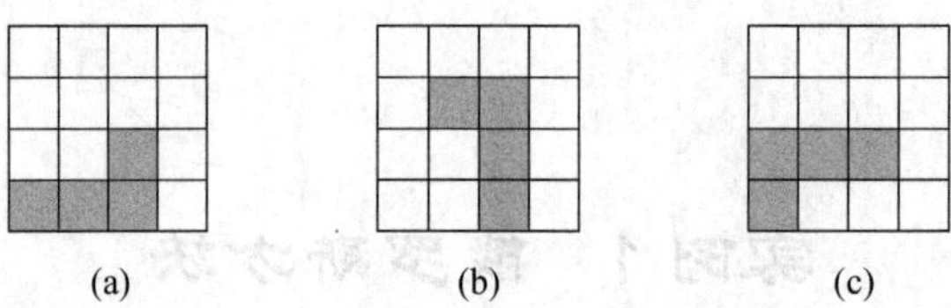

图 21-2　第一种形状旋转变形后的形状

在进行游戏时,用户需要使用不同的控制命令来控制方块的运动,比如左右运动、方块的翻转变形等。为了控制方块的运动,定义了如下控制命令。

```
//下面定义了一些控制命令
//重画界面命令
#define CMDDRAW 5
//消去一个满行的命令
#define CMDDELLINE 6
//自动下移一行的命令
#define CMDAUTODOWN 7
//生产新的方块
#define CMDGEN 8
//向左移动的命令,以左箭头<-控制,它的 ASCII 码值是 75
#define CMDLEFTMOVE 75
//向右移动的命令,以右箭头->控制,它的 ASCII 码值是 77
#define CMDRIGHTMOVE 77
//旋转方块的命令,以空格来控制
#define CMDROTATE 57
//向下移动的命令,以向下的箭头控制,它的 ASCII 码值是 80
#define CMDDOWNMOVE 80
//退出游戏的控制命令,以 Esc 键控制,它的 ASCII 码值是 1
#define CMDESC 1
```

与之相对应,为了实现这些命令,分别实现以下函数:

```
//得到方块的宽度,即从右向左第一个不空的列
int GetWidth();
//得到方块的高度,即从上往下第一个不空的行
```

```
int GetHeight();
//清除原有的方块占有的空间
void ClearOldspace();
//置位新方块的位置
void PutNewspace();
//判断方块的移动是否造成区域冲突
int MoveCollision(int box[][4]);
//判断翻转方块是否造成区域的冲突
int RotateBoxCollision(int box[][4]);
//游戏结束
int GameOver();
//判断是否超时,即是否超过允许的时间间隔
int TimeOut();
//重绘游戏区
void DrawSpace();
//消去满行
void ClearFullline();
//向左移动方块
int MoveLeft();
//向右移动方块
int MoveRight();
//向下移动方块
int MoveDown();
//按加速键后方块迅速下落到底
void MoveBottom();
//初始化
void InitialGame();
//得到控制命令
void GetCMD();
//生成一个新的方块
int GenerateNewbox();
//翻转方块;
int RotateBox();
//根据获得的命令来执行不同的操作
void ExecuteCMD();
```

详细程序代码见配套资源。

实例2 贪吃蛇游戏

贪吃蛇游戏是一个深受人们喜爱的游戏，一条蛇在密闭的围墙内，在围墙内随机出现一个食物，通过按键盘上的4个光标键控制蛇向上下左右4个方向移动，蛇头撞到食

物,则表示食物被蛇吃掉,这时蛇的身体长一节,同时计10分,接着又出现食物,等待被蛇吃掉,如果蛇在移动过程中,撞到墙壁或身体交叉蛇头撞到自己的身体则游戏结束。

实例解析:

设计本游戏有两个关键点:一个是如何表示蛇以及食物对象,另外一个是怎样来控制蛇的移动。

简单起见,本实例采用一个绿色矩形块来表示食物,一个红色矩形块来表示蛇的一节身体,蛇头使用两节表示,每吃到一个食物蛇身会增加一节。表示食物和蛇的矩形都设计为10像素×10像素。程序中定义如下的数据结构来表示食物和蛇。

```
//定义食物的结构体
struct Food{
    int x;                      //食物的横坐标
    int y;                      //食物的纵坐标
    int need;                   //判断是否要出现食物的变量
};
//定义蛇的结构体
struct Snake{
    int x[NODE];                //NODE为预定义的蛇的最大节数
    int y[NODE];
    int node;                   //蛇的节数
    int direction;              //蛇移动方向
    int life;                   //蛇的生命,0活着,1死亡
};
```

在食物的结构体Food中,通过(x,y)来确定它的坐标位置,程序采用了随机数的方式来随机确定一个食物的位置。成员变量need用来确定是否应该在屏幕上生成一个食物。在Snake结构体中,通过(x[i],y[i])来确定第i节蛇身的坐标位置;node表示记录当前蛇身的节数;direction表示蛇移动的方向;life表示蛇的生命,0表示活着,1表示死亡,游戏结束。

通过下列函数实现:

```
//开始画面,左上角坐标为(50,40),右下角坐标为(600,450)的围墙
void DrawFence(void);
//画蛇函数
void DrawSnake();
//玩游戏具体过程
void PlayGame();
```

算法执行过程如下:

(1) 设置初始值。为防止食物出现在同一位置上,设置随机数发生器。

(2) 循环执行,直到按Esc键退出。

① 没有按键的情况下,循环执行以下操作:

- 如果没有食物,随机出现食物;如果有食物,则显示食物。蛇移动身体,根据蛇的

方向改变坐标值，并判断蛇是否撞到了墙或自己吃了自己，如果出现这两种情况之一，则蛇死，游戏结束。

- 如果蛇吃到了食物，蛇身体长一节，数组元素增加一个，身体节数、分数都进行相应的改变。
- 在新位置画出蛇。

② 如果有按键，则识别键值。如果按键为 Esc 则游戏结束；如果按键为方向键，则根据该键改变蛇方向的变量 direction 的值，要考虑相反方向键无效。

详细的程序见配套资源。

实例3 潜艇大战

设计一个潜艇大战游戏。游戏规则是，游戏者操纵一艘潜艇与多艘敌方潜艇进行对战，如果击中一艘敌方潜艇得 10 分，如果不幸被敌方击中则游戏结束。潜艇操作命令如下：

(1) 左箭头：向左移动潜艇。

(2) 右箭头：向右移动潜艇。

(3) 空格键：发射鱼雷。

实例解析：

实现本游戏程序的一个关键就是设计适当的对象实例。游戏的基本对象包括我方潜艇、敌方潜艇、鱼雷，分别定义结构体 Player、结构体 Enemy 和结构体 bullet 来表示，详细说明如下：

```
struct bullet{                              //鱼雷的结构体
    int x;                                  //x坐标
    int y;                                  //y坐标
    int shoot;                              //是否发射鱼雷
};
struct Player{                              //玩家的结构体
    int x;
    int y;
    struct bullet bullet[6];                //定义我方潜艇的6个鱼雷
    int life;                               //我方潜艇是否被击中,life=0表示击中
}Player;
struct Enemy{                               //敌人的结构体
    int x;
    int y;
    int speed;                              //敌方潜艇的速度
    int color;                              //敌方潜艇的颜色
    int direction;                          //敌方潜艇的方向,包括左、右两个方向
    int life;                               //敌方潜艇是否被击中,life=0表示击中
};
```

程序中定义如下函数实现各个对象：

```
void PlayGame(void);
void DrawPlayer(void);
void DrawEnemy(int i);
void DrawPlayerBullet(int x,int y,int n);
void DrawEnemyBullet(int x,int y,int n);
```

函数 DrawPlayer()的作用是绘制一艘用户控制的潜艇，函数 DrawEnemy()则绘制一艘敌方潜艇，其中参数 i 指定潜艇的编号。函数 DrawPlayerBullet()和 DrawEnemyBullet()分别是绘制我方潜艇的鱼雷和敌方潜艇的鱼雷。

本程序中用函数 PlayGame()来控制整个游戏过程，从 main()函数可以清楚地看到整个程序的逻辑：

```
int main(void)
{
    int gd=DETECT,gm;
    initgraph(&gd,&gm,"");
    cleardevice();
    InstallKeyboard();                    //加载键盘
    PlayGame();                           //玩游戏
    ShutDownKeyboard();                   //关闭键盘
    closegraph();
    return 0;
}
```

详细的程序见配套资源。

实例4 搬 运 工

设计一个搬运工游戏，通过小人在指定房间将所有箱子推到指定位置。

实例解析：

推箱子一般有很多关可以玩，本游戏设了两关，用户如果有兴趣，可以根据程序中设置关卡的方法自己设置。

本实例主要是运用一个二维数组来存放整个游戏的画面运行结果，游戏根据二维数组的不断变化来生成游戏画面，并且不断地由程序判断游戏是否结束。

程序将搬运工游戏的整个画面用一个二维数组 map[10][10]表示，整个画面被分成了 100 个小块。根据游戏的不同关卡来设置这个二维数组，达到预期效果。程序中为不同小块设置需要的参数：空设为 0，人设为 1，箱子设为 2，墙设为 3，目的地设为 4，人和目的地重合设为 5，箱子和目的地重合设为 6，然后绘制初始画面等待用户输入。程序会根据用户输入的值来不断改变二维数组的值，以重新绘出画面。

本例中用到的数据结构如下：

```
typedef struct c{
    int x;
    int y;
}Add;
typedef struct a{
    int x;
    int y;
}Player;
```

第1个结构体存放箱子的具体位置，第2个结构体存放人的具体位置。

程序中定义的函数如下：

```
void Init();                              //设置图形驱动和模式
void Game();                              //游戏开始
void InitMission(int);                    //初始化关卡
void NextMission();                       //选择下一关
void InitPic(int,int,int);                //初始化整个游戏图像和重绘整个游戏图像
int Move(Add);                            //移动后改变整个二维数组的值
void DrawWall(int,int);                   //画出墙壁
void DrawBack(int,int);                   //背景设置
void DrawBox(int,int);                    //画出箱子
void DrawObject(int,int);                 //画出目的地
void DrawMan(int,int);                    //画出搬运工
int JudgeWin();                           //判断游戏是否结束
void game1();                             //第一关
void game2();                             //第二关
```

Move()函数的实现如下：

```
//移动后改变整个二维数组的值
int Move(Add a)
{
    int flag;
    int i=StepNum%STEPMAX;
    switch(map[p.x+a.x][p.y+a.y]) {
        //看下一位置是什么,改变二维数组的值,重绘整个游戏画面
        case 0:
            map[p.x][p.y] -=1;
            InitPic(map[p.x][p.y],p.x,p.y);
            p.x=p.x+a.x;
            p.y=p.y+a.y;
            map[p.x][p.y] +=1;
            InitPic(map[p.x][p.y],p.x,p.y);
            flag=1;
            break;
        case 2:
```

```
if(map[p.x+2*a.x][p.y+2*a.y]==0
            || map[p.x+2*a.x][p.y+2*a.y]==4){
map[p.x][p.y] -=1;
map[p.x+a.x][p.y+a.y]=1;
map[p.x+2*a.x][p.y+2*a.y] +=2;
InitPic(map[p.x][p.y],p.x,p.y);
InitPic(map[p.x+a.x][p.y+a.y],p.x+a.x,p.y+a.y);
InitPic(map[p.x+2*a.x][p.y+2*a.y],
            p.x+2*a.x,p.y+2*a.y);
p.x=p.x+a.x;
p.y=p.y+a.y;
flag=1;
BoxMove[i]=1;
}
else
    flag=0;
break;
case 3:
    flag=0;
    break;
case 4:
    map[p.x][p.y] -=1;
    InitPic(map[p.x][p.y],p.x,p.y);
    p.x=p.x+a.x;
    p.y=p.y+a.y;
    map[p.x][p.y] +=1;
    InitPic(map[p.x][p.y],p.x,p.y);
    flag=1;
    break;
case 6:
    if(map[p.x+2*a.x][p.y+2*a.y]==0
            || map[p.x+2*a.x][p.y+2*a.y]==4){
        map[p.x][p.y] -=1;
        map[p.x+a.x][p.y+a.y]=5;
        map[p.x+2*a.x][p.y+2*a.y] +=2;
        InitPic(map[p.x][p.y],p.x,p.y);
        InitPic(map[p.x+a.x][p.y+a.y],p.x+a.x,p.y+a.y);
        InitPic(map[p.x+2*a.x][p.y+2*a.y],
                        p.x+2*a.x,p.y+2*a.y);
        p.x=p.x+a.x;
        p.y=p.y+a.y;
        flag=1;
        BoxMove[i]=1;
    }
```

```
        else
            flag=0;
        break;
    }
    return flag;
}
```

本程序实现DOS下的搬运工游戏的简单设计。相比Windows下的搬运工游戏，本游戏的功能还有待完善，比如游戏的关数还不够多，游戏无法进行选关。对于第1个问题，可以通过增加各关地图来进行；对第2个问题，可以通过增加功能键进行设置。

详细代码见配套资源。

实例5 商人过河游戏

有3个商人带着3个随从和货物过河，船每次最多只能载两个人，由他们自己划行，并且乘船的大权由商人们掌握。要求保证在过河期间的任一岸上商人的人数要大于或等于随从的人数，否则随从会杀死商人抢走货物。设计一个符合上述要求的过河的简单游戏。

实例解析：

用两个数组来表示两岸的商人和随从，其中A表示商人，B表示随从，数组a表示此岸，数组b表示彼岸；通过输入过河的人数来改变两个数组中的A和B的个数，再用文本输出两岸的情况。

游戏规则：

(1) 依次输入过河的商人和随从人数。

(2) 非法输入按键将重新开始游戏。

(3) 游戏开始或重新开始时，可按Q或q键结束游戏。

程序设计要点：

(1) 程序算法主要是根据规则来判断数组a和数组b的状态是否满足要求，若不满足要求，输出提示信息，重新开始游戏；若满足要求，继续显示状态，输入人数。

(2) helpf()函数通过调用dwframe()函数来进行游戏窗口的定义，背景色和文本色的设置，界面框架的绘制，并显示游戏提示和规则说明。

(3) printcase()函数将数组a和数组b所代表的状态进行显示，并判断若商人和随从全部到达彼岸，则成功过河，游戏完成。

(4) 主函数main()完成调用helpf()函数，判断开始或重新开始时是否按Q或q键，若是，则恢复背景色和文本色的设置，退出游戏；若不是，则在while循环中提示输入，判断情况，并做相应处理。

printcase()函数如下：

```
void printcase(char a[],char b[])
{
```

```
int i,j,xa,xb,x0,ya,yb,y0;
xa=xb=x0=ya=yb=y0=0;
gotoxy(11,14);
printf("This bank:                    That bank:\n");
for(i=0; i<6; i++){
    if(a[i]=='A')
        xa++;
    else if (a[i]=='B')
        xb++;
    else if(a[i]=='0')
        x0++;
}
gotoxy(11,15);
for(i=1; i<=xa; i++)
    printf("man ");
gotoxy(11,16);
for(i=1; i<=xb; i++)
    printf("Retainer ");
gotoxy(11,17);
for(i=1; i<=x0; i++)
printf("    ");
for(j=0; j<6; j++){
    if(b[j]=='A')
        ya++;
    else if(b[j]=='B')
        yb++;
    else if(b[j]=='0')
        y0++;
}
gotoxy(41,15);
for(j=1; j<=ya; j++)
    printf("man ");
gotoxy(41,16);
for(j=1; j<=yb; j++)
    printf("Retainer ");
gotoxy(31,17);
for(j=1; j<=y0; j++)
    printf("    ");
if(xa==0 && xb==0 && ya==3 && yb==3){
    gotoxy(15,21);
    printf("You have passed this game,any key to continue!");
    getch();
    window(1,1,25,80);
    textbackground(BLACK);
```

```
            textcolor(LIGHTGRAY);
            clrscr();
            exit(0);
        }
    }
```

详细代码见配套资源。

实例6 五 子 棋

设计一个五子棋游戏。五子棋游戏是常见的经典游戏，在一个方阵上通过两人对弈的形式，依次在棋盘上放置两种颜色的棋子，哪一方先让5个棋子形成一条直线（包括横、竖、对角线3个方向）即获胜。按键盘上的方向键可以上下左右移动棋子，按空格键可以摆放棋子。

实例解析：

这个程序是对编程基本功的一个训练，对于初学C语言的人，将分支、循环、数组、函数综合运用，不仅限于编制独立的小程序，能够大大提高编程水平。

从程序界面看，这应该是一个二维图，所以应当想到数据的表示用二维数组，数组两个下标可以表示棋盘上的位置，程序中设置了18×18的棋盘。

程序主要控制功能都在main()中实现。main()中首先初始化图形模式，绘制棋盘和初始化棋子位置，输出按键提醒。然后在循环中不断从BIOS读取一个按键并做出判断和相应处理。在输入按键为空格时，调用judgewho()判断是白方还是红方的棋子；按键为Esc时，则关闭图形模式并退出程序；如果是其他按键，则调用judgekey()函数来判断输入按键并做出相应处理。

全局变量box[N][N]用来保存当前棋盘上的棋子信息。

全局变量step_x和step_y用来保存白红双方的步数。

全局变量key用来保存输入的按键。

函数draw_box()用来绘制棋盘。

函数draw_cicle(int x,int y,int color)用于以指定颜色在(x,y)坐标处绘制一个圆。

函数change()用来改变标记状态。

函数judgewho(int x,int y)用来判断哪方的棋子。

函数judgekey()用来判断非Esc和空格按键，并做出相应处理。

函数judgeresult(int x,int y)来用判断输赢的结果。

详细代码见配套资源。

实例7 扫 雷

自Windows系统推出以来，系统所带的扫雷游戏深受人们的喜爱，它是一个益智游戏，令人百玩不厌。本实例用TC编写与它功能相仿的游戏。

实例解析：

游戏首先在一个16×16的区域随机生成地雷，用户可以按上下左右键来移动位置。

功能键如下：

- 空格或者回车：扫雷，如果是地雷，则游戏结束。
- F或者f：标记地雷。
- Q或者q：不确定是否是地雷可以按此键标记。
- A或者a：自动挖雷。

程序中定义的全局变量如下：

```
#define ROW 16                              //16行
#define COL 16                              //16列
#define UNFLAG 0                            //未标记或挖开
#define FLAGED 1                            //已标记为雷
#define QUESTION 20                         //不能确定
#define EXPLOD 30                           //踩雷
#define OPEN 40                             //挖开
int table[ROW][COL];                        //雷区各方块是否有雷
int num[ROW][COL];                          //雷区各方块周围的雷数
int flag[ROW][COL];                         //雷区各方块的状态
int pi,pj;                                  //光标当前位置
int di[8]={-1,-1,0,1,1,1,0,-1};
int dj[8]={0,1,1,1,0,-1,-1,-1};     //di[]、dj[]用于记录方块在8个方向上的偏移量
```

程序中用到的函数如下：

```
void initGraph();                           //初始化图形显示方式
void generateMine();                        //随机生成地雷的分布
void drawBlock(int i,int j);                //绘制小方块
void drawTable();                           //绘制雷区
void newGame();                             //初始化游戏
int checkWin();                             //判断游戏是否胜利
int confirm(int res);                       //判断游戏是否重新开始
void moveUp();                              //光标上移一格
void moveDown();                            //光标下移一格
void moveLeft();                            //光标左移一格
void moveRight();                           //光标右移一格
void flagBlock(int i,int j);                //标记有雷
void questBlock(int i,int j);               //标记不确定
int openMine(int i,int j);                  //挖雷
int autoOpen(int i,int j);                  //自动挖开
```

主函数如下：

```
int main()
{
```

```
    int gameRes;
    //记录游戏结束的结果状态：0 表示退出游戏，-1 为游戏失败，1 为胜利
    initGraph();                    //初始化图形显示方式
    do{
        newGame();                  //初始化新的游戏
        gameRes=0;
        //下面的循环用来处理各种按键情况
        do{
            int key=getKey();       //读入操作信息
            if(key==ESC)            //#define ESC 0x011b,0x011b 为其键值
                break;
            switch(key){            //对其他有效操作的处理
                case ENTER:
                case SPACE: gameRes=openMine(pi,pj);break;
                case UP: moveUp();break;
                case DOWN: moveDown();break;
                case LEFT: moveLeft();break;
                case RIGHT: moveRight();break;
                case LOWERF:
                case UPPERF: flagBlock(pi,pj);break;
                case LOWERA:
                case UPPERA: gameRes=autoOpen(pi,pj);break;
                case LOWERQ:
                case UPPERQ: questBlock(pi,pj);break;
            }
            if(checkWin())
                gameRes=1;
        } while(! gameRes);
    } while (!confirm(gameRes));
    return 0;
}
```

程序执行过程是：首先调用 newGame()函数，随机生成地雷，画出 16×16 的方格，经过计算给数组 table[][]、num[][]、flag[][]赋相应的值。等待键盘输入，输入如果是 Esc，则游戏结束；如果是 Enter 或者 Space，扫雷，碰到地雷则游戏结束；如果是 F 或者 f，则将当前点标记为地雷；如果是 A 或者 a，则自动挖雷；如果是 Q 或者是 q，表示该点不确定是否是雷，暂时标记一下；上下左右键移动光标位置。如果碰到雷或者全部雷都被挖出，则游戏结束。

详细代码见配套资源。

第 22 章 chapter 22

综合应用实例

实例 1　数据文件的读取及图形显示

数据表文件 student.dbf 中存有若干学生的考试成绩，其中至少有数学、英语、计算机、姓名(为汉字)4 个字段，有无其他字段未知，另外，字段顺序也未知。编程完成以下任务：

(1) 在西文 DOS 下，用直方图显示每人的三科成绩（每屏三人，显示次序按总分由高到低)。

(2) 用圆饼图显示平均成绩各分数段的百分比。

图 22-1 是程序运行效果图(注：键盘和鼠标控制是后加的)。

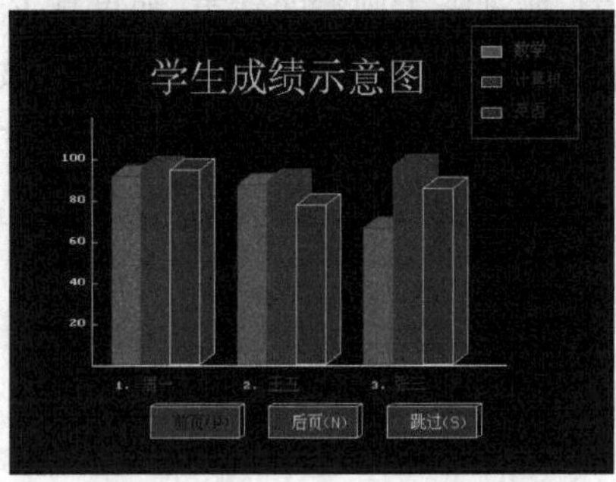

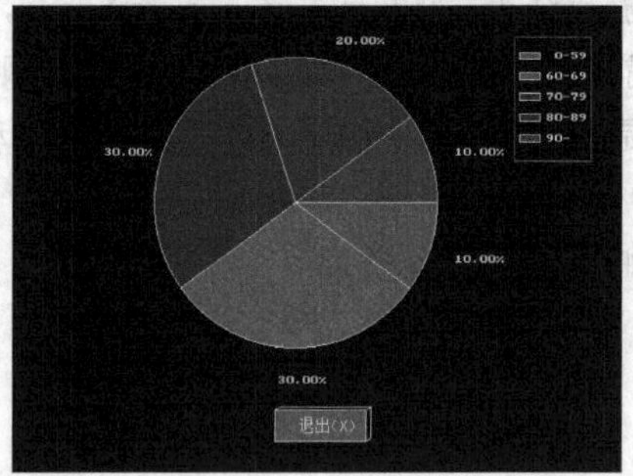

图 22-1　程序运行效果图

说明：student.dbf 文件有固定的格式，共分 3 部分：第一部分是数据表文件头，第二部分是每条记录的数据，第三部分是文件结束标志 1AH，如表 22-1 所示。

表 22-1 数据表文件的组成

文件组成部分	内 容
文件头	用来描述数据表的结构
数据部分	存储每条记录的实际数据
文件结束标志	1AH

其中，文件头部分的结构如表 22-2 所示。

表 22-2 文件头部分的组成

文件头的组成部分	位置/B	内 容	备 注
文件标志信息	0	数据表文件特征标志：03H	共 32 字节，不用的字节添 0
	1～3	建表或最后修改的时间	
	4～7	记录总数	
	8～9	文件头的总长度	
	10～11	每条记录的长度	
字段 1 的描述	0～9	字段名	共 32 字节，不用的字节添 0
	11	字段类型：'N'/'C'/…	
	12～15	本字段在记录中的起始位置	
	16	字段宽度	
	17	小数位数	
字段 2 的描述	同字段 1		每字段都是 32 字节的描述
⋮	⋮		
文件头结束标志	0DH		

注意：文件头中的数据是按二进制方式存储的。

数据部分的存储结构如表 22-3 所示。

表 22-3 数据部分的存储结构

记录	位 置	存 储 内 容	备 注
记录 1	第 0 字节	空格或 *	空格表示未删，* 表示已删
	其余字节	按顺序存储每个字段内容（字段内容之间连续无间隔）	数据不足，左补空格 字符不足，右补空格
记录 2	第 0 字节	同记录 1	
	其余字节		
⋮	⋮	⋮	⋮

注意：数据部分是按文本方式存储的。

实例解析：

1）题目分析

本实例要显示每个学生考试成绩的直方图和反映各分数段比例的圆饼图，必须首先从数据表文件中将每个人的姓名及数学、英语、计算机的成绩读取出来，然后计算每个人的总分和平均分，并统计每个分数段的人数，为了按顺序显示每个人成绩，还需要对这些数据进行排序，最后画直方图和圆饼图。

其中，在读取数据表文件中的数据时，为了使程序的应用范围更广，本例设计由用户从键盘输入数据表文件名，而不是把文件名固定为 student.dbf。

作图是在西文状态下进行的，而学生的姓名、课程名以及图形名称（标题）等都是汉字，因此需要编写在西文状态下显示汉字的代码。

直方图和圆饼图都需要有图例，可用作图的方法实现。

另外，从数据表文件中读取分数时，需要得到的是一个实型数据，而分数在文件中是按 ASCII 码方式存储的，故需要将读取出来的字符型数据转化为实数。

本实例用到的知识点有：文件操作的知识，作图知识，汉字显示知识，循环、排序和结构体的有关知识，字符序列转换为 float 型数据的知识等。

2）总体设计思想

(1) 显示一个开始界面，包括程序名、设计者姓名、设计日期等。

(2) 提醒用户输入数据表文件名，输入过程中允许对输入的字符进行修改，即可用 Backspace 键删除字符。

(3) 打开文件，从文件中将需要的数据读到数组中，计算总分、平均分，统计各分数段人数并根据总分排序。

(4) 画直方图、圆饼图以及图例。

(5) 显示一个结束界面。

3）数据结构

(1) 文件标志信息的存储。

在读取数据的时候，需要知道数据表文件中总共有多少字段，每条记录占多少字节，数据表文件头总共多长，数据表共有多少条记录等信息，而这些信息都与数据表文件头的前 12 字节有关。由于这 12 字节的存储结构是固定的，所以定义如下结构体类型及该类型的变量 head，用 head 来存储这 12 字节的信息。

```
struct {                                //表文件标志信息结构
    char head_type;                     //数据表文件标识
    char date[3];
    long records_num;
    int struct_size;
    int record_size;
}head;
```

这样设计的好处是，可以一次性地把 12 字节的信息都读出来存放在一起，随时可用。

(2) 字段信息的存储。

每个字段都包含很多描述信息：字段类型、字段宽度、字段在记录中的起始位置等。这些信息对于从文件中提取数据是必要的，为了统一存储和管理这些字段信息，设计如下结构体及数组。

```
struct _field {                          //每字段信息结构
    char f_name[10];                     //字段名
    char empty_c;                        //闲置不用
    char f_type;                         //字段类型
    long f_begin;                        //字段的起始位置
    char f_size;                         //字段宽度
    char f_digit_num;                    //小数位数
}field[5];
```

程序中有4个字段(姓名和三科成绩)的信息需要存储，这里定义为 field[5]，其中 field[0]可用作临时变量交换数据。

(3) 学生信息的存储。

无论是计算总分、平均分，还是排序，乃至最后的作图，都要求首先将每个学生的信息存储到内存中。为此设计如下的结构体及数组，以便存储所有学生的信息。

```
struct student {                         //学生信息的结构
    char name[8];
    float maths;
    float computer;
    float english;
    float average;
    float sum;
}stu[STUDENT_NUM];                       //STUDENT_NUM 代表学生总数
```

4) 功能模块的划分

按照前面所述的设计思路，把程序分为以下几个函数：

main()：用来显示开始界面、调用下面3个函数，显示结束界面。

input_filename()：用来输入数据表文件名。

read_data()：从数据表文件中读取所需数据并计算、统计和排序。

draw_picture()：画直方图和圆饼图。

disp1()：用来显示小汉字(显示字库中的汉字)。

disp2()：用来显示大汉字(打印字库中的汉字)。

getnum()：将字符序列转化为实数。

说明：显示字库中的汉字点阵数比较小，锯齿较严重。为了美观，凡是大字，都用打印字库中的汉字，而小字则用显示字库中的汉字(打印字库中的字太大了)。上面所说两种字库中的汉字的显示方法是不同的，故设计 disp1()和 disp2()两个函数。

上面7个函数之间的调用关系可用图22-2表示。

5）程序流程图

(1) main()函数流程如图 22-3 所示。

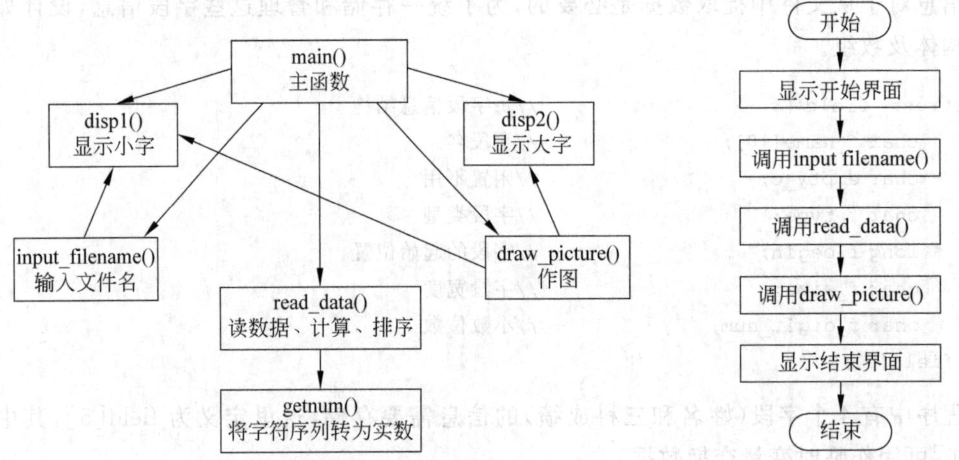

图 22-2　本实例各函数之间的调用关系　　　　**图 22-3　main()函数流程图**

(2) input_filename()函数流程如图 22-4 所示。

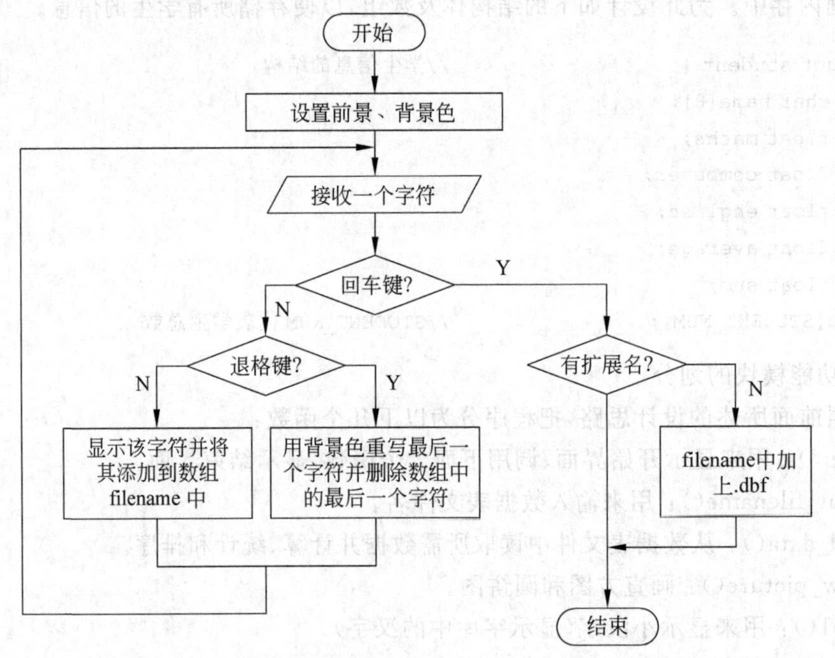

图 22-4　input_filename()函数流程图

(3) read_data()流程如图 22-5 所示。

限于篇幅，这里只给出了以上几个函数的流程图，在第 19 章的实例 10 和实例 11 中给出了作直方图和圆饼图的源程序，第 14 章中有显示汉字的代码，请一并参阅以上内容。另外，本书的源程序中加入了用鼠标和键盘控制操作的代码，这部分代码在第 13 章

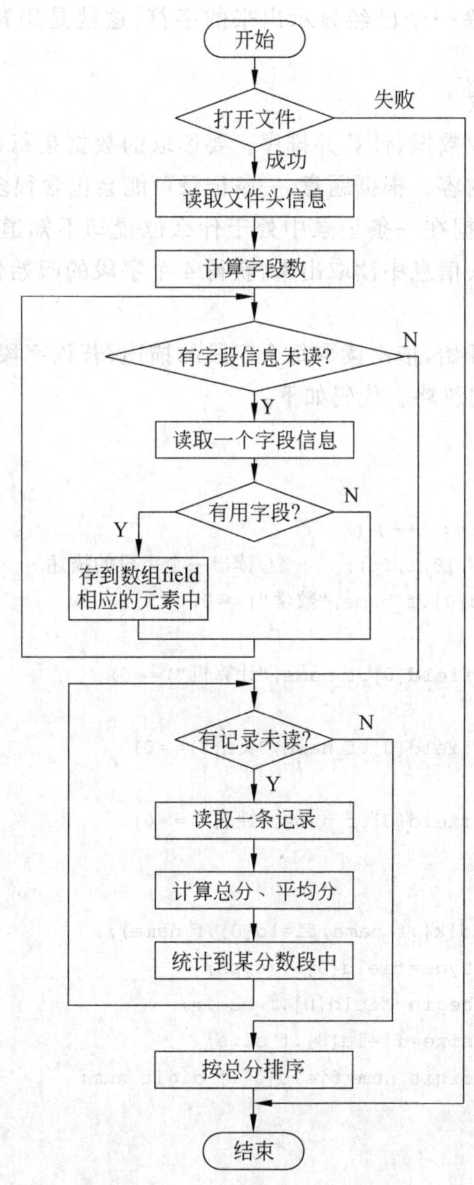

图 22-5 read_data()函数流程图

习题中做过练习,故这里不再介绍。

6) 各功能模块的设计要点及说明

(1) main()函数。

程序中的汉字需要在中文环境下输入,比如,在 VC 中输入。

(2) input_filename()函数。

本实例所设计的 input_filename()是在作图方式下输入文件名,也可以在文本方式下输入,方法是:用 restorecrtmode()函数切换到文本方式,输入完成后,再用 setgraphmode()函数切换回图形方式。本例设计成图形方式下输入的目的,是让读者学会怎样在图形方式下删除一个已经显示出来的字符，这就是用背景色在原位置重写该字符。

(3) read_data()函数

本函数的任务是读取数据、计算并排序。要读取的数据是每条记录中姓名、数学、英语和计算机 4 个字段的内容。根据题意，一条记录可能会包含很多字段，但只需要其中 4 个字段的数据，而这些数据在一条记录中处于什么位置却不知道，这就需要先把这 4 个字段的描述信息从文件头信息中读取出来，获得 4 个字段的起始位置、字段宽度等信息。所用的方法如下。

从第一个字段描述开始，依次读取每个字段的描述，若该字段名是 4 个字段名之一，则存入 field 数组中，否则忽略。代码如下：

```
k=0;
fseek(fp,32,0);
for(i=0; i<field_num; i++) {
    fread(&field[0],18,1,fp);       //读出一个字段的描述
    if(strcmp(field[0].f_name,"数学")==0)
        k=1;
    else if(strcmp(field[0].f_name,"计算机")==0)
        k=2;
    else if(strcmp(field[0].f_name,"英语")==0)
        k=3;
    else if(strcmp(field[0].f_name,"姓名")==0)
        k=4;
    if(k !=0) {
        strcpy(field[k].f_name,field[0].f_name);
        field[k].f_type=field[0].f_type;
        field[k].f_begin=field[0].f_begin;
        field[k].f_size=field[0].f_size;
        field[k].f_digit_num=field[0].f_digit_num;
    }
    fseek(fp,14,1);
    k=0;
}
```

代码中用到数据表的字段个数，可由下式计算出：

```
field_num=(head.struct_size -32 -1) / 32;
```

说明：文件头总长度减去文件标志信息的 32 字节，减去最后的结束标志 1 字节，除以 32，得字段个数。

有了 4 个字段的描述信息，便可以从记录中读取学生成绩及姓名，这部分操作相对简单，这里不予讲解，可参阅配套资源中的源代码。

需要注意的是，从文件中读出来的分数实际上是一个字符序列(不是字符串)，要得

到实数，需调用 getnum()函数转换。

(4) draw_picture()函数。

绘图代码可参阅第 19 章的实例 10 和实例 11。注意一点：显示学生姓名时，若姓名之中含有空格(如“张 三”)，在显示前应先将英文空格转为中文空格(显示汉字的程序不能用于显示英文空格)，中文空格用区位码 0000 输入。

(5) disp1()函数。

参阅第 14 章的内容。

(6) disp2()函数。

参阅第 14 章的内容。

(7) getnum()函数。

该函数用于**将字符序列转换为实数**，与“把字符串转换为实数”的区别是：字符串后面有结束标志('\0')，而文件中读出来的数据(字符序列)却没有空字符，因此转换时应以到达字段宽度作为结束循环的标志。另外还要注意，文件中的数据若宽度不足，则左边会添加空格。

程序的可执行文件在本书配套资源中。

实例 2　数独游戏的求解

编程序求解数独游戏的答案，已有的数据由键盘输入。

实例说明：

数独(sudoku)一词来自日语，意思是“单独的数字”或“只出现一次的数字”。它是一种填数游戏，但它的原型并非来自日本，而是源自“拉丁方块”。1783 年，瑞士数学家欧拉发明了一个“拉丁方块”，并将其称为“一种新式魔方”，这就是数独游戏的原型。不过，当时欧拉的发明并没有受到人们的重视，直到 20 世纪 70 年代，美国杂志才以 Number Place 的名称将它重新推出。1984 年日本人金元信彦改进美国某版本的数字游戏，并增加了难度，取名为 sudoku。

真正让数独在全世界得到推广的，是新西兰裔香港退休法官高乐德，他在 1997 年 3 月前往东京时接触到了数独，随后把数独介绍到了欧美。2004 年 11 月 12 日，《泰晤士报》开辟了数独专栏，英国各大报纸相继跟进。2005 年《纽约时报》推出数独游戏版面，数独逐渐成为风靡全球的游戏。

数独游戏的规则是：在 9×9 个格子里已有若干数字，其他格子留白，玩家需要根据已有的数字按照一定的逻辑推出剩下的空格里是什么数字，使得 1～9 中的每个数字在每行、每列、每个九宫格里都至少且只能出现一次。

图 22-6 是一个数独游戏的题目和答案。

实例解析：

数独游戏的解法有很多，普遍使用的是“候选数法”，即：先在每个格里把所有可能的数字标出来备选，如图 22-7 所示。

填好候选数后，可以用下面几种方法排除一些候选数或确定一个数：

	8		6			3		
4							9	
				5				
				9	4		7	
	6					1		
			3			6		1
9			2		7			

(a) 题目

7	8	9	6	4	2	3	1	5
4	5	6	7	3	1	8	9	2
1	2	3	9	5	8	7	6	4
3	1	5	8	9	4	2	7	6
2	6	4	5	7	3	1	8	9
8	9	7	1	2	6	4	5	3
5	7	2	3	8	9	6	4	1
9	4	1	2	6	7	5	3	8
6	3	8	4	1	5	9	2	7

(b) 答案

图 22-6 数独题目及答案

	1	2	3	4	5	6	7	8	9
A	1, 2, 5, 7	8	1, 2, 5, 7, 9	6	1, 2, 4, 7	1, 2, 9	3	1, 2, 4, 5	2, 4, 5, 7
B	4	1, 2, 3, 5, 7	1, 2, 3, 5, 6, 7	1, 7, 8	1, 2, 3, 7, ~~8~~	1, 2, 3, 8	2, 5, 7, 8	9	2, 5, 6, 7, 8
C	1, 2, 3, 6, 7	1, 2, 3, 7, 9	1, 2, 3, 6, 7, 9	1, 7, 8, 9	5	1, 2, 3, 8, 9	2, 4, 7, 8	1, 2, 4, 6, 8	2, 4, 6, 7, 8
D	1, 2, 3, 5, 8	1, 2, 3, 5	1, 2, 3, 5, 8	1, 5, 8	9	4	2, 5, 8	7	2, 3, 5, 6, 8
E	2, 3, 5, 7, 8	6	2, 3, 4, 5, 7, 8, 9	5, 7, 8	2, 3, 7, ~~8~~	2, 3, 5, 8	1	2, 3, 4, 5, 8	2, 3, 4, 5, 8, 9
F	1, 2, 3, 5, 7, 8	1, 2, 3, 4, 5, 7, 9	1, 2, 3, 4, 5, 7, 8, 9	1, 5, 7, 8	1, 2, 3, 6, 7, ~~8~~	1, 2, 3, 5, 6, 8	2, 4, 5, 8, 9	2, 3, 4, 5, 6, 8	2, 3, 4, 5, 6, 8, 9
G	2, 5, 7, ~~8~~	2, 4, 5, 7	2, 4, 5, 7, ~~8~~	3	8	5, ~~8~~, 9	6	2, 4, 5, ~~8~~	1
H	9	1, 3, 4, 5	1, 3, 4, 5, 6, 8	2	1, 6, ~~8~~	7	4, 5, 8	3, 4, 5, 8	3, 4, 5, 8
I	1, 2, 3, 5, 6, 7, 8	1, 2, 3, 5, 7	1, 2, 3, 5, 6, 7, 8	4	1, 6, ~~8~~	1, 5, 6, ~~8~~, 9	2, 5, 7, 8, 9	2, 3, 5, 8	2, 3, 5, 7, 8, 9

图 22-7 利用候选数求解数独的方法

(1) 唯一候选数法。

检查每一个单元格,若某单元格中的候选数只有一个,则该单元格中的数便可以确定了。如图 22-7 中的 G5 格,该单元格中的数字肯定是 8。当该数确定后,应当删除它所在行、列及九宫格中其他单元格中的候选数 8。

(2) 隐性唯一候选数法。

检查每行、每列和每个九宫格,若某候选数在某行(列、九宫格)中只出现一次,如图 22-7 中的 G 行,整行只有 G6 位置上有一个 9,则 G6 的数必定是 9。此时也应删除该行、该列以及 9 所在九宫格中其他单元格中的候选数 9。

(3) 双数排除法。

若一行(列、九宫格)中有两个单元格有且仅有两个相同的候选数,如图 22-8 所示,有两个单元格候选数都是“2,3”,则这两个单元格必定一个是 2,一个是 3,本行其他格中便不可能出现这两个数字,故可以删除本行其他格中的 2 和 3。

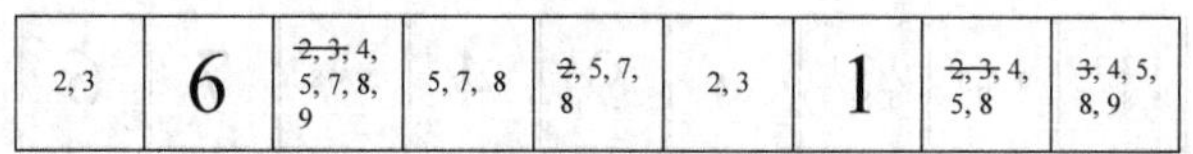

2, 3	6	~~2, 3,~~ 4, 5, 7, 8, 9	5, 7, 8	~~2,~~ 5, 7, 8	2, 3	1	~~2, 3,~~ 4, 5, 8	~~3,~~ 4, 5, 8, 9

图 22-8 双数排除法图示

(4) 隐性双数排除法。

如图 22-9 所示,一行(列、九宫格)中只有两个单元格包含候选数“2,3”,其他单元格中都不包含这两个候选数,则这两个单元格中的数要么是 2,要么是 3,不可能是其他值,因此,可以删除这两个单元格中的其他候选数。

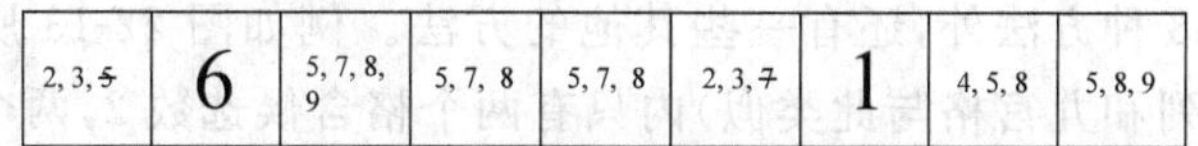

2, 3, ~~5~~	6	5, 7, 8, 9	5, 7, 8	5, 7, 8	2, 3, ~~7~~	1	4, 5, 8	5, 8, 9

图 22-9 隐性双数排除法图示

(5) 三数排除法。

若一行(列、九宫格)中有 3 个格有 3 个相同的候选数,如图 22-10 所示,有 3 个格候选数都是“2,3,5”,则这 3 个数必定占据(耗尽)这 3 个格,本行其他格中不可能再出现这 3 个数字,故可以删除本行其他格中的 2、3、5。

2, 3, 5	6	~~2, 3,~~ 4, ~~5,~~ 7, 8, 9	~~5,~~ 7, 8	2, 3, 5	2, 3, 5	1	~~2, 3, 5,~~ 8	~~2, 3,~~ 4, 8, 9

图 22-10 三数排除法图示

(6) 隐性三数排除法。

隐性三数排除法与隐性双数排除法类似,这里不再赘述。

(7) 九宫格对行(列)排除法。

若一个九宫格中某候选数全部出现在同一行(列),则该行(列)其他单元格中不会出现该数。如图 22-11 左边的九宫格,7 仅在第一行出现,则 7 必定位于这几个格之中,本行中其他位置上(右边 6 个格)的候选数 7 都应该删除。

2, 5	2, 4, 7	2, 4, 5, 7	3	8	2, 4, ~~7~~	6	2, 4, ~~7~~	1
9	1, 3, 4	1, 3, 4, 5, 8	2	6	7	4, 5, 8	3, 4, 5, 8	3, 8
6	2, 3	2, 3, 8	4	1	5	9	2, 3, 8	7

图 22-11 九宫格对行(列)排除法图示

(8) 行(列)对九宫格排除法。

若某候选数在某行(列)中的出现位置均处于一个九宫格内,如图 22-12 中的第一行,所有的候选数 1 都出现在左边的九宫格中,则该行的 1 必须出现在这 3 个格中的某格里,九宫格其余 6 个格中不可能是 1,可以删除这些格中的候选数 1。

1, 2, 3, 5, 8	1, 2, 3	1, 2, 3, 5, 8	5, 8	9	4	2, 5, 8	7	6
2, 5, 8	6	2, 4, 5, 7, 8	5, 8	2, 7	3	1	4, 5, 8	9
~~1~~, 2, 3, 5, 8	9	~~1~~, 2, 3, 4, 5, 7, 8	1, 5, 8	2, 7	6	2, 4, 5, 8	3, 4, 5, 8	2, 3, 8

图 22-12　行(列)对九宫格排除法图示

(9) 其他方法。

除上面介绍的 8 种方法外,还有一些其他的方法。例如图 22-13 所示的是另一种隐性双数排除法,行(列和九宫格与此类似)内只有两个格含候选数 2,两个格中必定有一个是 2,而另一个格的候选数必定是"6,8",由于还有一个单元格的候选数也是 6,8,利用双数排除法,可断定右下角的数字应为 1。

2, 6, 8	5	2, 6, 8	9	6, 8	3	4	7	1, ~~6~~, ~~8~~

图 22-13　另一种隐性双数排除法

其实,不必每一种方法都用到,仅用其中的几种方法,便可以求出绝大部分数独题目的解。

与此相反,有时候,即便把所有已知的方法都用尽,还是不能确定一些单元格中的数字,此时必须对一些单元格(通常是对有两个候选数的单元格)进行数据假设,然后进行推导和测试。例如,在图 22-12 中,中间一个九宫格中有两个格的候选数都是"2,7",可以假设其中一个是 2,另一个便是 7,然后依此推断其他单元格的数字,若推出的结果正确,则成功,否则,将 2 和 7 交换。

使用上面介绍的方法删除候选数时,一些单元格中的候选数有可能成了唯一(隐性唯一)的,此时应及时对相关的单元格进行检查,若候选数是唯一(隐性唯一)的,便将单元格中的数字确定下来,而确定一个单元格的数字时,又要删除其他单元格中的候选数,这是典型的递归调用的特征,本实例代码中的递归调用属于间接递归,请参看本例的源程序。

即便删除一些候选数后某单元格中的候选数不是唯一的,也可能会出现适用于某种排除法的新情况,所以要对每个变动了的单元格进行全面检查,一旦满足某排除法的条件,则删除相应位置上的候选数(还是递归调用)。

为了求解数独游戏,设计用一个二维数组来存储每个单元格上的数字:

```
int s[10][10];                    //第 0 行和第 0 列闲置不用
```

程序开始时，由键盘输入每行的数据，当某单元格中的数字未给出时，数组中对应的下标变量的值取0。

再定义一个二维数组，存储每个单元格中候选数的个数：

```
int n[10][10];
```

再定义一个三维数组，用于存储每个单元格的候选数，程序开始时，每个单元格中的候选数都是9个(后面才开始删除候选数)。

```
int a[10][10][10];                    //每个单元格的候选数最多9个
```

初始化数组a、n：

```
for(i=1; i<=9; i++)
    for(j=1; j<=9; j++){
        for(k=1; k<=9; k++)
            a[i][j][k]=k;
        n[i][j]=9;
    }
```

然后程序依次检查数组s中每个下标变量的值，若s[i][j]不为0，则意味着该数据是已知的。若碰到已知数据，则执行以下操作：

(1) 将该数存至a[i][j][1]，并删除该单元格的其他候选数(a[i][j][2]～a[i][j][9]都清零)。

(2) 将n[i][j]置为1。

(3) 删除与之相关的单元格中的该候选数。

该部分的程序代码如下：

```
for(i=1; i<=9; i++)
    for(j=1; j<=9; j++)
        if(s[i][j]){
            a[i][j][1]=s[i][j];
            for(k=2; k<=9; k++)
                a[i][j][k]=0;
            n[i][j]=1;
            //删除与之相关的其他单元格的候选数中的该数
            del_else(i,j,s[i][j]);
        }
```

如前所述，在删除候选数的过程中，每删除一个候选数，都要用方法(1)～(8)检查一遍相关的单元格并做相应处理。

图22-14是程序运行效果图。

程序的可执行文件在本书配套资源中。

说明：在配套资源所附代码中，只针对前面8种方法中的(1)、(2)、(3)、(7)这4种方法编写了函数，再加上用于猜测试探的test()函数，基本可以解决所有的数独问题。

若还需要其他函数，请自行补充。

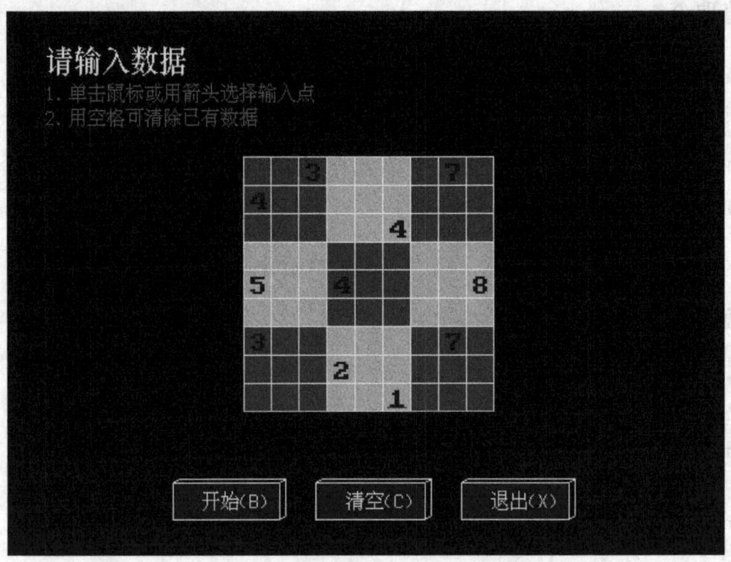

图 22-14　数独游戏运行效果图

实例 3　通信录管理系统

制作一个通信录，每条记录可以记载一个人的姓名、单位和电话信息，并且可对通信录执行记录添加、删除、查询、保存等操作。

实例解析：

通信录的管理包括数据的输入、查询、删除、插入等操作，还要涉及文件的存取。为此，设计一个文本式菜单的界面，供用户选择相应的操作。

程序运行开始时的菜单界面如图 22-15 所示。

```
G:\tc\TC.EXE
********************MENU********************
|       0: Input records                    |
|       1: List records in the file         |
|       2: Delete a record                  |
|       3: Insert a record to the list      |
|       4: Save records to the file         |
|       5: Load records from the file       |
|       6: Quit                             |
********************************************
        Input your choice(0~6):
```

图 22-15　程序运行主菜单

程序中定义了结构体 ADDRESS 来表示记录项，每个记录项包含姓名、单位和电话 3 个信息。如下所示：

```
struct ADDRESS{                  //定义数据结构
    char name[15];               //姓名
```

```
    char units[20];                    //单位
    char phone[15];                    //电话
};
```

程序中通过静态数组来保存记录信息。静态数组是一种连续存储的数据结构,便于对记录项的随机读取。

程序采用模块化的设计方法,包括添加模块、删除模块、查询模块、保存模块和插入模块。各个功能模块的选择通过 main()函数实现菜单项来选择,参见配套资源中的程序代码部分。下面依次介绍各个模块。

(1) 添加模块。

本模块的作用是输入记录并保存在静态数组 address 中。用户首先输入要添加的记录数,然后逐行输入多条记录(每行一条)。此处通过格式化函数 scanf()来实现各个数据项的输入。本模块通过函数来实现相应的功能。声明如下:

```
int InputRecord(struct ADDRESS r[]);                        //输入记录
```

其中参数 r 指定要添加到的记录数组。

(2) 删除模块。

本模块的作用是删除一条记录项。用户需要输入要删除的记录的姓名,然后调用函数 FindRecord()查询记录项,判断是否存在该记录,如果存在则将其删除。在删除记录之后,后续记录要执行前移一个位置的操作。实现这些功能的函数是 DeleteRecord()。声明如下:

```
int DeleteRecord(struct ADDRESS r[],int n);                 //删除记录
```

(3) 查询模块。

本模块的作用是列出所有的记录项,程序中通过 ListRecord()函数来实现此功能。声明如下:

```
void ListRecord(struct ADDRESS r[],int n);                  //显示记录
```

(4) 插入模块。

本模块的作用是在指定位置插入一条新的记录。用户除了要输入将要插入的新记录项之外,还要输入一个姓名,确定新记录插入在该记录之前。实现此功能的函数是 InsertRecord()。声明如下:

```
int InsertRecord(struct ADDRESS r[],int n);                 //插入记录
```

(5) 保存模块。

本模块的作用是将记录数组 address 中所有的信息保存到指定文件 address.txt 中,本模块涉及文件的读写操作。程序中定义函数 SaveRecord()来实现本模块的功能。声明如下:

```
void SaveRecord(struct ADDRESS r[],int n);                  //记录保存为文件
```

主函数如下：

```
int main()
{
    int i;
    char s[128];
    struct ADDRESS address[MAX];                    //定义结构体数组
    int num;                                        //保存记录数
    clrscr();
    while(1){
        clrscr();
        printf("******************MENU****************\n\n");
        printf("| 0: Input records                    |\n");
        printf("| 1: List records in the file         |\n");
        printf("| 2: Delete a record                  |\n");
        printf("| 3: Insert a record to the list      |\n");
        printf("| 4: Save records to the file         |\n");
        printf("| 5: Load records from the file       |\n");
        printf("| 6: Quit                             |\n\n");
        printf("**************************************\n");
        do{
            printf("\n    Input your choice(0~6):");  //提示输入选项
            scanf("%s",s);                          //输入选择项
            i=atoi(s);                              //将输入的字符串转化为整型数
        }while(i<0 || i>6);                         //选择项不在 0~11 之间重输
        switch(i) {
            case 0: //输入记录
                num=InputRecord(address); break;
            case 1: //显示全部记录
                ListRecord(address,num); break;
            case 2: //删除记录
                num=DeleteRecord(address,num); break;
            case 3: //插入记录
                num=InsertRecord(address,num); break;
            case 4: //保存文件
                SaveRecord(address,num); break;
            case 5: //读文件
                num=LoadRecord(address); break;
            case 6: //程序结束
                exit(0);
        }
    }
    return 0;
}
```

本实例通过静态数组的方式实现了一个通信录程序，静态数组在随机读取方面有它的优势，但是通过删除记录模块和插入记录模块，可以发现这两种操作都会带来大量的数据移动。如果改用链表可以避免这个问题，但是链表不是一种随机存取的数据结构，所以会给查询带来一定的麻烦。请设计程序使用链表来实现通信录管理，并比较这两种方式的优缺点。

附录A appendix A

常用的视频BIOS调用

功能号：00H

功能：设置显示模式。

入口参数：AH＝00H

AL＝显示模式

显示模式可取值如下：

显示模式	显示模式属性	显示模式	显示模式属性
00H	40×25,16色,文本	0BH	保留
01H	40×25,16色,文本	0CH	保留
02H	80×25,16色,文本	0DH	320×200,16色
04H	320×200,4色	0EH	640×200,16色
05H	320×200,4色	0FH	640×350,2色(单色)
06H	640×200,2色	10H	640×350,4色
07H	80×25,2色,文本	11H	640×480,2色
08H	160×200,16色	12H	640×480,16色
09H	320×200,16色	13H	320×200,256色
0AH	640×200,4色		

功能号01H

功能：设置光标形状。

入口参数：AH＝01H

CH低四位＝光标的起始行

CL低四位＝光标的终止行

出口参数：无

功能号：02H

功能：文本坐标下设置光标位置。

入口参数：AH＝02H

BH＝显示页码

DH＝行(Y坐标)

DL＝列(X坐标)

出口参数：无

功能号：03H

功能：在文本坐标下读取光标各种信息。

入口参数：AH＝03H

BH＝显示页码

出口参数：CH＝光标的起始行

CL＝光标的终止行

DH＝行(*Y* 坐标)

DL＝列(*X* 坐标)

功能号：04H

功能：获取当前状态和光笔位置。

入口参数：AH＝04H

出口参数：AH＝00h—光笔未按下/未触发，01h—光笔已按下/已触发

BX＝像素列(图形 *X* 坐标)

CH＝像素行(图形 *Y* 坐标，显示模式：04H～06H)

CX＝像素行(图形 *Y* 坐标，显示模式：0DH～10H)

DH＝字符行(文本 *Y* 坐标)

DL＝字符列(文本 *X* 坐标)

功能号：05H

功能：设置显示页，即选择活动的显示页。

入口参数：AH＝05H

AL＝显示页

对于 CGA、EGA、MCGA 和 VGA，其显示页如下：

模　式	页　数	显示器类型
00H 01H	0～7	CGA、EGA、MCGA、VGA
02H 03H	0～3	CGA
02H 03H	0～7	EGA、MCGA、VGA
07H	0～7	EGA、VGA
0DH	0～7	EGA、VGA
0EH	0～3	EGA、VGA
0FH	0～1	EGA、VGA
10H	0～1	EGA、VGA

功能号：06H 和 07H

功能：初始化屏幕或滚屏。

入口参数：AH＝06H—向上滚屏，07H—向下滚屏

AL＝滚动行数(0—清窗口)

BH＝空白区域的默认属性

(CH、CL)＝窗口的左上角位置(*Y*坐标，*X*坐标)

(DH、DL)＝窗口的右下角位置(*Y*坐标，*X*坐标)

出口参数：无

功能号：08H

功能：读光标处的字符及其属性。

入口参数：AH＝08H

BH＝显示页码

出口参数：AH＝属性

AL＝字符

功能号：09H

功能：在当前光标处按指定属性显示字符。

入口参数：AH＝09H

AL＝字符

BH＝显示页码

BL＝属性(文本模式)或颜色(图形模式)

CX＝重复输出字符的次数

出口参数：无

功能号：0AH

功能：在当前光标处按原有属性显示字符。

入口参数：AH＝0AH

AL＝字符

BH＝显示页码

BL＝颜色(图形模式，仅适用于PCjr)

CX＝重复输出字符的次数

出口参数：无

功能号：0BH

功能：设置调色板、背景色或边框。

入口参数：AH＝0BH

设置颜色：BH＝00H，BL＝颜色

选择调色板：BH＝01H，BL＝调色板(320×200、4种颜色的图形模式)

出口参数：无

功能号：0CH

功能：写图形像素。

入口参数：AH＝0CH

AL＝像素值

BH＝页码

(CX、DX)=图形坐标列(X)、行(Y)

出口参数：无

功能号：0DH

功能描述：读图形像素。

入口参数：AH=0DH

BH=页码

(CX、DX)=图形坐标列(X)、行(Y)

出口参数：AL=像素值

功能号：0EH

功能：在 Teletype 模式下显示字符。

入口参数：AH=0EH

AL=字符

BH=页码

BL=前景色(图形模式)

出口参数：无

功能号：0FH

功能：读取显示器模式。

入口参数：AH=0FH

出口参数：AH=屏幕字符的列数

AL=显示模式(参见功能 00H 中的说明)

BH=页码

功能号：10H

功能描述：颜色中断。

其子功能说明如下：

功能号	子功能名称	功能号	子功能名称
00H	设置调色板寄存器	01H	设置边框颜色
02H	设置调色板和边框	03H	触发闪烁/亮显位
07H	读取调色板寄存器	08H	读取边框颜色
09H	读取调色板和边框	10H	设置颜色寄存器
12H	设置颜色寄存器块	13H	设置颜色页状态
15H	读取颜色寄存器	17H	读取颜色寄存器块
1AH	读取颜色页状态	1BH	设置灰度值

功能号：11H

功能：字体中断。

其子功能说明如下：

子功能号	子功能名称
00H	装入用户字体和可编程控制器
10H	装入用户字体和可编程控制器
01H	装入 8×14 ROM 字体和可编程控制器
11H	装入 8×14 ROM 字体和可编程控制器
02H	装入 8×8 ROM 字体和可编程控制器
12H	装入 8×8 ROM 字体和可编程控制器
03H	设置块指示器
04H	装入 8×16 ROM 字体和可编程控制器
14H	装入 8×16 ROM 字体和可编程控制器
20H	设置 INT 1FH 字体指针
21H	为用户字体设置 INT 43h
22H	为 8×14 ROM 字体设置 INT 43H
23H	为 8×8 ROM 字体设置 INT 43H
24H	为 8×16 ROM 字体设置 INT 43H
30H	读取字体信息

功能号：12H

功能：显示器的配置中断。

其子功能说明如下：

功能号	功能名称	功能号	功能名称
10H	读取配置信息	33H	允许/禁止灰度求和
20H	选择屏幕打印	34H	允许/禁止光标模拟
30H	设置扫描行	35H	切换活动显示
31H	允许/禁止装入缺省调色板	36H	允许/禁止屏幕刷新
32H	允许/禁止显示		

功能号：13H

功能：在 Teletype 模式下显示字符串。

入口参数：AH＝13H

BH＝页码

BL＝属性(若 AL＝00H 或 01H)

CX＝显示字符串长度

(DH、DL)＝坐标(行、列)

ES:BP＝显示字符串的地址

AL＝显示输出方式：

0—字符串中只含显示字符，其显示属性在 BL 中。显示后，光标位置不变。

1—字符串中只含显示字符，其显示属性在 BL 中。显示后，光标位置改变。

2—字符串中含显示字符和显示属性。显示后，光标位置不变。

3—字符串中含显示字符和显示属性。显示后，光标位置改变。

出口参数：无

功能号：1AH

功能：读取/设置显示组合编码，仅 PS/2 有效，在此从略。

功能号：1BH

功能：读取功能/状态信息，仅 PS/2 有效，在此从略。

功能号：1CH

功能：保存/恢复显示器状态，仅 PS/2 有效，在此从略。

附录B appendix B

INT 21H 常用功能调用一览表

功能号	功　能	调用参数	返回参数
00	程序终止(同 INT 20H)	CS＝程序段前缀	
01	键盘输入并回显		AL＝输入字符
02	显示输出	DL＝输出字符	
03	异步通信输入		AL＝输入数据
04	异步通信输出	DL＝输出数据	
05	打印机输出	DL＝输出字符	
06	直接控制台 I/O	DL＝FF(输入) DL＝字符(输出)	AL＝输入字符
07	键盘输入(无回显)		AL＝输入字符
08	键盘输入(无回显) 检测 Ctrl-Break		AL＝输入字符
09	显示字符串	DS:DX＝串地址 '$'结束字符串	
0A	键盘输入到缓冲区	DS:DX＝缓冲区首地址 (DS:DX)＝缓冲区最大字符数	(DS:DX＋1)＝实际输入的字符数
0B	检验键盘状态		AL＝00 无输入 AL＝FF 有输入
0C	清除输入缓冲区并请求指定的输入功能	AL＝输入功能号(1,6,7,8,A)	
0D	磁盘复位		清除文件缓冲区
0E	指定当前默认的磁盘驱动器	DL＝驱动器号 0＝A,1＝B…	AL＝驱动器数
0F	打开文件	DS:DX＝FCB 首地址	AL＝00 文件找到 AL＝FF 文件未找到
10	关闭文件	DS:DX＝FCB 首地址	AL＝00 目录修改成功 AL＝FF 目录中未找到文件

续表

功能号	功　能	调用参数	返回参数
11	查找第一个目录项	DS:DX=FCB 首地址	AL=00 找到 AL=FF 未找到
12	查找下一个目录项	DS:DX=FCB 首地址(文件中带有 * 或?)	AL=00 找到 AL=FF 未找到
13	删除文件	DS:DX=FCB 首地址	AL=00 删除成功 AL=FF 未找到
14	顺序读	DS:DX=FCB 首地址	AL=00 读成功 AL=01 文件结束,记录中无数据 AL=02 DTA 空间不够 AL=03 文件结束,记录不完整
15	顺序写	DS:DX=FCB 首地址	AL=00 写成功 AL=01 盘满 AL=02 DTA 空间不够
16	建文件	DS:DX=FCB 首地址	AL=00 建立成功 AL=FF 无磁盘空间
17	文件改名	DS:DX=FCB 首地址 (DS:DX+1)=旧文件名 (DS:DX+17)=新文件名	AL=00 成功 AL=FF 未成功
19	取当前缺省磁盘驱动器		AL=默认的驱动器号 0=A,1=B,2=C…
1A	置 DTA 地址	DS:DX=DTA 地址	
1B	取默认驱动器 FAT 信息		AL=每簇的扇区数 DS:BX=FAT 标识字节 CX=物理扇区大小 DX=默认驱动器的簇数
1C	取任一驱动器 FAT 信息	DL=驱动器号	AL=每簇的扇区数 DS:BX=FAT 标识字节 CX=物理扇区大小 DX=默认驱动器的簇数
21	随机读	DS:DX=FCB 首地址	AL=00 读成功 FL=01 文件结束 FL=02 缓冲区溢出 FL=03 缓冲区不满
22	随机写	DS:DX=FCB 首地址	AL=00 写成功 AL=01 盘满 AL=02 缓冲区溢出
23	测定文件大小	DS:DX=FCB 首地址	AL=00 成功(文件长度填入 FCB) AL=FF 未找到
24	设置随机记录号	DS:DX=FCB 首地址	

续表

功能号	功 能	调用参数	返回参数
25	设置中断向量	DS:DX=中断向量 AL=中断类型号	
26	建立程序段前缀	DX=新的程序段前缀	
27	随机分块读	DS:DX=FCB首地址 CX=记录数	AL=00 读成功 AL=01 文件结束 AL=02 缓冲区太小,传输结束 AL=03 缓冲区不满
28	随机分块写	DS:DX=FCB首地址 CX=记录数	AL=00 写成功 AL=01 盘满 AL=02 缓冲区溢出
29	分析文件名	ES:DI=FCB首地址 DS:SI=ASCIIZ串 AL=控制分析标志	AL=00 标准文件 AL=01 多义文件 AL=02 非法盘符
2A	取日期		CX=年 DH:DL=月:日(二进制)
2B	设置日期	CX:DH:DL=年:月:日	AL=00 成功 AL=FF 无效
2C	取时间		CH:CL=时:分 DH:DL=秒:1/100秒
2D	设置时间	CH:CL=时:分 DH:DL=秒:1/100秒	AL=00 成功 AL=FF 无效
2E	置磁盘自动读写标志	AL=00 关闭标志 AL=01 打开标志	
2F	取磁盘缓冲区的首址		ES:BX=缓冲区首址
30	取DOS版本号		AH=发行号,AL=版本
31	结束并驻留	AL=返回码 DX=驻留区大小	
33	Ctrl-Break 检测	AL=00 取状态 AL=01 置状态(DL) DL=00 关闭检测 DL=01 打开检测	DL=00 关闭 Ctrl-Break 检测 DL=01 打开 Ctrl-Break 检测
35	取中断向量	AL=中断类型	ES:BX=中断向量
36	取空闲磁盘空间	DL=驱动器号 0=默认,1=A,2=B,…	成功: AX=每簇扇区数 BX=有效簇数 CX=每扇区字节数 DX=总簇数 失败: AX=FFFF
38	置/取国家信息	DS:DX=信息区首地址	BX=国家码(国际电话前缀码) AX=错误码
39	建立子目录(MKDIR)	DS:DX=ASCIIZ串地址	AX=错误码

续表

功能号	功　能	调 用 参 数	返 回 参 数
3A	删除子目录(RMDIR)	DS:DX=ASCIIZ 串地址	AX=错误码
3B	改变当前目录(CHDIR)	DS:DX=ASCIIZ 串地址	AX=错误码
3C	建立文件	DS:DX=ASCIIZ 串地址 CX=文件属性	成功：AX=文件代号 错误：AX=错误码
3D	打开文件	DS:DX=ASCIIZ 串地址 AL=0 读 AL=1 写 AL=3 读/写	成功：AX=文件代号 错误：AX=错误码
3E	关闭文件	BX=文件代号	失败：AX=错误码
3F	读文件或设备	DS:DX=数据缓冲区地址 BX=文件代号 CX=读取的字节数	成功： AX=实际读入的字节数 AX=0 已到文件尾 错误：AX=错误码
40	写文件或设备	DS:DX=数据缓冲区地址 BX=文件代号 CX=写入的字节数	成功：AX=实际写入的字节数 出错：AX=错误码
41	删除文件	DS:DX=ASCIIZ 串地址	成功：AX=00 出错：AX=错误码(2,5)
42	移动文件指针	BX=文件代号 CX：DX=位移量 AL=移动方式 0—从文件头绝对位移,1—从当前位置相对移动,2—从文件尾绝对位移	成功：DX：AX=新文件指针位置 出错：AX=错误码
43	置/取文件属性	DS:DX=ASCIIZ 串地址 AL=0 取文件属性 AL=1 置文件属性 CX=文件属性	成功：CX=文件属性 失败：CX=错误码
44	设备文件 I/O 控制	BX=文件代号 AL=0 取状态 AL=1 置状态 DX AL=2 读数据 AL=3 写数据 AL=6 取输入状态 AL=7 取输出状态	DX=设备信息
45	复制文件代号	BX=文件代号 1	成功：AX=文件代号 2 失败：AX=错误码
46	人工复制文件代号	BX=文件代号 1 CX=文件代号 2	失败：AX=错误码
47	取当前目录路径名	DL=驱动器号 DS:SI=ASCIIZ 串地址	(DS:SI)=ASCIIZ 串 失败：AX=出错码

续表

功能号	功 能	调 用 参 数	返 回 参 数
48	分配内存空间	BX=申请内存容量	成功：AX=分配内存首地 失败：BX=最大可用内存
49	释放内存空间	ES=内存起始段地址	失败：AX=错误码
4A	调整已分配的存储块	ES=原内存起始地址 BX=再申请的容量	失败：BX=最大可用空间 AX=错误码
4B	装配/执行程序	DS:DX=ASCIIZ 串地址 ES:BX=参数区首地址 AL=0 装入执行 AL=3 装入不执行	失败：AX=错误码
4C	带返回码结束	AL=返回码	
4D	取返回代码		AX=返回代码
4E	查找第一个匹配文件	DS:DX=ASCIIZ 串地址 CX=属性	AX=出错代码(02,18)
4F	查找下一个匹配文件	DS:DX=ASCIIZ 串地址(文件名中带有？或*)	AX=出错代码(18)
54	取盘自动读写标志		AL=当前标志值
56	文件改名	DS:DX=ASCIIZ 串(旧) ES:DI=ASCIIZ 串(新)	AX=出错码(03,05,17)
57	置/取文件日期和时间	BX=文件代号 AL=0 读取 AL=1 设置(DX:CX)	DX:CX=日期和时间 失败：AX=错误码
58	取/置分配策略码	AL=0 取码 AL=1 置码(BX)	成功：AX=策略码 失败：AX=错误码
59	取扩充错误码		AX=扩充错误码 BH=错误类型 BL=建议的操作 CH=错误场所
5A	建立临时文件	CX=文件属性 DS:DX=ASCIIZ 串地址	成功：AX=文件代号 失败：AX=错误码
5B	建立新文件	CX=文件属性 DS:DX=ASCIIZ 串地址	成功：AX=文件代号 失败：AX=错误码
5C	控制文件存取	AL=00 封锁 AL=01 开启 BX=文件代号 CX:DX=文件位移 SI:DI=文件长度	失败：AX=错误码
62	取程序段前缀		BX=P

附录C appendix C

ASCII码表

ASCII值	控制字符	ASCII值	字符	ASCII值	字符	ASCII值	字符
0	NUL	32	(space)	64	@	96	`
1	SOH	33	!	65	A	97	a
2	STX	34	"	66	B	98	b
3	ETX	35	#	67	C	99	c
4	EOT	36	$	68	D	100	d
5	END	37	%	69	E	101	e
6	ACK	38	&	70	F	102	f
7	BEL	39	'	71	G	103	g
8	BS	40	(	72	H	104	h
9	HT	41	)	73	I	105	i
10	LF	42	*	74	J	106	j
11	VT	43	+	75	K	107	k
12	FF	44	,	76	L	108	l
13	CR	45	—	77	M	109	m
14	SO	46	.	78	N	110	n
15	SI	47	/	79	O	111	o
16	DLE	48	0	80	P	112	p
17	DC1	49	1	81	Q	113	q
18	DC2	50	2	82	R	114	r
19	DC3	51	3	83	S	115	s
20	DC4	52	4	84	T	116	t
21	NAK	53	5	85	U	117	u
22	SYN	54	6	86	V	118	v
23	ETB	55	7	87	W	119	w

续表

ASCII 值	控制字符	ASCII 值	字符	ASCII 值	字符	ASCII 值	字符
24	CAN	56	8	88	X	120	x
25	EM	57	9	89	Y	121	y
26	SUB	58	：	90	Z	122	z
27	ESC	59	；	91	［	123	{
28	FS	60	＜	92	＼	124	|
29	GS	61	＝	93	］	125	}
30	RS	62	＞	94	^	126	～
31	US	63	?	95	_	127	□

参 考 文 献

[1] Kris Jamsa. DOS编程大全[M]. 钟县宏,郑城荣,寇国华,译. 北京:电子工业出版社,1995.

[2] P. J. Deitel,H. M. Deitel. C大学教程[M].5版. 苏小红,李东,王甜甜,等译. 北京:电子工业出版社,2008.

[3] Ivory Horton. C语言入门经典[M]. 张欣,等译. 北京:机械工业出版社,2007.

[4] Barry B. Brey. Intel微处理器结构、编程与接口[M].6版. 金慧华,艾明晶,尚利宏,等译. 北京:电子工业出版社,2004.

[5] 王士元. C高级实用程序设计[M]. 北京:清华大学出版社,1996.

[6] Kenneth A. Reek. C和指针[M]. 徐波,译. 北京:人民邮电出版社,2008.

[7] 荣钦科技. C语言开发入门与编程实践[M]. 北京:电子工业出版社,2007.

[8] 曹衍龙,林瑞仲,徐慧. C语言实例解析精粹[M]. 北京:人民邮电出版社,2007.

[9] 王为青,张圣亮. C语言实战105例[M]. 北京:人民邮电出版社,2007.